技工院校实训基地人才培养一体化模块教材

装配钳工实训
（中级模块）

人力资源和社会保障部教材办公室组织编写

中国劳动社会保障出版社

简　介

本书主要内容包括装配零件加工、机械装配、设备检验与调试以及职业技能鉴定装配钳工中级考核模拟试卷。

图书在版编目(CIP)数据

装配钳工实训：中级模块／相艮飞主编．—北京：中国劳动社会保障出版社，2015
技工院校实训基地人才培养一体化模块教材
ISBN 978－7－5167－2197－1

Ⅰ．①装…　Ⅱ．①相…　Ⅲ．①安装钳工－中等专业学校－教材　Ⅳ．①TG946

中国版本图书馆 CIP 数据核字(2015)第 266056 号

中国劳动社会保障出版社出版发行
（北京市惠新东街 1 号　邮政编码：100029）
*
三河市华骏印务包装有限公司印刷装订　新华书店经销
787 毫米×1092 毫米　16 开本　14.5 印张　332 千字
2016 年 1 月第 1 版　2023 年 1 月第 3 次印刷
定价：27.00 元
营销中心电话：400－606－6496
出版社网址：http：// www.class.com.cn
http：// jg.class.com.cn

技工院校实训基地人才培养一体化模块
教材编委会名单

编审委员会（以姓氏笔画排序）

王国海　冯跃虹　吕成鹰　刘海光　孙大俊
冷耀明　张　林　胡恒庆　龚　安

编审人员

本书主编：相艮飞
本书参编：恽孝震　王　锐　朱　艳
本书主审：王俊芳

前言

Preface

为了进一步发挥技工院校在技能人才培养方面的作用，切实满足企业对技能型人才的需求，人力资源和社会保障部教材办公室组织有关学校的骨干教师和行业、企业专家，在充分调研技工院校实训基地人才培养和培训模式以及企业技能人才需求的基础上，吸收和借鉴当前较为成熟的人才培养理念，编写了技工院校实训基地人才培养一体化模块教材。

使用说明

本套教材分为基础模块和专业核心模块（见下图）。其中专业核心模块教材根据国家职业技能鉴定标准中的初级、中级和高级要求设计有相对应的初级模块教材、中级模块教材和高级模块教材。实训基地可根据需要按照“基础模块＋专业核心模块”组合模式选择相应的教材。

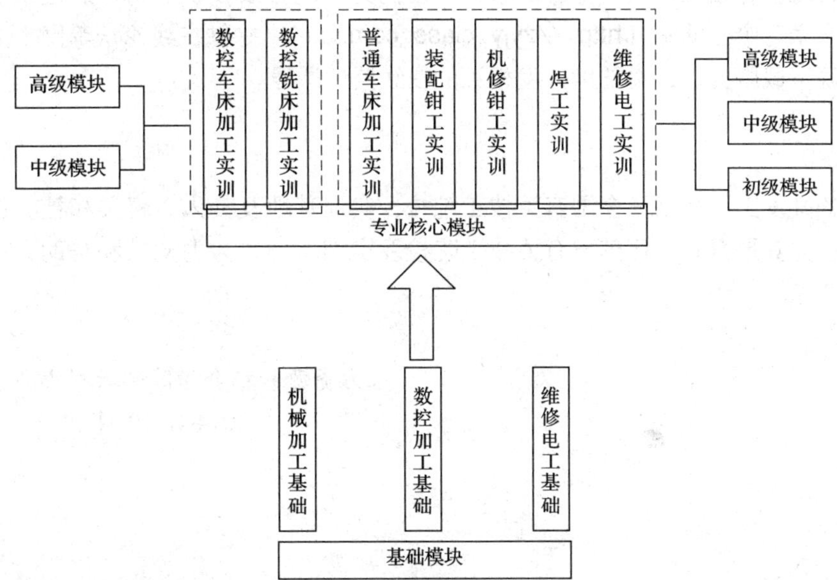

编写特色

◆与职业技能鉴定接轨

教材的编写以车工、数控车工、数控铣工、装配钳工、机修钳工、焊工、维修电工等国家职业技能标准为依据，涵盖国家职业技能标准（初、中、高级）的知识和技能要求，内容具有权威性。为了帮助学员熟悉职业技能鉴定考核形式及考题类型，每种专业核心模块教材均附有3～5套职业技能鉴定模拟试卷（包含理论知识试卷和技能操作试卷），并配有相应的参考答案。

◆与企业需求接轨

教材在编写中充分考虑企业的培训和用人需求，尽量选取企业真实的、有代表性的操作案例，整合相应的知识和技能，构建一体化教学模块，实现理论与操作技能的统一，既符合职业教育和职业培训的基本规律，又有利于培养学员分析问题和解决问题的综合职业能力。

◆保证先进性和规范性

教材根据相关专业领域的最新发展，编入了新知识、新技术、新设备、新材料等方面的内容，保证教材的先进性。同时采用最新的国家技术标准，使教材更加科学和规范。

读者对象

本套教材既可作为技工院校实训基地技能人才培养和培训用书，还可作为企业、社会培训机构的技能培训用书以及职业技术院校师生的专业用书。

后续拓展

作为补充，我们将陆续开发各专业高新技术应用方面的拓展模块教材，通过职业教育教学资源和数字学习中心网站（http://zyjy.class.com.cn/）提供在线论坛等网上交流以及相关教学资源下载服务，还将陆续开发相关的在线培训课程。

致谢

本套教材的开发工作得到了全国有关技工院校、实训基地及其人力资源和社会保障主管部门的支持，尤其是得到了江苏省有关技工院校及实训基地的大力支持和帮助，在此我们表示诚挚的谢意。

人力资源和社会保障部教材办公室

2014年10月

目 录

CONTENTS

模块一 装配零件加工

模块二 机械装配

模块三 设备检验与调试

模块四 职业技能鉴定装配钳工中级考核模拟试卷

模块一
装配零件加工

课题一　划线操作

子课题1　划线的基础知识

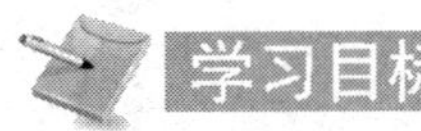

1. 熟悉划线基准的选择。
2. 熟悉划线时的找正和借料。
3. 掌握轴承座的立体划线。

划线时，工件上用来确定其他点、线、面位置所依据的点、线、面称为划线基准。

一、划线基准的选择

1. 划线基准的选择原则

(1) 划线基准应尽量与设计基准重合。

(2) 对称形状的工件，应以对称中心线为基准。

(3) 有孔的工件，应以主要的孔的中心线为基准。

(4) 在未加工的毛坯上划线，应以主要不加工的表面为基准。

(5) 在加工过的表面上划线，应以加工过的表面为基准。

划线时在零件的每一个方向都需要选择一个基准，因此，平面划线时一般要选择两个划线基准。

2. 划线基准的选择类型

(1) 以两个互相垂直的平面（或直线）为基准（见图1—1—1a）。

(2) 以两条互相垂直的中心线为基准（见图1—1—1b）。

(3) 以一个平面和一条中心线为基准（见图1—1—1c）。

二、划线时的找正和借料

各种铸、锻件由于某些原因，会形成形状歪斜、偏心、各部分壁厚不均匀等缺陷。当形位误差不大时，可通过划线找正和借料的方法来补救。

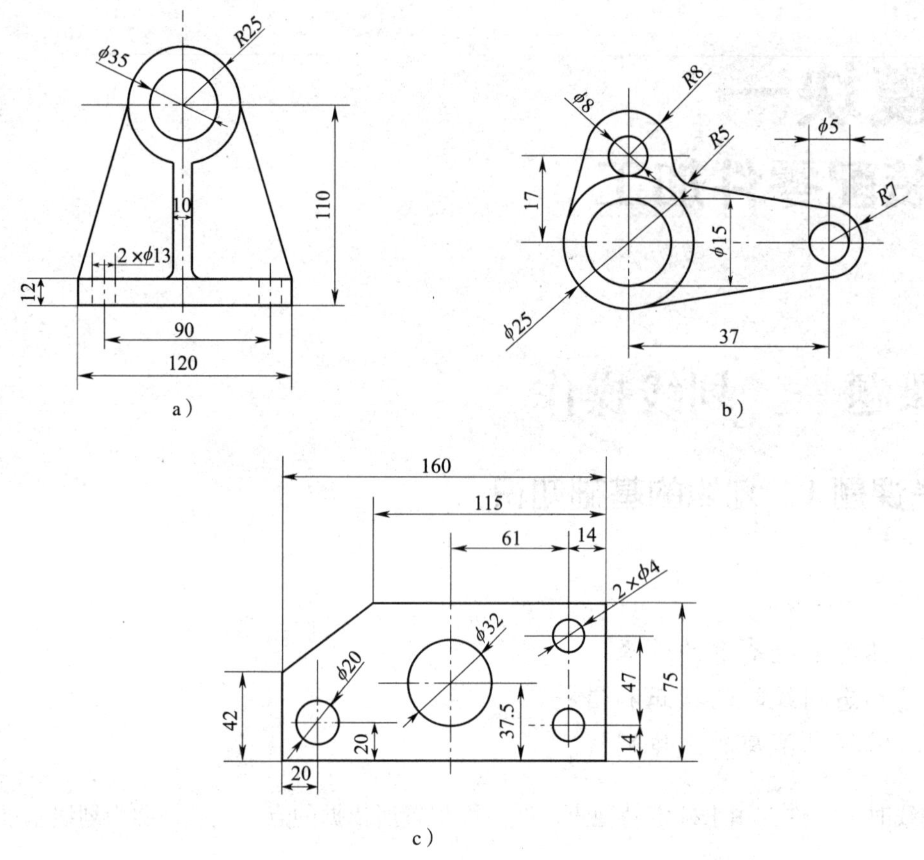

图 1—1—1　划线基准类型

1. 找正

对于毛坯工件，划线前一般要先做好找正工作。

找正就是利用划线工具使工件上有关的表面与基准面（如划线平台）之间处于合适的位置。找正时应注意以下几点：

（1）当工件上有不加工表面时，应按不加工表面找正后再划线，这样可使加工表面与不加工表面之间保持尺寸均匀。如图 1—1—2 所示的轴承架毛坯，内孔和外圆不同心，底面和 *A* 面不平行，划线前应找正。在划内孔加工线前，应先以外圆（不加工）为找正依据，用单脚规找出其中心，然后按求出的中心划出内孔的加工线，这样内孔和外圆就可以达到同心要求。在划轴承座底面之前，应以 *A* 面（不加工）为依据，用划线盘找正成水平位置，然后划出底面加工线，这样底座各处的厚度就比较均匀了。

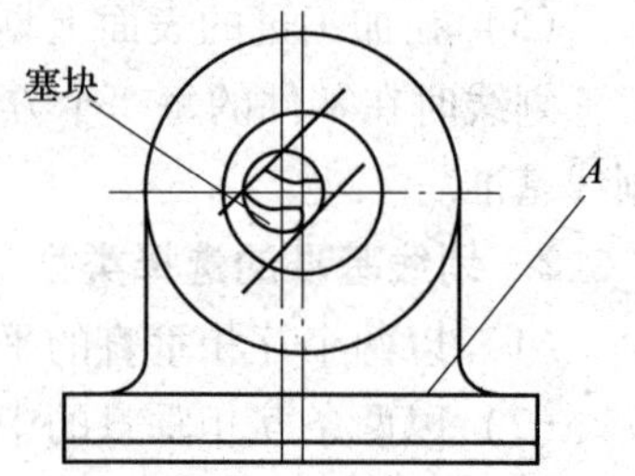

图 1—1—2　毛坯工件的找正

（2）当工件上有两个以上的不加工表面时，应选重要的或较大的不加工表面为找正依据，并兼顾其他不加工表面，这样可使划线后的加工表面与不加工表面之间尺寸比较均匀，而使误差集中到次要或不明显的部位。

(3) 当工件上没有不加工表面时，通过对各加工表面自身位置进行找正后再划线，可使各加工表面的加工余量得到合理分配，避免加工余量相差悬殊。

2. 借料

当工件上的误差或缺陷用找正后的划线方法不能补救时，可采用借料的方法来解决。

借料就是通过试划和调整，将各加工表面的加工余量合理分配、相互借用，从而保证各加工表面都有足够的加工余量，而误差和缺陷可在加工后排除。借料的一般步骤为：

(1) 测量工件的误差情况，找出偏移部位并测出偏移量。

(2) 确定借料方向和大小，合理分配各部位的加工余量，划出基准线。

(3) 以基准线为依据，按图样要求，依次划出其余各线。

图 1—1—3a 所示是一个锻造毛坯，如果毛坯比较准确，就可按图样尺寸进行划线，如图 1—1—3b 所示，划线比较简单。但如果由于锻造误差而使外圆与内孔产生较大的偏心，则划线就不那么简单了。如果不顾及内孔去划外圆，则内孔有一部分的加工余量就不够了，如图 1—1—4a 所示；反之，如果不顾及外圆去划内孔，则外圆有一部分的加工余量就不够了，如图 1—1—4b 所示。因此，只有在内孔和外圆都兼顾的情况下，适当地确定一个圆心位置，才能使内孔和外圆都保证有足够的加工余量，如图 1—1—4c 所示。这就说明，通过借料，使有误差的毛坯仍能很好地利用。当然，误差太大时也无法弥补，只能及早报废。

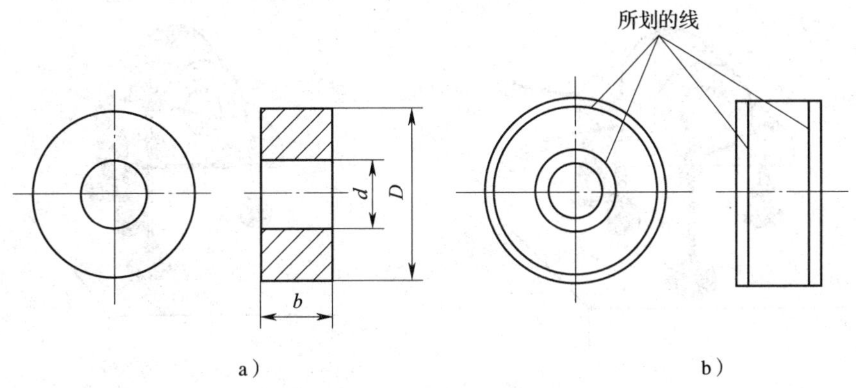

图 1—1—3　圆环工件图及划线

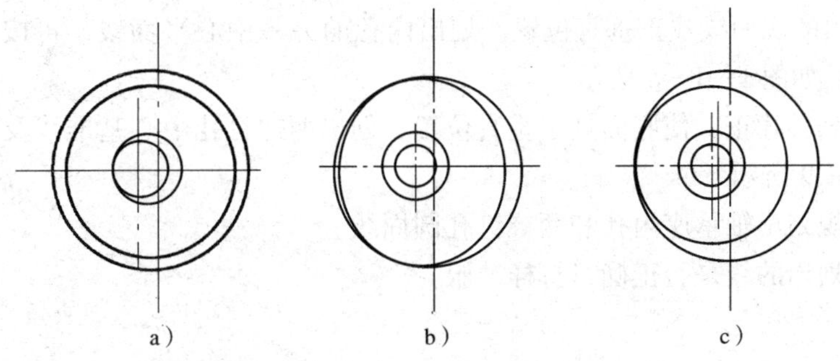

图 1—1—4　圆环划线的借料

三、轴承座的立体划线

图 1—1—5 为轴承座的示意图，下面以它为例说明立体划线方法。轴承座需要加工的部位有底面、轴承座内孔、两个螺钉孔、上平面及两个大端面。需要划线的尺寸有三个方向。

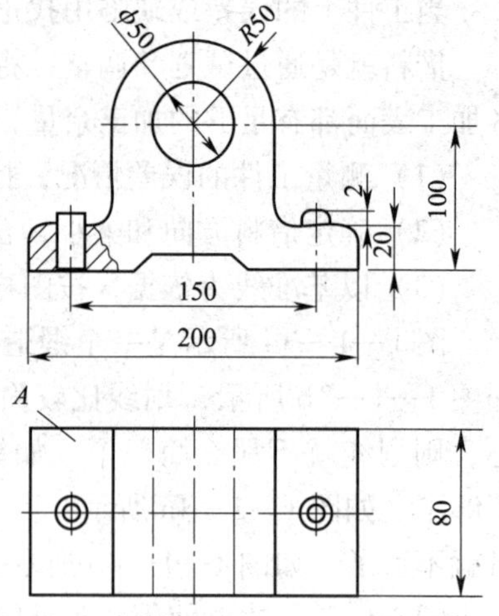

图 1—1—5　轴承座示意图

划线步骤如下：

（1）分析图样，确定划线基准。由于轴承座内孔是主要加工面，划线基准确定为轴承座内孔的两个中心平面以及两个螺钉孔的中心平面。

（2）初步确定轴承座内孔的中心。以 *R*50 外轮廓为依据，用单脚规分别求出两端中心，然后试划 ϕ50 圆周线。如余量不够，需借料，确定出内孔中心位置。

（3）第一次支承及找正工件。用三个千斤顶支承底面，依据两端孔中心及未加工的上平面，用划线盘找正，使之处于水平位置，如图 1—1—6 所示。然后用划线盘划出底面加工线及内孔水平面中心线，如图 1—1—7 所示。

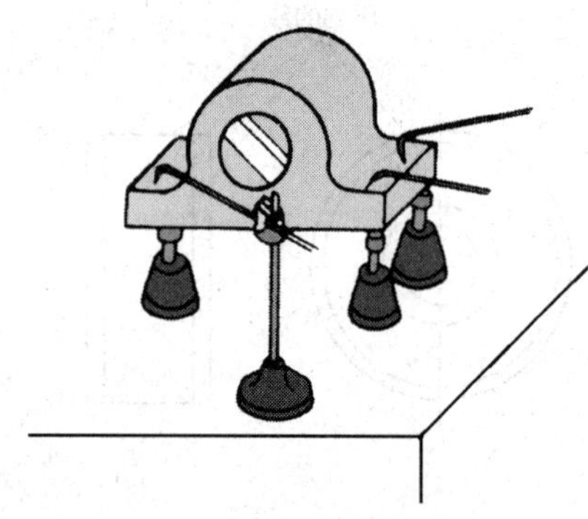
图 1—1—6　用划线盘找正

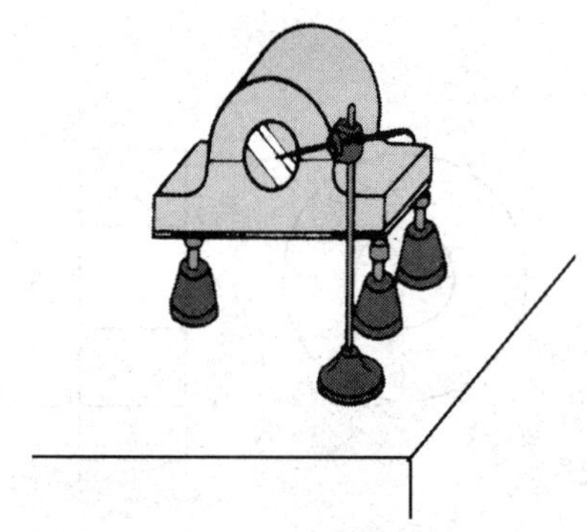
图 1—1—7　划出各水平线

（4）翻转工件，通过调整千斤顶、划线盘找正，使内孔两端中心处于同一高度，并用直角尺按已划出的底面线找正垂直位置。划出内孔的另一中心平面线，再按尺寸划出两螺钉孔的中心线，如图 1—1—8 所示。

（5）再次翻转找正，使底面处于垂直位置，划出两螺钉孔中心基准线及两大端面加工线，如图 1—1—9 所示。

（6）用划规划出轴承座内孔和两螺钉孔圆周线。

（7）检查划出的线是否正确，打样冲眼。

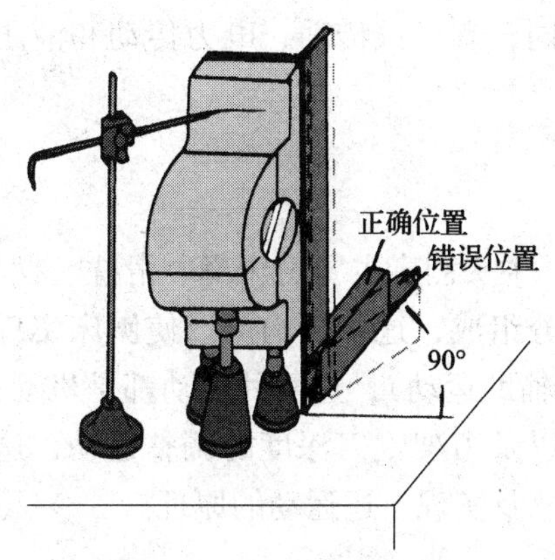

图 1—1—8　用直角尺找正划线

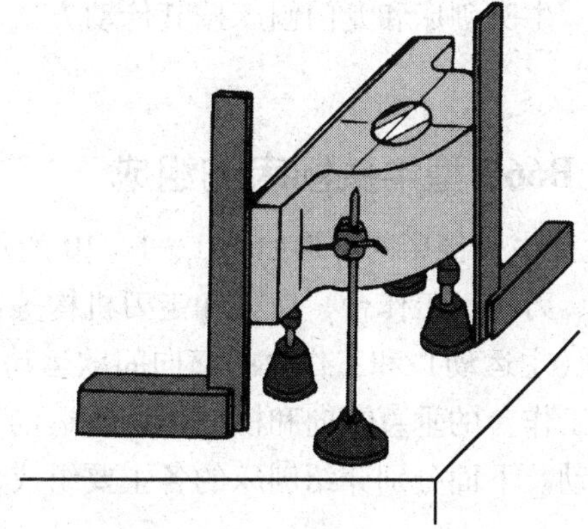

图 1—1—9　翻转 90°再用直角尺找正

子课题 2　刨床床身的划线

学习目标

1. 了解刨床的功用和种类。
2. 熟悉 B665 型牛头刨床的组成。
3. 掌握刨床床身的划线。

一、刨床的功用和种类

1. 功用

刨床一般是用来加工各种水平的、垂直的和倾斜的直槽、T 形槽、燕尾槽，以及成形面（曲面）等。

2. 种类

刨床的种类和型号很多，按其结构特征，大体可分为牛头刨床和龙门刨床两类。

(1) 牛头刨床

牛头刨床用来加工中小型工件，工件长度一般不超过 1 000 mm。根据所能加工工件的尺寸，牛头刨床可分为大型、中型和小型三种类型。

1）小型牛头刨床。刨削长度在 400 mm 以内。

2）中型牛头刨床。刨削长度为 400 ~ 600 mm。

3）大型牛头刨床。刨削长度在 600 mm 以上。

目前我国生产的牛头刨床的型号有 B635 – 1 型、B650 型、B6050 型、B665 型、B690 型、B60100 型等。

(2) 龙门刨床

龙门刨床用于刨削大型工件或一次装夹加工多个中小型工件。龙门刨床按其结构特点可分为单柱和双柱两种，按所能加工工件的大小又可分为重型、中型、轻型三种。

另外，牛头刨床和龙门刨床按其传动方式不同，有机械传动、电力传动和液压传动三种类型。

二、B665 型牛头刨床的组成

B665 型牛头刨床的外形如图 1—1—10 所示。牛头刨床主要由床身、滑枕、摆杆机构、变速机构、刀架、工作台、横梁和走刀机构等部分组成，这些机构可以使刨床实现滑枕的往复运动（主运动）和工作台的横向间歇运动（辅助运动），这两种运动都是机动；此外，还可实现工作台的垂直方向和横向的调整运动，以及刀架吃刀深度的调整运动，这三种运动都是手动。下面分别介绍刨床的各主要组成部分及实现上述运动的原理。

图 1—1—10　B665 型牛头刨床的外形

1—横梁　2—工作台　3—底座　4—床身　5—滑枕　6—刀架

1. 床身

床身用以支承刨床的各个部件，床身的顶部和前侧面分别有水平导轨和垂直导轨。滑枕连同刀架可沿水平导轨做直线往复运动，横梁连同工作台可沿垂直导轨实现升降。床身内部有变速机构和驱动滑枕的摆动导杆机构。

2. 滑枕

滑枕前端装有刀架，用来带动刨刀做直线往复运动，实现刨削。

3. 刀架

刀架用来装夹刨刀和实现刨刀沿所需方向的运动。刀架与滑枕连接部位有转盘，可使刨刀按需要偏转一定角度。转盘上有导轨，摇动刀架手柄，滑板连同刀架沿导轨移动，可实现刨刀的间歇进给或调整切削深度。刀架上的抬刀板在刨刀回程时抬起，以防止擦伤工件和减少刀具的磨损。

4. 工作台

工作台用来安装工件，可沿横梁横向移动和与横梁一起沿床身垂直导轨升降，以便调整工件位置。在横向进给机构驱动下，工作台可实现横向进给运动。横向进给机构采用曲柄摇杆机构。

三、B665 型牛头刨床床身的划线

图 1—1—11 所示为 B665 型牛头刨床床身箱体的零件图。由图可知，该床身的孔不仅有较高的尺寸精度，而且还有较高的几何精度。床身上的水平和垂直导轨不仅有各自的精度要求，还有相互间的位置精度要求。床身划线时需保证水平导轨和垂直导轨的垂直度以及大齿轮孔的尺寸、位置精度，还应保证每个变速轴孔都有足够的加工余量。根据以上分析，选择大齿轮 $\phi540$ mm 孔的正交十字线及左视图中的对称中心线作为划线基准，划线分三个位置进行。

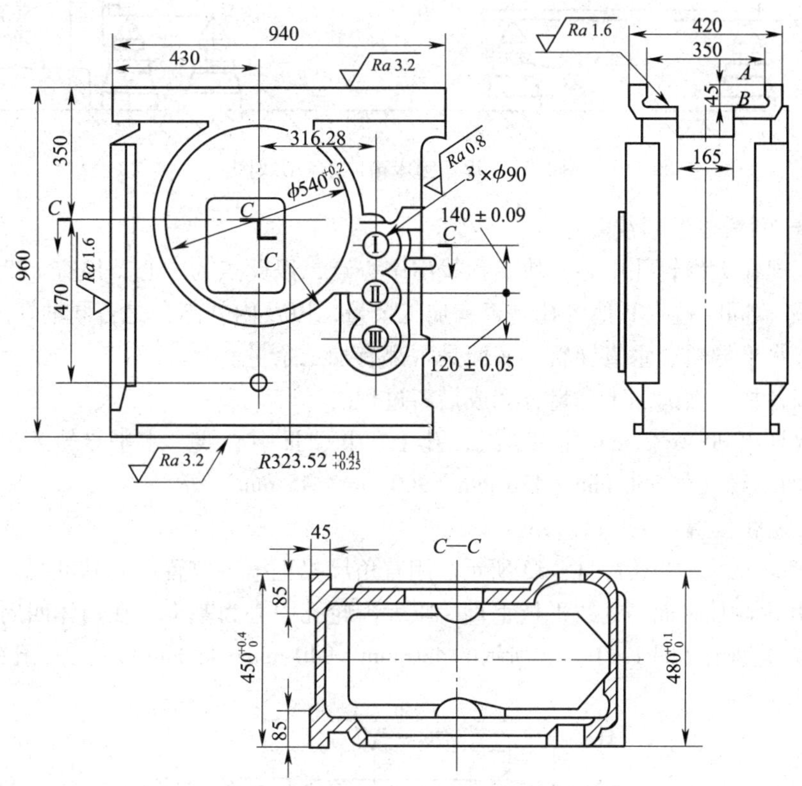

图 1—1—11　B665 型牛头刨床床身箱体零件图

1. 第一划线位置

准备工作及划线步骤如下。

（1）完成立体划线的准备工作

1）在箱体大齿轮孔及三个变速轴孔（图中的Ⅰ、Ⅱ、Ⅲ）中心装上塞块，为划线、借料做准备。

2）用三个千斤顶按图 1—1—12 所示，将箱体底面支承在平板上。

3）先用划线盘预找平 *A*、*B* 两个待加工表面的 4 个角，再用直角尺找正垂直导轨的待加工表面与划线平台基本垂直，最后检查箱体两侧的不加工表面放置是否对称。这三个因素如果不协调，则主要应满足每个待加工表面有足够的加工余量。

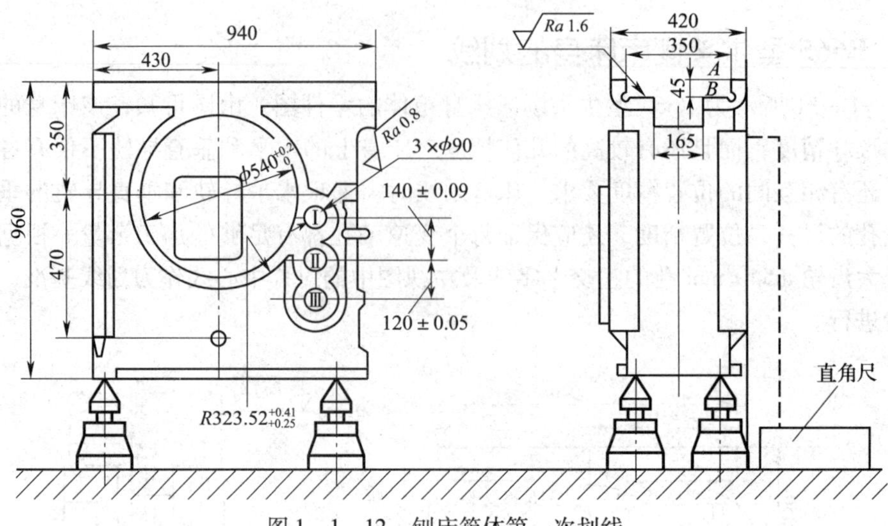

图 1—1—12　刨床箱体第一次划线

（2）第一划线位置划线

1）用划规在大齿轮孔中心塞块上预找出中心点，以此点为中心，检查 $R323.52$ mm 是否有加工余量，同时检查其他各孔是否有加工余量，以及内外凸台是否同轴。

2）检查水平导轨、垂直导轨和底面是否都有加工余量。

3）协调各加工面的加工余量，完成借料过程。

4）依次划出 $\phi540^{+0.2}_{0}$ mm 孔中心线，孔Ⅰ、Ⅱ、Ⅲ中心线，水平导轨 A、B 两面的尺寸线，底面加工线（如 350 mm、470 mm、960 mm、45 mm）等。

2. 第二划线位置

将箱体翻转 90°，如图 1—1—13 所示。用直角尺找正第一位置所划基准线，即找正水平导轨外侧面和内侧加工面与划线平板垂直，以大齿轮孔中心为基准，在箱体四周划出第二位置基准线，依次划出如图 1—1—13 所示的 430 mm、940 mm、45 mm 以及三个孔的尺寸线。

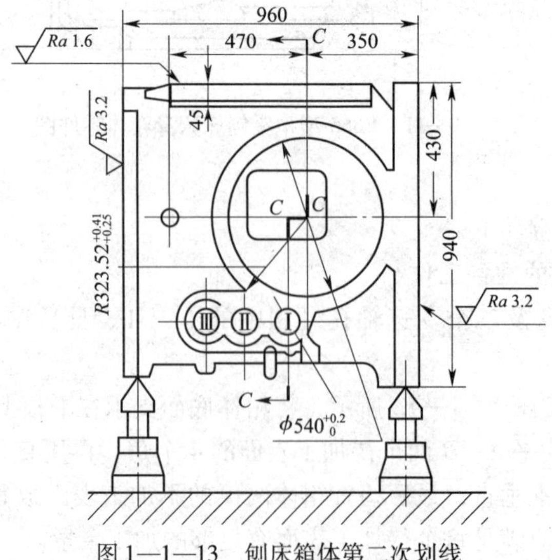

图 1—1—13　刨床箱体第二次划线

3．第三划线位置

再将箱体朝另一方向翻转 90°，如图 1—1—14 所示。用直角尺找正前两次已划出的基准线，以垂直、水平导轨加工余量的对称中心线为依据，兼顾外表面的对称性，划出第三位置基准线。依次划出如图 1—1—14 所示的 165 mm、350 mm、420 mm。

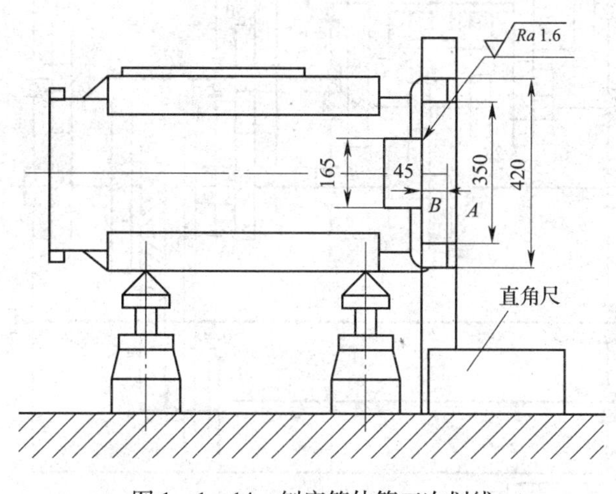

图 1—1—14　刨床箱体第三次划线

子课题 3　车床主轴箱的划线

学习目标

1．了解主轴箱的功用及主轴部件。

2．熟悉箱体划线工艺。

3．掌握车床主轴箱的划线。

卧式车床主轴箱的功用主要是安装主轴和主轴的变速机构。主轴前端安装卡盘以夹紧工件，并带动工件旋转实现主运动。为方便安装长棒料，主轴为空心结构。车床的主轴箱是车床的变速机构和动力分配机构，它能正常、平稳运转是车床工作的首要条件。主轴箱也是一个复杂的装配体，是一个集合了带传动、链传动、齿轮传动、凸轮机构、离合器机构、变速拨叉机构以及各种轴、轴承等的复杂的机构。

一、主轴部件及其支承

如图 1—1—15 所示，主轴部件主要由主轴、主轴支承、离合器 M 及安装在主轴上的齿轮组成。主轴是空心阶梯轴，主轴的内孔可通过长棒料或用于通过气动、液动、电动夹紧装置。主轴前端内孔为莫氏 5 号，用于安装顶尖；主轴前端外部采用短锥法兰式结构，用于安装卡盘等夹具。短锥面便于定位和装拆，其定心精度高，轴的悬伸短；法兰上有 4 个螺纹孔，便于用螺钉把卡盘固定在主轴上。

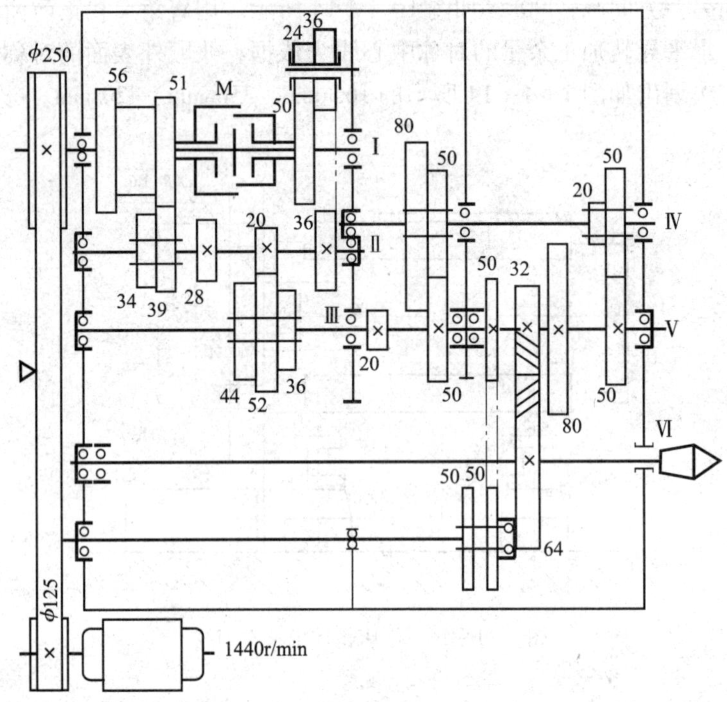

图 1—1—15　卧式车床主轴箱结构示意图

主轴采用三支承结构。前、中支承采用精密圆锥滚子轴承，两轴承大口朝外，以增强轴系刚度；后支承采用深沟球轴承。

主轴上圆锥滚子轴承的游隙调整用圆螺母实现，圆螺母上的径向螺钉起防松作用。

二、传动轴及其支承的结构

主轴箱内的Ⅰ、Ⅱ轴转速较高，采用深沟球轴承支承。其中Ⅰ轴较短，采用二支承结构；Ⅱ轴较长，采用三支承结构。Ⅱ轴上的齿轮通过花键连接，实现周向固定和轴向滑移。Ⅳ轴上的空套齿轮与轴之间装有铜套（滑动轴承），如图 1—1—15 所示。

三、卸荷式带轮

目的：减小轴Ⅰ受径向力的作用，减小弯曲变形，提高传动的平稳性，改善主轴箱运动输入轴的工作条件。

原理：如图 1—1—16 所示，带轮 3 与花键套筒 1 用螺钉连成一体，支承在法兰 2 内的两个深沟球轴承上，而法兰 2 固定在主轴箱体 4 上，这样带轮 3 可通过花键套筒 1 带动轴 5 旋转，而传动带的张力经法兰 2 直接传至箱体 4 上，轴 5 不受此径向力的作用。

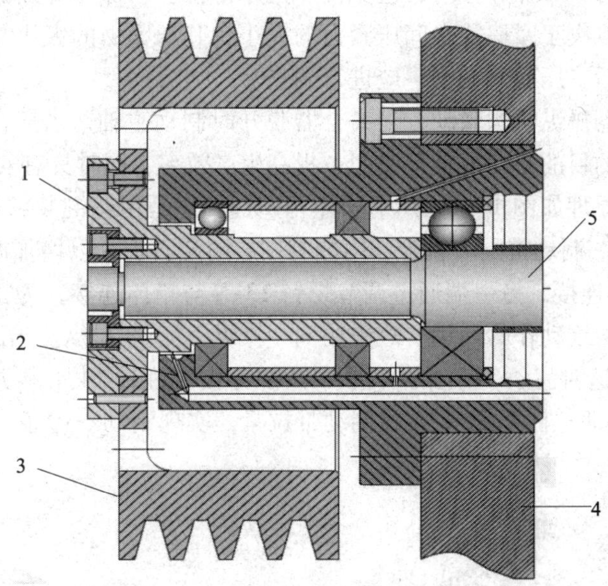

图 1—1—16　卸荷式带轮工作原理

1—花键套筒　2—法兰　3—带轮　4—箱体　5—轴

四、双向多片摩擦离合器、制动器与离合器操纵机构

双向多片摩擦离合器的结构如图 1—1—17 所示。

摩擦离合器由内摩擦片 3、外摩擦片 2、止推片 13 及 14、圆销 5、拉杆 6 等组成，离合器左右两部分的结构是相同的。左离合器通过 Z56 和 Z51 最终传动主轴正转，用于切削加工，需传递的转矩较大，所以片数较多。右离合器由 Z50 传动主轴反转，主要用于退回，片数较少。

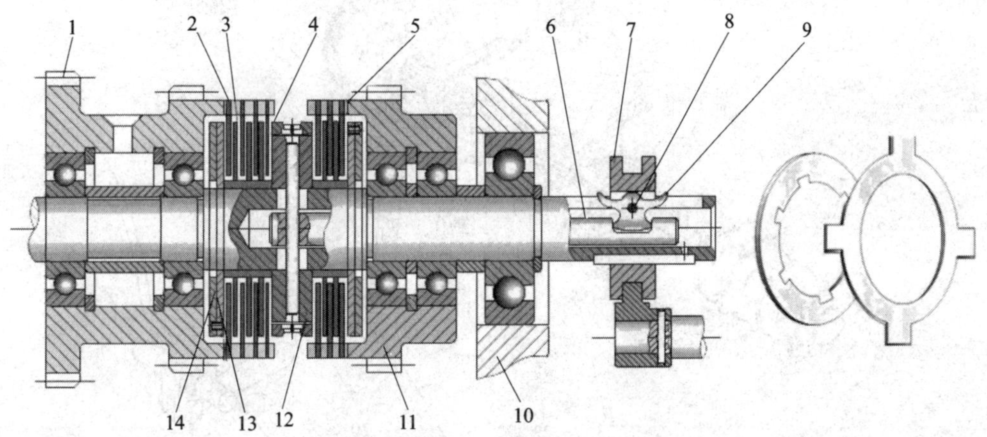

图 1—1—17　双向多片摩擦离合器

1—双联齿轮　2—外摩擦片　3—内摩擦片　4—螺母　5—圆销　6—拉杆　7—滑套
8—销轴　9—元宝销　10—箱体　11—齿轮　12—压套　13、14—止推片

摩擦离合器不但实现主轴的正、反转和停止，并且在接通主运动链时还能起过载保护作用。当机床过载时，摩擦片打滑，避免损坏机床部件。摩擦片传递的转矩大小在摩擦片数量一定的情况下取决于摩擦片之间压紧力的大小，其压紧力的大小是根据额定转矩调整的。当摩擦片磨损后，压紧力减小，应进行调整。

制动器与离合器操纵机构联动，当离合器脱开时制动主轴，当离合器实现正反转接通时松开制动。制动的目的是缩短辅助时间，提高生产效率，同时具有安全保护作用。

制动器的工作原理如图 1—1—18 所示，制动盘 16 是用花键装在轴Ⅳ上的一钢制件，周边围着制动带 15。制动带是一钢带，内侧有一层酚醛石棉，以增加摩擦制动力矩。制动带的一端与杠杆 14 连接，另一端通过调节螺钉 13 等与箱体连接，为了操作方便和实现制动与接通传动链这两组动作的互锁，故采用同一操纵手柄 18 操纵。当离合器脱开时，齿条 22 处于中间位置，这时齿条 22 上的 W 形中凸部分接触杠杆 14 下端并推动杠杆 14 下端，使杠杆 14 逆时针摆动，杠杆 14 上端将制动带拉紧，实现制动。齿条 22 的 W 形凸起部分

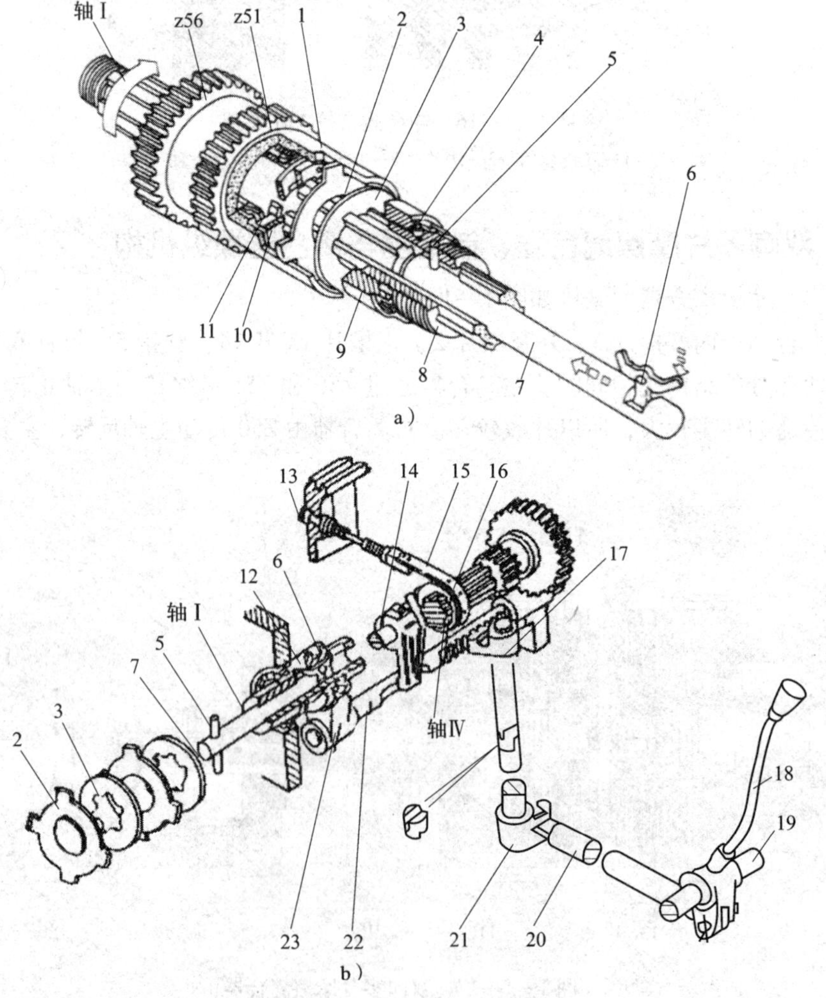

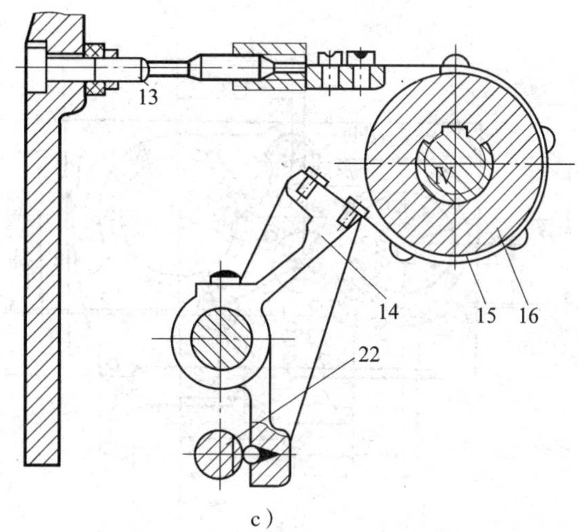

c）

图 1—1—18　制动器与离合器操纵机构

1—空套齿轮　2—外摩擦片　3—内摩擦片　4—弹簧定位销　5—销　6—元宝销　7、20—杆　8—压块　9—螺母　10、11—止推片　12—滑套　13—调节螺钉　14—杠杆　15—制动带　16—制动盘　17—齿扇　18—手柄　19—操纵轴　21—制动块　22—齿条　23—拨块

的左右都是凹槽，左、右离合器任一结合实现主运动传动链接通时，杠杆 14 的下端处于凹槽中，没有力的作用，杠杆 14 按顺时针方向摆动，使制动带放松。制动带的拉紧程度由调节螺钉 13 调整。调整后应检查在压紧离合器时制动带是否松开，以确保制动时接不通传动链，接通传动链时绝不实现制动。

五、车床主轴箱的划线

1. 分析车床主轴箱零件图，确定划线思路

如图 1—1—19 所示为 C620—1 型车床主轴箱的零件图。C620—1 型车床主轴箱箱体的划线要分为三次进行，第一次划线以主轴孔为基准划出外形尺寸线；经过机加工后，再进行第二次划线；第三次划线则以已加工的孔和面为基准，分别划出有关的螺孔、光孔和油孔的位置线和加工线。

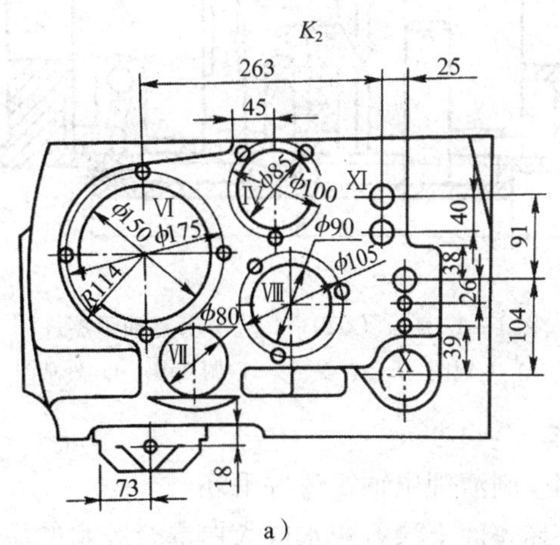

a）

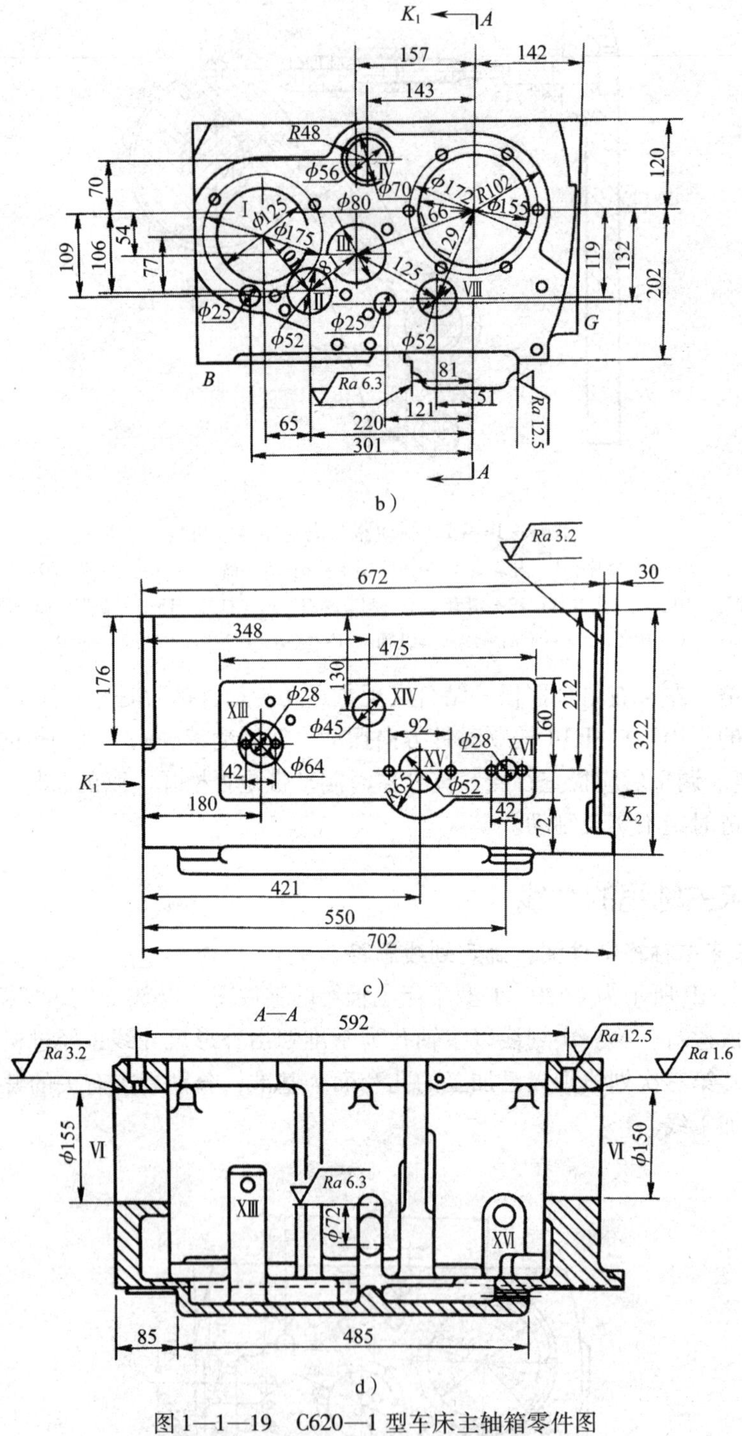

图 1—1—19　C620—1 型车床主轴箱零件图
a）左视图　b）右视图　c）俯视图　d）外观图

2. 划线前的准备工作

（1）用手砂轮机或钢丝刷清理主轴箱铸件毛坯。

（2）涂色。在铸件毛坯表面上涂石灰水或大白混合胶水的涂料。

3. 主轴箱的划线

(1) 第一次划线

以主轴孔Ⅵ的中心线为基准，划出箱体各部的外形尺寸线。具体划法如下：

箱体的第一次安装如图 1—1—20a 所示，首先调整千斤顶的高度，用划线盘划出 *A*、*B* 两面与划线平台基本平行，并用直角尺检查 *G*、*C* 两面与划线平台基本垂直，调整后必须使所有孔、面都有加工余量。然后以孔Ⅵ内壁凸台和 *A*、*B* 两面的加工余量为依据、找正划出第一校正线Ⅰ—Ⅰ；并以Ⅰ—Ⅰ线为基准加上 120 mm 划出 *A* 面，减去 202 mm 划出 *B* 面。同时检查Ⅰ孔和其他孔的加工余量。

将箱体翻转 90°进行第二次安装，如图 1—1—20b 所示。用直角尺找正Ⅰ-Ⅰ线使其与划线平台垂直。依据孔Ⅵ内壁凸台和 *E*、*F* 面划出第二校正线Ⅱ-Ⅱ。以Ⅱ-Ⅱ为基准，减去 142 mm，划出 *G* 面加工线；加上 81 mm 划出 *E* 面的加工线；接着从 *E* 面加工线的高度减去 146 mm 划出 *F* 面的加工线。

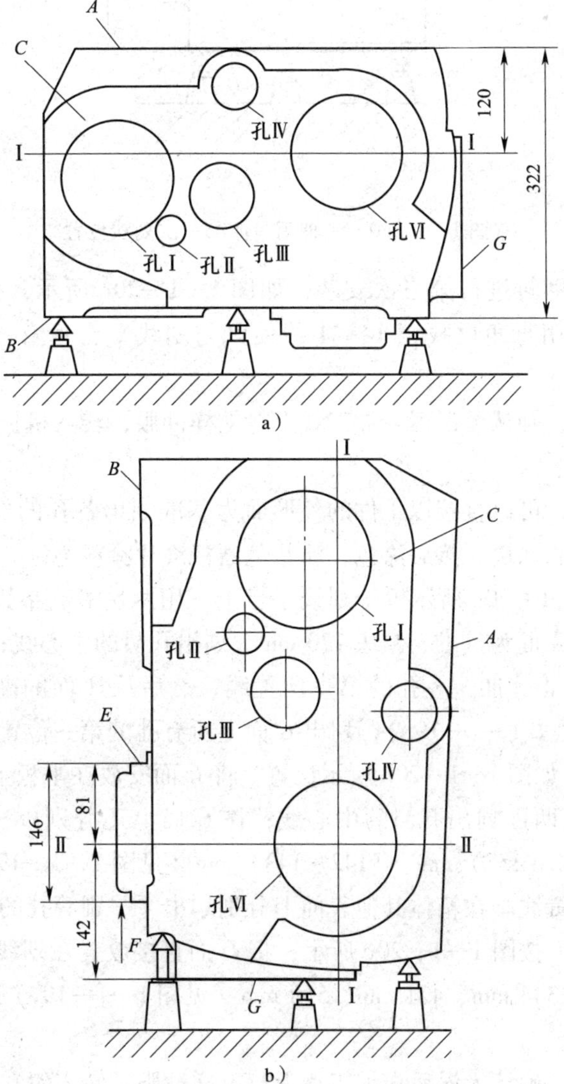

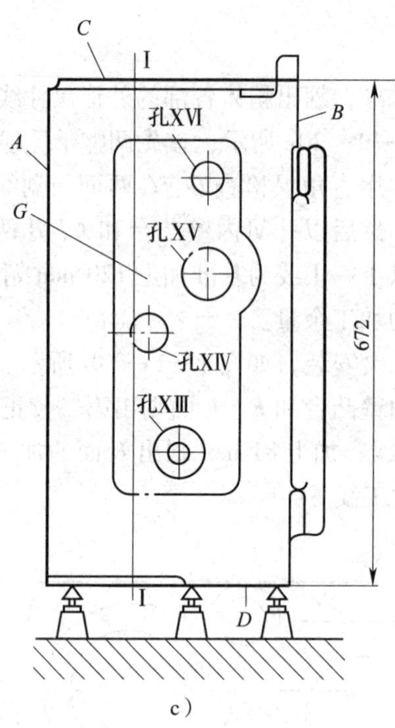

图 1—1—20　主轴箱箱体第一次划线位置

然后将箱体再次翻转进行第三次安装，如图 1—1—20c 所示，按第三划线位置放置，调整好千斤顶高度。用直角尺找正Ⅰ－Ⅰ线使其与划线平台垂直。划出 *C*、*D* 两面之间 672 mm 的加工线。

检查所划的线条，确认无误后在加工线上打上样冲眼，转入机械加工。

(2) 第二次划线

箱体经过加工后，可以直接以工件的外形面为基准划出各孔的加工位置线。划线前在箱体的各孔内装上中心塞块。然后涂色，涂紫色酒精漆片涂料为好。

工件还是如图 1—1—20a 所示置于划线平台上，用两块等高垫铁代替千斤顶支承，不必找正工件。直接以 *A* 面为基准，减去 120 mm，划出孔Ⅵ的中心线；再按图样上其余有关尺寸分别找出孔Ⅰ、Ⅱ、Ⅲ……孔的第一位置线；然后从 *A* 面的高度分别减去 176 mm、130 mm、212 mm（见图 1—1—19b），划出 *G* 面上所有孔的第一位置线。

将箱体翻转 90°，如图 1—1—20b 所示位置，将 *G* 面安放在平板上，以 *G* 面为基准，按尺寸 142 mm 在 *C*、*D* 两面划出孔Ⅵ的中心线；在 *C* 面上还分别以（142 + 220 + 65）mm、（142 + 220）mm、（142 + 157）mm、（142 + 143）mm（见图 1—1—19b）为高度划出孔Ⅰ、Ⅱ、Ⅲ、Ⅳ的第二位置线。在箱体其他表面上分别划出Ⅴ、Ⅷ等孔的第二位置线。

将箱体再次翻转，按图 1—1—20c 所示，将 *D* 面直接放置在划线平台上。以 *D* 面为基准，按尺寸 180 mm、348 mm、421 mm、550 mm（见图 1—1—19c）分别划出孔XIII、XIV、XV、XVI的第二位置线。

检查所划的线条，确认无误后在加工线上打上样冲眼，转入镗孔。

(3) 第三次划线

箱体各主要平面和孔经过加工后，还剩下一些螺孔、光孔、油孔等需要划线（注意：若图样上标注配作的孔不要划），这一划线工序均可按已加工表面为基准，按图样尺寸逐步划出。至此，C620—1 型车床主轴箱箱体的划线全部完成。

4. 注意事项

(1) 大型工件或箱体划线采用三点支承时，三个支承点的位置应尽量分散，以确保中心落在三个支承点构成的三角形中心部位，使各个支承点受力均匀。

(2) 箱体划线一般都要划出十字校正线，校正线必须划在长而平直的部位，线条越长，校正越准确。

(3) 不宜用手直接调节千斤顶，以免工件砸伤手。

子课题 4　多面体的展开和钣金开料

学习目标

1. 了解多面体的展开方法。
2. 熟悉钣金开料知识。
3. 掌握圆锥体、上口斜截四棱柱管和圆方过渡管接头的展开。

在几何学中，展开图是一种几何图形，是将一几何图形的面沿着边接合，并画在同一个比该几何图形少一个维度的空间上。换句话说，就是一个立体图形或多面体的表面在平面上摊平后得到的图形，我们称它为多面体的展开图。

多面体的展开图是有助于多面体和立体几何研究的图形，同样的一个几何图形并不一定只有一种展开图，根据选择不同的边缘进行分离，可以得到不同的展开图，但接合后得到同一个几何图形。

一、可展表面与不可展表面

一块长方形的钢板可以卷成圆筒，反过来也可以将圆筒摊开成长方形钢板。这样将零件的表面摊开在一个平面上的过程就叫展开。在平面上画得的图形叫展开图，作展开图的过程叫展开放样。

作展开图的方法通常有两种：一种是计算法，一种是作图法。大多数零件都用作图法进行展开。

根据组成零件表面的展开性质，展开表面分为可展表面和不可展表面。

1. 可展表面

零件的表面能全部平坦摊平在一个平面上，而不发生撕裂或皱折的表面称为可展表面。

2. 不可展表面

如果零件的表面不能自然地展开摊平在一个平面上，就称为不可展表面。不可展表面有球面、圆环表面和螺旋面等。

二、展开方法

在机械行业中大多采用平行线展开法、放射线展开法和三角形展开法来展开物体表面。

1. 平行线展开法的原理

将零件的表面看作由无数条相互平行的素线组成，取相邻素线及其两端线所围成的微小面积作为平面，只要将每一小块平面的真实大小依顺序画在平面上，就得到了零件表面的展开图。所以，零件表面的素线或棱线相互平行的几何形体，如各棱柱体、圆柱体曲面等都可用平行线展开法展开。

2. 放射线展开法的原理

将零件的表面看作是由无数条直素线构成的，且这些素线都汇交于一点，任意相邻的两条素线及其所夹的底边端线，可看作一个近似三角形平面。当把各三角形的底边无限缩短时，那么小三角形面积的总和与原来的形体表面积就接近相等。这样，如果把所有的小三角形的实形按顺序不遗漏、不重叠地画在一个平面上，则原来形体表面的实形就被展开了。放射线展开法适用于表面素线汇交于一点的几何体，如圆锥和圆台表面的展开。

3. 三角形展开法的原理

将零件看作是由许多小三角形平面组成的，然后把这些小三角形按其在表面上的真实大小和左右相互位置的顺序，不遗漏、不重叠地画在一个平面上，就得到了形体表面的展开图。它适用于表面的素线在某个区域内平行、在某个区域内相交但交点不在同一点上或整个表面素线都相交但交点各不相同的零件，如上圆下方过渡接头等。

三、钣金开料知识

钣金开料是将原材料按需要切成毛料。

开料的方法很多，按设备的类型和工作原理，可分为剪切、铣切、冲切、氧气切割等。在生产中可根据零件的形状、尺寸、材料的种类、精度要求以及生产数量的多少来选择开料的方法。

四、圆锥体的展开

1. 正圆锥体的展开

图 1—1—21 所示为正圆锥体的立体图。由于锥体表面素线不是相互平行的，而是所有素线汇交于一点，所以采用放射线展开法。正圆锥表面上所有素线都汇交于定点，且各素线的长度都相等。因此展开时应先在俯视图上确定出若干条素线的实际位置，并与定点连接形成若干个共顶三角形，把各共顶三角形实形连续依次画出就得到所求的展开图。

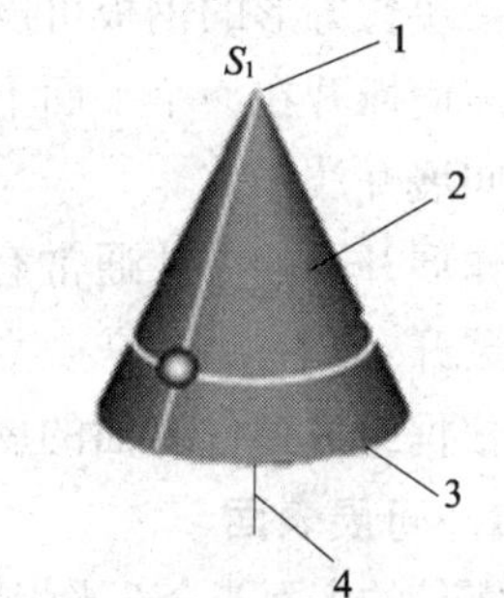

图 1—1—21　正圆锥体的立体图

1—锥顶　2—圆锥面

3—底面　4—轴线

正圆锥体的具体展开方法是：按已知尺寸画出主视图和俯视图，在俯视图上任意等分圆周，如图 1—1—22 所示。图中为 12 等分，将等分点 1 ~7 和 O 分别连接。由等分点 1 ~7 引上垂线与主视图底边相交于 $1'$ ~$7'$，再把 $1'$ ~$7'$点与 O'点连接。以 O'点为圆心，以 $O'7'$为半径画弧，在此弧上截取 12 个 S 长度，连接 O'、1^x 形成扇形即是所求展开图。

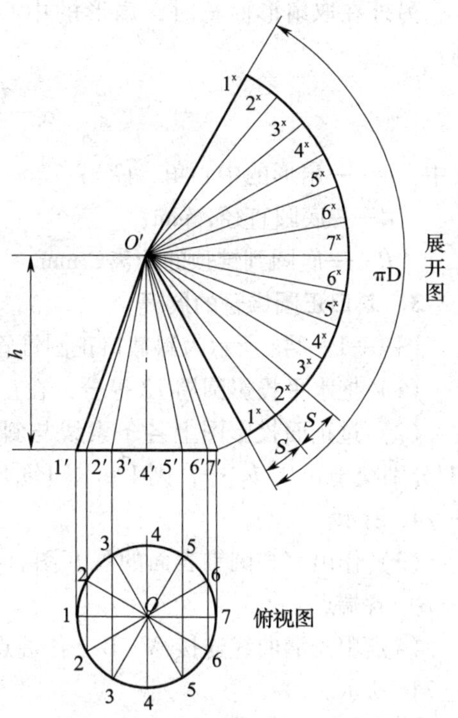

图 1—1—22　正圆锥体的展开

2．平口正圆锥管的展开

平口正圆锥管是无锥顶的圆锥（也称为正圆锥台），图 1—1—23a 所示为零件的立体图，图 1—1—23b 所示的粗实线部分为其投影图。通常的做法是将俯视图上两个分别代表顶圆和底圆的圆周分成若干等分，图示分成 12 等分，则根据投影关系将 1、2、3…这些等分点分别画到主视图上，将锥体两侧母线延长，交于 O'，$O'7'$的长则为展开扇形的大端半径 R，而 $O'7''$的长则为小端半径 R_1。再在图样另一处取一中心 O，分别以 R_1和 R 为半径作一合适的扇形，画一扇形始边 $O1$，自 1 点起逐一作一段圆弧，其长度等于俯视图上的$\overset{\frown}{12}$、$\overset{\frown}{23}$、$\overset{\frown}{34}$…，取 12 段为止，最后一点连接 O，即为展开图，如图 1—1—23c 所示。

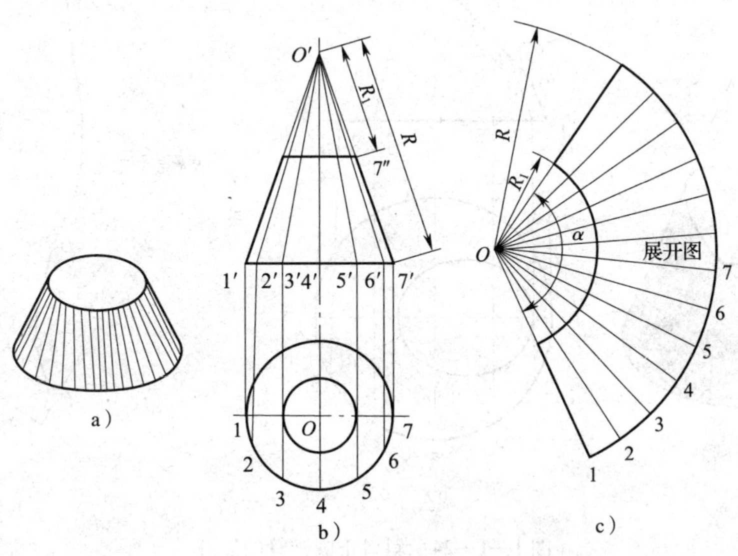

图 1—1—23　平口正圆锥管的展开

a）立体图　b）投影图　c）展开图

另外在取扇形面积时，扇形的中心角 α 也可通过计算求得，若圆锥底面直径为 d，则：

$$\alpha = \frac{360^\circ \pi d}{2\pi R} = 180^\circ \frac{d}{R}$$

式中 α——扇形的中心角，(°)；

d——底圆直径，mm；

R——底圆到锥顶的距离，mm。

3. 斜口正圆锥管的展开

图 1—1—24a 所示为斜截口正圆锥管的立体图，它的展开图的作图步骤如下：

（1）把水平投影圆周 12 等分，在正面投影图上作出相应素线投影 $s'1'$，$s'2'$…。

（2）过正面投影图上各条素线与斜顶面交点 a'、b'…分别作水平线，与圆锥转向线 $s'1'$分别交于 a_1'、b_1'…，则 $1'a_1'$、$1'b_1'$…为斜截口正圆锥管上相应素线的实长，如图 1—1—24b 所示。

（3）作出完整圆锥表面的展开图。在相应棱线上截取 Ⅰ$A = 1'a_1'$、Ⅱ$B = 1'b_1'$…，得 A、B…各端点。

（4）用光滑曲线连接 A、B…各端点，得到斜截口正圆锥管的表面展开图，如图 1—1—24c 所示。

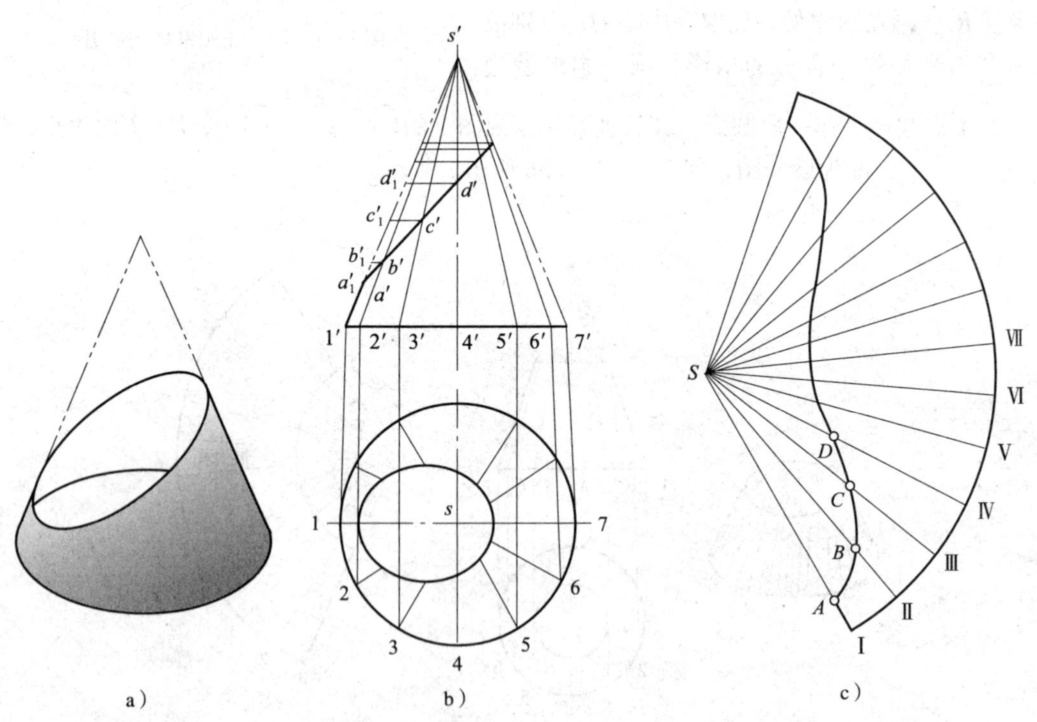

图 1—1—24　斜口正圆锥管的展开

a）立体图　b）投影图　c）展开图

五、多面体的展开

1. 上口斜截四棱柱管的展开

图 1—1—25a 所示为上口斜截四棱柱管的立体图，各棱线相互平行，它由四个面组成，只要顺序画出四个面的实际大小，即得其展开图，作法如下：

（1）作棱柱的投影图，并在各棱线处标上代号 1、2、…、6，由投影图分析可知，主视图的形状就是四棱柱管前后两面的实形，棱柱的底线与各棱线垂直，所以展开时以主视图底线的延长线展开，在其上量取俯视图上 1、2、3、…、6、1 各点，并过各点作垂线。

（2）在各垂线上量取主视图上相应各棱线的高度，得 1′、2′、3′、…、6′、1′各点。用直线连接各点，即得上口斜截四棱柱管的展开图，如图 1—1—25b 所示。

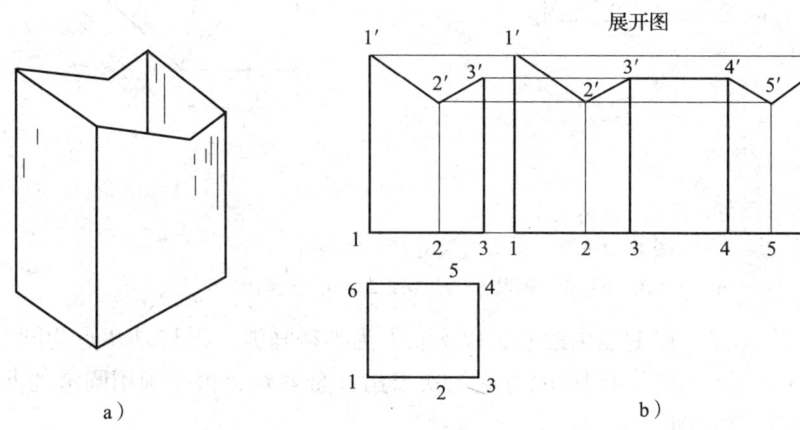

图 1—1—25　上口斜截四棱柱管的展开

a）立体图　b）展开图

2. 圆方过渡管接头的展开

圆方过渡管接头表面结构如图 1—1—26a 所示。

锥面由底口方角点向顶圆过渡并产生 8 条过渡线，形成 4 个等腰三角形面。过渡线不反映实长，为了获得展开图还必须用辅助线将各斜圆锥面划分成若干个小三角形平面，并在求出各三角形实形后，再根据三角形展开基本方法依次按顺序作出各代表实形的三角形平面，便可获得所求的展开图，作法如下：

（1）按已知尺寸作出圆方过渡管接头的主视图和俯视图。

（2）3 等分俯视图$\frac{1}{4}$圆周，等分点为 1、2、3、4 并与 B 点连接，则分 B 角斜圆锥面为 3 个小三角形平面。其中线段 $B_1 = B_4$、$B_2 = B_3$，并分别以 b、c 表示其长度。

（3）用直角三角形法求出 b、c 的实长，如主视图右侧的实长图所示。

（4）作展开图时，先画出一线段 $B'C'$ 使其长度等于 a，分别以 B'、C'为圆心，以 b、c 实长为半径画弧，再与以 4′点为圆心，以俯视图顶圆上等分弧长$\overset{\frown}{34}$为半径，向两侧依次画

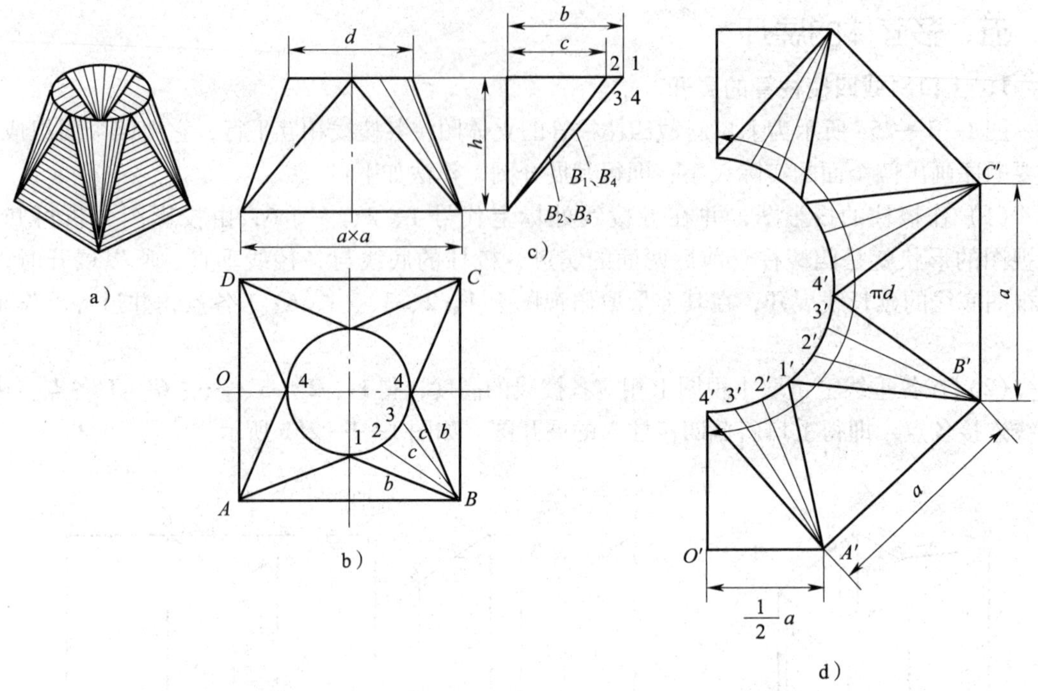

图 1—1—26　圆方过渡管接头的展开

a）立体图　b）主、俯视图　c）实长图　d）展开图

的圆弧相交于3′、2′、1′点。以1′点为圆心，以实长 b 为半径画弧，再与以 B' 点为圆心以 a 为半径的圆弧相交于 A' 点。然后用同样的方法依次求出其余各点，再分别用圆滑的曲线和直线连接各点，即完成展开图。

课题二　錾削、锯削、锉削加工

子课题 1　轴瓦上油槽的錾削

1. 了解油槽的作用和加工要求。
2. 熟悉油槽錾的刃磨与热处理。
3. 能进行油槽的錾削。

图 1—2—1a 所示为常见的柴油机，它能将热能转化为机械能，并向外输出转矩，依靠的是曲柄连杆机构。图 1—2—1b 所示即为柴油机的活塞连杆组，连杆部分有轴瓦，轴瓦上的油槽是用来藏油润滑的。通过本课题的学习，大家要学会油槽的錾削工艺和錾削方法。

a）

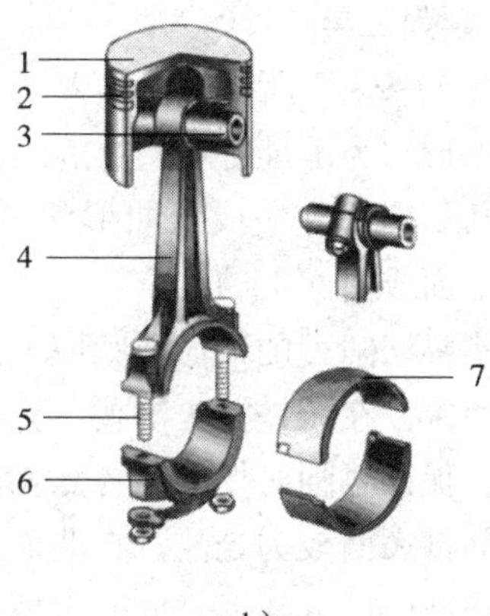

b）

图 1—2—1　柴油机

a）外形　b）活塞连杆组

1—活塞　2—活塞环　3—活塞销　4—连杆　5—连杆螺栓　6—连杆盖　7—连杆瓦

用锤子打击錾子对金属工件进行切削加工的方法称为錾削，錾削是钳工工作中一项较为重要的基本操作。目前錾削工作主要用于不便机械加工的场合，如去除毛坯上的凸缘、毛刺，分割板料，錾削平面、油槽等（见图 1—2—2）。

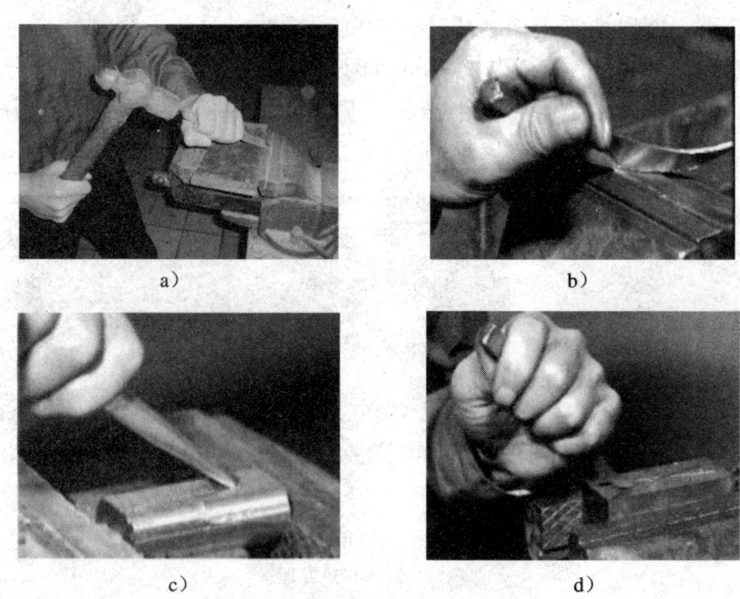

a）　b）　c）　d）

图 1—2—2　錾削的用途

a）去除毛坯上的凸缘、毛刺　b）分割板料

c）錾削平面　d）錾削油槽

一、油槽的錾削

1．油槽的作用和加工要求

油槽的作用是储存润滑油和向运动机件的摩擦部位输送，因此要求油槽必须和机件的润滑油通道相连，槽形粗细均匀、深浅一致，槽面光洁圆滑。

2. 錾削工具

图 1—2—3 油槽錾

如图 1—2—3 所示，油槽錾的切削刃很短，并呈圆弧形，为了能在对开式的内曲面上錾削油槽，其切削部分做成弯曲形状，油槽錾常用来錾切平面或曲面上的油槽。

油槽錾切削刃的几何形状应和图样上油槽断面形状一致，其楔角大小根据被錾削材料的性质而定。在铸铁上錾油槽，楔角可取 60°~70°。錾子后面（圆弧面）的两侧应逐步向后缩小，保证錾削时切削刃各点都能形成一定的后角，并且后面应用油石进行修光，以使錾出的油槽表面较为光洁。在曲面上錾削油槽的錾子，为保证錾削过程中的后角基本一致，其錾子前部应锻成弧形。此时，錾子圆弧刃口的中心点仍应在錾子錾体中心线的延长线上，使錾削时的锤击作用力方向能朝向刃口錾切方向。

3. 油槽錾的刃磨与热处理

錾子切削刃的刃磨方法是：将錾子刃面置于旋转着的砂轮轮缘上，并略高于砂轮的中心，且在砂轮的全宽方向作左右移动。刃磨时要掌握好錾子的方向和位置，以保证所磨的楔角符合要求。前、后两面要交替磨，以求对称。刃磨时，加在錾子上的压力不应太大，以免刃部因过热而退火，必要时，可将錾子浸入冷水中冷却（见图 1—2—4a）。

合理的热处理，能保证錾子切削部分的硬度和韧性。对錾子粗磨后再进行热处理，有利于清楚地观察切削部分的颜色变化。热处理时，把约 20 mm 长的切削部分加热到呈暗樱红色（750~780℃）后迅速浸入冷水中冷却（见图 1—2—4b）。浸入深度为 5~6 mm。为了加速冷却，可手持錾子在水面慢慢移动。

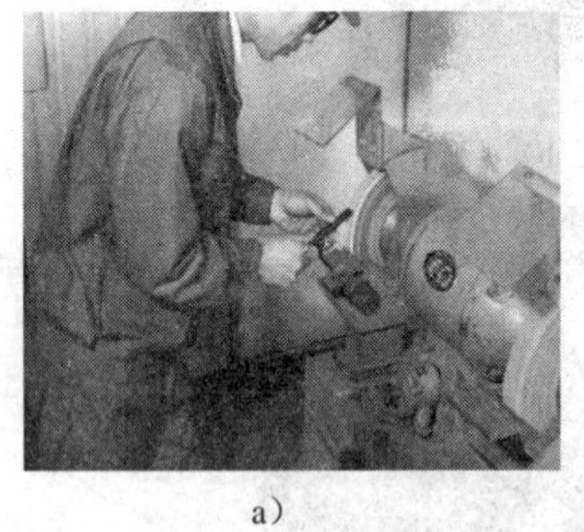
a）

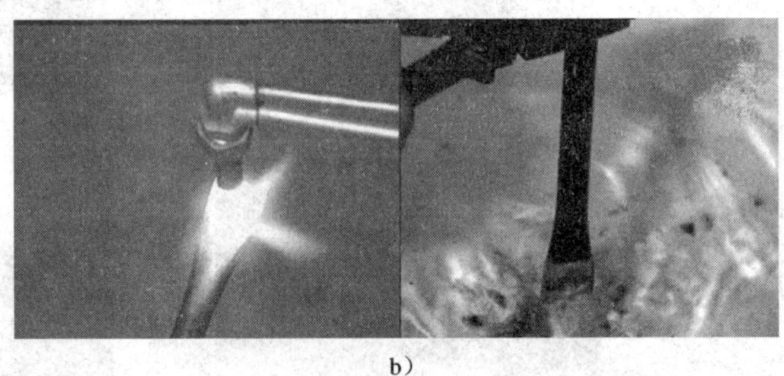
b）

图 1—2—4 油槽錾的刃磨与热处理
a）刃磨 b）热处理

4. 油槽的錾削方法

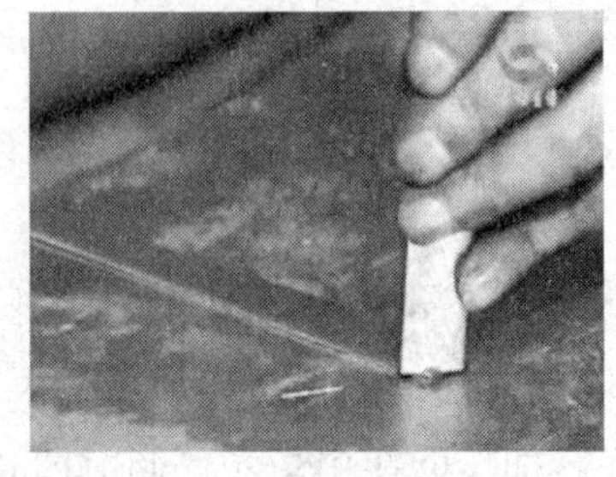
图 1—2—5 油槽的錾削方法

根据油槽的位置尺寸划线，可按油槽的宽度划两条线，也可只划一条中心线。在平面上錾削油槽，起錾时錾子要慢慢地加深至尺寸要求，錾到尽头时刃口必须慢慢翘起，保证槽底圆滑过渡。在曲面上錾直槽，錾子的切削情况应随着曲面而变动，使錾削时的后角保持不变（见图 1—2—5）。油槽錾好后，再修去槽边毛刺。

二、轴瓦上油槽的錾削

1. 油槽加工图样分析

对开式轴瓦上油槽的加工图样如图 1—2—6 所示。该图样是在对开式轴瓦上进行油槽的錾削，由于是在曲面上进行錾削，因而要求比较高。该油槽的长度为 65 mm，宽度为 5 mm，深度为 2 mm，与中心线呈 45°。所需的錾削工具为油槽錾和榔头等。

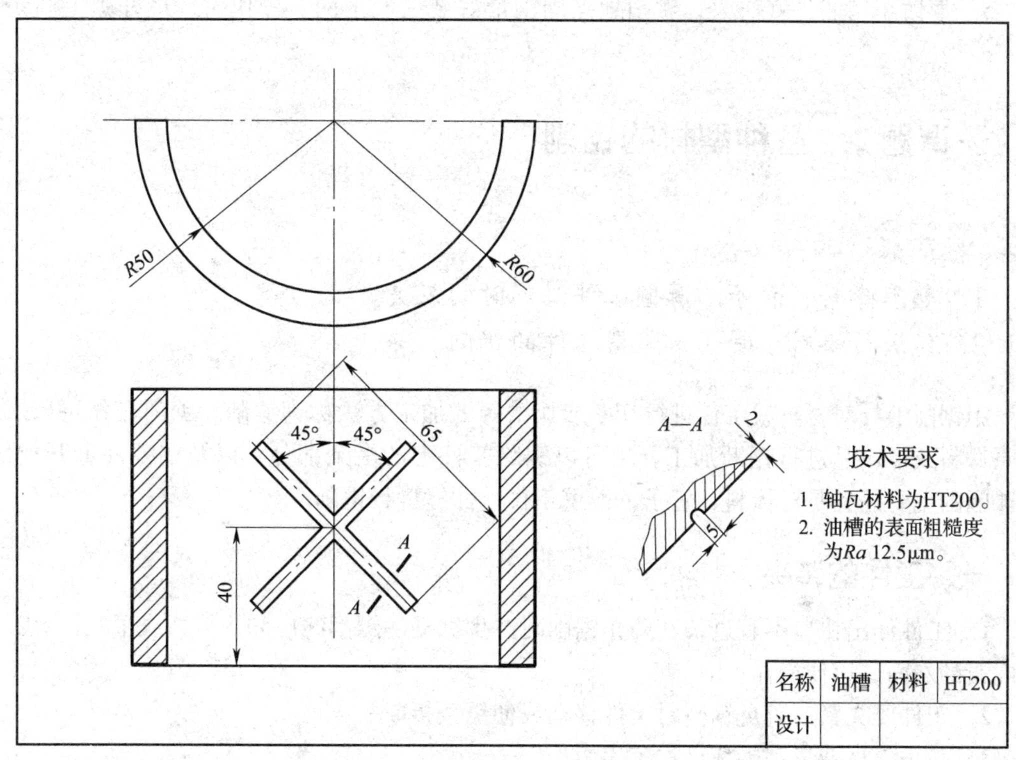

图 1—2—6　对开式轴瓦上油槽的加工图样

2. 錾削油槽过程

（1）划油槽宽度和油槽位置中心线，中心线位置误差为 ±0. 04 mm。

（2）用窄錾按照划好的线，加工工艺槽，当工艺槽錾到仅剩下 10 ~ 15 mm 时就应掉头錾削，以防工件边缘崩裂。

（3）工艺槽开完后，用刃磨好的油槽錾錾削油槽，錾子的切削刃最好与錾削前进方向倾斜一个角度，使切削刃与工件有较大的接触面，这样使錾子掌握平稳。操作时，錾子要慢慢地加深到尺寸要求。

（4）按照以上步骤，錾削另一个相交的油槽。錾到尽头时刃口必须慢慢翘起，以保证槽底圆滑过渡（见图 1—2—7）。

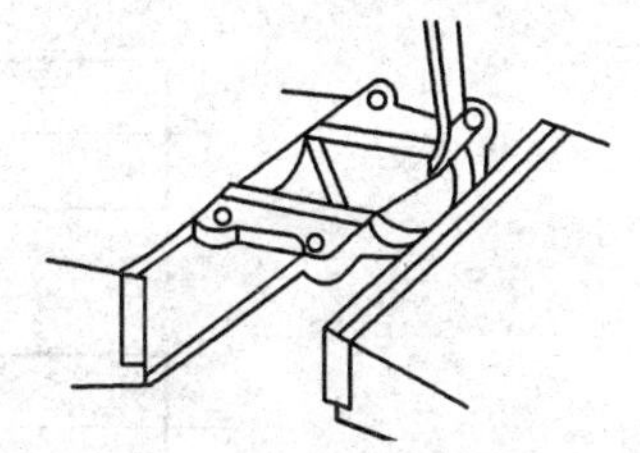

图 1—2—7　錾削油槽

三、錾削油槽的注意事项

1. 錾削前应先检查锤头和木柄间是否松动，如有松动，应先修复。

2. 錾子头部如有毛刺或卷边，要立即停止錾削，以免碎屑弹出伤人。

3. 必须把锤子、錾子头部和手柄上的油污擦净，以免锤击时滑落伤人。

4. 刃磨油槽錾时，要保证油槽錾头部的直径不大于油槽的宽度，即不大于5 mm。

5. 要防止切屑飞溅伤人，錾削地点周围最好装上安全网。操作时，最好戴上防护眼镜。

子课题2　各种型材的锯削

学习目标

1. 熟悉棒料、管子、薄壁工件锯削时的装夹。
2. 能进行棒料、管子、薄壁工件的锯削。

用锯削工具对材料或工件进行切断或切槽等的加工方法称为锯削。锯削操作可以对各种原材料或半成品进行锯断加工，也可以锯除零件上的多余部分，以及在零件上开槽等。本课题的主要任务是对棒料、管子、薄壁工件、深缝进行锯削。

一、工件的装夹

1. 工件伸出钳口不宜过长，防止锯削时产生振动。锯削线应和钳口边缘平行，并夹在台虎钳的左面，以便操作。

2. 工件要夹紧，避免锯削时工件移动或使锯条折断。

3. 防止工件变形和夹坏已加工表面。

二、各种型材的锯削方法

1. 棒料的锯削

如果要求锯削的断面比较完整，应从开始连续锯到结束，称为一次起锯，如图1—2—8所示。

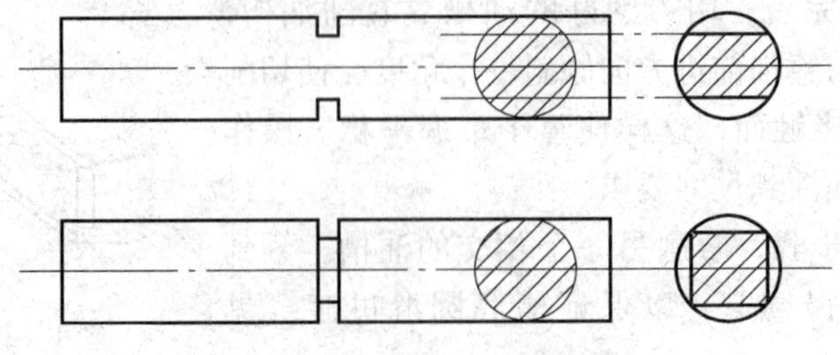

图1—2—8　锯断棒料的方法

若锯出的断面要求不高，锯削可改变几次方向，使棒料转过一定角度再锯，这样，由于锯削面变小而容易锯入，可提高工作效率。

锯削毛坯材料时，断面质量要求不高，为了节省锯削时间，可分几个方向锯削，每个方向都不锯到中心，然后将毛坯折断，称为多次起锯。

2. 管子的锯割

锯削管子时，首先要装夹管子。对于薄壁管子和精加工过的管件，应装夹在有 V 形槽的木垫之间，如图 1—2—9 所示，以防夹扁和夹坏表面。

锯削管子时一般不要在一个方向上从开始连续锯削到结束，因为锯齿容易被管壁钩住而崩断，尤其是薄壁管子更易发生。正确方法是：每个方向只锯到内壁处，然后把管子转过一个合适的角度，仍旧锯到管子内壁处，如此逐渐改变方向，直到锯断为止，如图 1—2—10 所示。

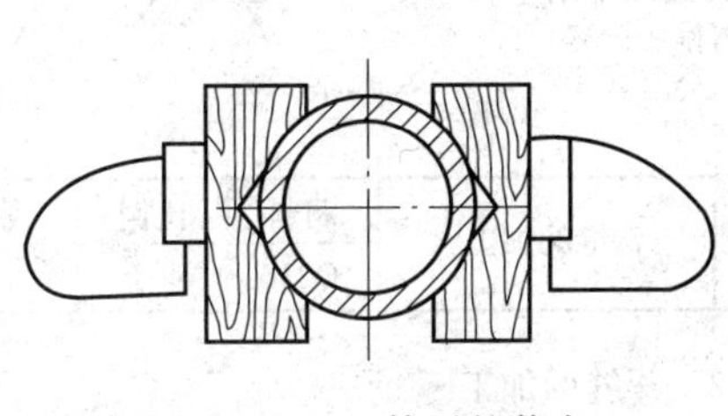
图 1—2—9　管子的装夹

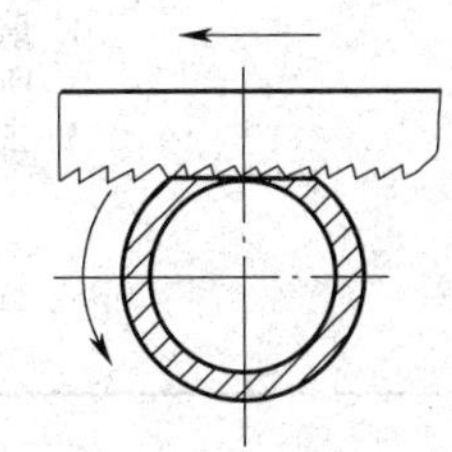
图 1—2—10　锯削管子的方法

注意事项：对于薄壁管子，在改变方向时，应使已锯的部分向锯条推进方向转动，否则锯齿仍有被管壁钩住的可能。

3. 薄板的锯削

锯削薄板时，尽可能从宽的面锯下去，这样锯齿不容易产生钩住现象。当一定要在板料的窄面锯下去时，应该把它夹在两块木板之间，连木板一起锯下。这样，可避免锯齿被钩住，同时也增加了板料的刚度，便于锯削，如图 1—2—11 所示。

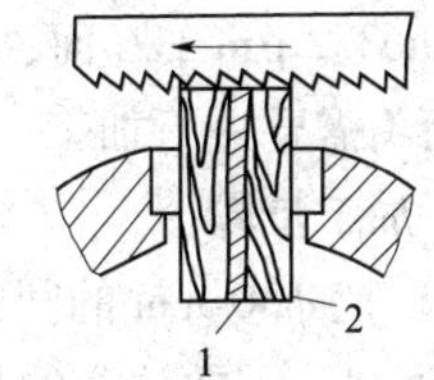

图 1—2—11　锯削薄板的方法
1—薄板料　2—木垫

三、锯削时质量的保证

1. 起锯时应注意尺寸余量的预留。
2. 锯削时锯缝不能歪斜。
3. 起锯时注意不要损坏工件表面。

四、技能训练

零件加工图样如图 1—2—12 所示，完成工件的加工。

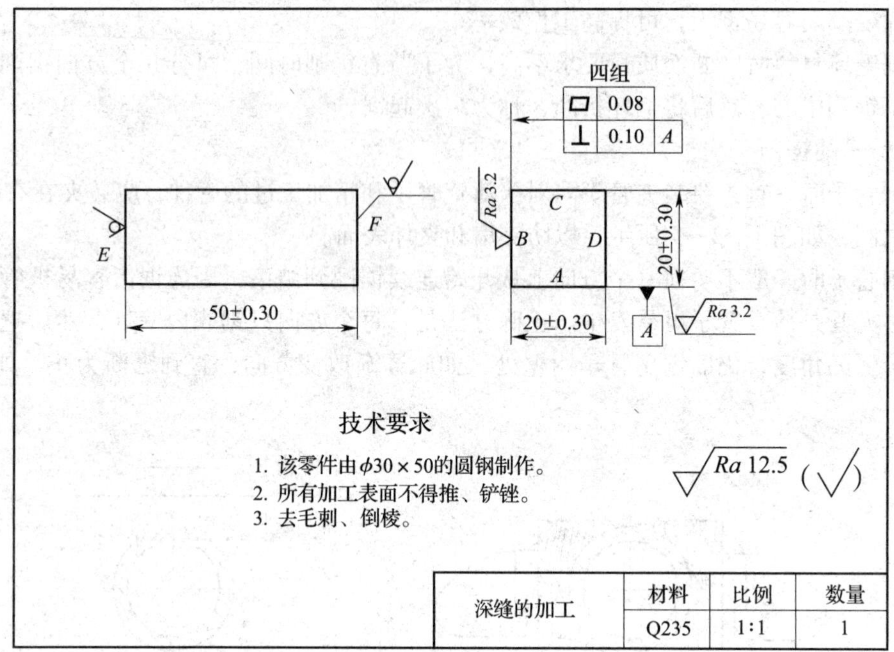

图 1—2—12　深缝的加工

1. 零件图分析

从零件图 1—2—12 可知，该零件是由直径为 30 mm、长度为 50 mm 的圆钢制成边长为（20 ±0. 30）mm、长为（50 ±0. 30）mm 的长方体，其中 *A* 面、*B* 面为锉削面，要求表面粗糙度为 *Ra*3. 2 μm；*C* 面、*D* 面为锯削面，不需要进行锉削，要求表面粗糙度为 *Ra*12. 5 μm；*E*、*F* 面不需要进行加工。

2. 加工步骤

（1）把 ϕ30 mm 的圆钢装夹在 V 型槽内，根据 V 型槽的尺寸进行划线，然后沿着线左端开始锯削。需要注意的是，由于锯缝深度为 50 mm，为了防止锯弓与工件相碰，应把锯条转过 90°安装后再锯，直至锯断，此面为 *A*。

（2）选择合适的锉刀，对 *A* 面进行锉削，锉削时要保证 *A* 面的平面度 0. 08 mm，表面粗糙度要求为 *Ra*3. 2 μm。

（3）以 *A* 面为基准，划线 20 mm，沿着线右端开始锯削，方法同（2），此面为 *C* 面，要求尺寸为（20 ±0. 30）mm，表面粗糙度为 *Ra*12. 5 μm。

（4）用（2）同样的方法加工 *A* 面的相邻面 *B* 面，除了保证 *B* 面的平面度 0. 08 mm，表面粗糙度要求为 *Ra*3. 2 μm 外，还要保证 *B* 面与 *A* 面的垂直度为 0. 10 mm。

（5）用（3）同样的方法加工 *D* 面，保证尺寸为（20 ± 0. 30）mm，表面粗糙度为 *Ra*12. 5 μm。

（6）去毛刺、倒棱。

（7）精度检验。

3. 注意事项

(1) 当锯缝的深度到达锯弓的高度时，应把锯条转过90°安装后再锯。

(2) 由于钳口的高度有限，工件应逐渐改变装夹位置，使锯削部位处于钳口附近，而不是在离钳口过高或过低的部位锯削。否则工件因移动会影响锯削质量，也易损坏锯条。

(3) 注意安全文明生产。

4. 评分标准

评分标准见表1—2—1。

表1—2—1　　评分标准

时限	3 h	开始时间		结束时间		实考时间	
项目	序号	技术要求		配分	评分标准	检测记录	得分
尺寸、表面粗糙度	1	(20 ±0.30) mm		15 ×2	超差全扣		
	2	(50 ±0.30) mm		15	超差全扣		
	3	平面度0.08 mm		15 ×2	不合格不得分		
	4	表面粗糙度 $Ra \leq 3.2$ μm		5 ×2	不合格不得分		
	5	表面粗糙度 $Ra \leq 12.5$ μm		5 ×3	超差全扣		
其他	6	毛刺、缺陷		倒扣	每处扣1 ~5 分		
	7	安全文明生产		倒扣	违者酌扣1 ~10 分		

子课题3　锉配加工T形测量配

学习目标

1. 熟悉T形测量配的加工步骤。
2. 掌握T形测量配的加工。

按照图1—2—13所示图样要求完成T形测量配的制作，毛坯如图1—2—14所示。

一、操作步骤

操作步骤：检验毛坯→确定基准并修整→划线→加工基准件（件1）→加工配合件（件2）→锉配→钻孔、铰孔→检查、打字、交工件。

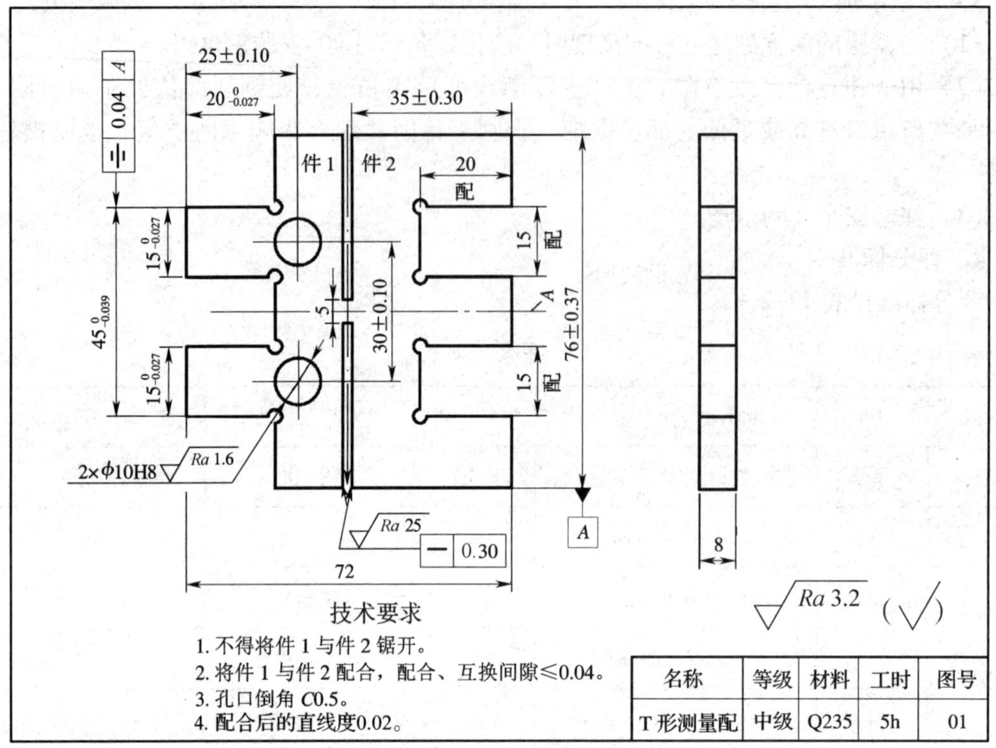

名称	等级	材料	工时	图号
T形测量配	中级	Q235	5h	01

图 1—2—13　T形测量配

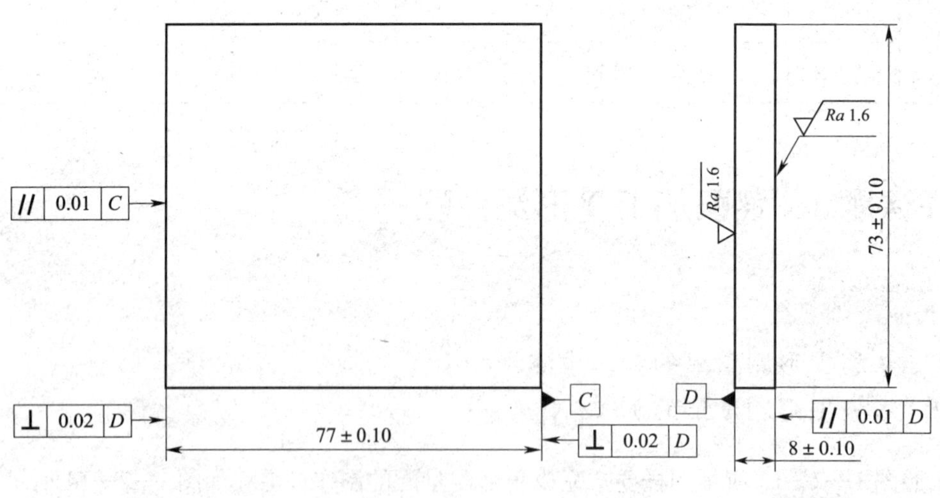

图 1—2—14　毛坯

1．检验毛坯，了解毛坯误差与加工余量

清理→检验几何精度→检验尺寸精度→检验表面粗糙度→检验其他缺陷。

2．确定加工基准并对基准进行修整

按图样确定加工基准（见图 1—2—15），并修整。

按图样要求选择毛坯上尺寸为（77 ±0. 10）mm 的两个端面的中心面为基准面 *A*，选择尺寸为（73±0.10）mm 的两个侧面中的一个为基准面 *B*，选择毛坯上尺寸为（77±0.10）mm 的一个端面为基准面 *C*，另选一大平面作为基准面 *D*，共同组成工件的加工基准。

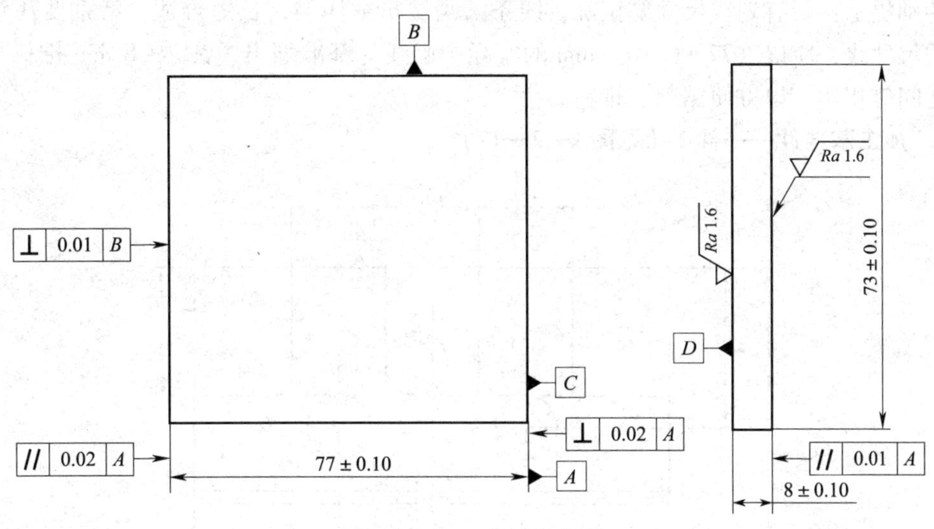

图 1—2—15　加工基准面

修整与基准面 *A* 相垂直的基准面 *B*，其对基准面 *A* 及大平面的垂直度误差不大于 0.01 mm。

修整与基准面 *A* 相垂直的另一个端面，与基准面 *B* 平行，其要求同上。注意去除工件上各部分毛刺。

3. 划线、钻孔、铰孔

涂料→划线→检查→钻孔→铰孔→去除毛刺。

按图 1—2—13 的规定在毛坯上划线，划线后如图 1—2—16 所示。

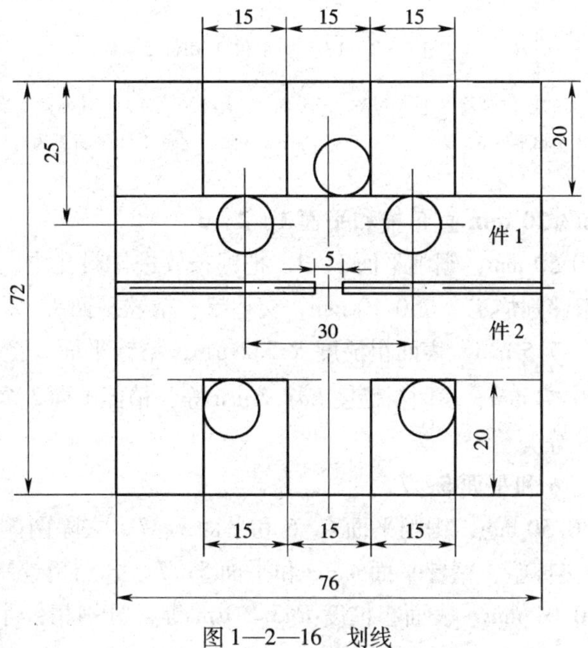

图 1—2—16　划线

在件 1 上钻 2 个 $\phi9.8$ mm 的孔，孔口倒角 C0.5 mm，并钻 $\phi9.8$ mm 排料孔。

铰孔至要求，要注意去除孔口等各种毛刺。

特别提示：所有划线尺寸要正确；线条清晰，粗细均匀，长短合适；特别要注意水平方向的尺寸线，应以（77 ±0.10）mm 的实际中心线为基准划出；钻 $\phi9.8$ mm 排料孔，孔与线之间应相切，以方便锯削、排料。

4. 加工基准件——件 1（见图 1—2—17）

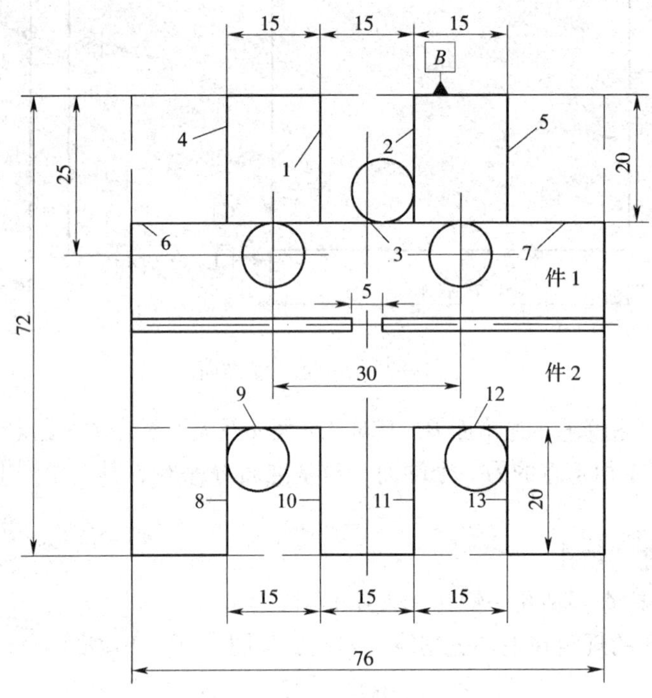

图 1—2—17　加工件 1 和件 2

注意：基准件上对称平面的形位误差尽量“对称”，平面 1、2 和平面 4、5 对称；基准件上对称的尺寸误差尽量“一致”，两侧$15_{-0.027}^{0}$ mm 尺寸和平面 6、3、7 尺寸$20_{-0.027}^{0}$ mm 一致；平面 1 和平面 2 的对称中心面与基准面 B 的垂直度误差应不大于 0.01 mm。

（1）加工 15 mm ×20 mm 直角槽和平面 1、2、3

留锉削加工余量 0.50 mm，锯削平面 1、2，把锯条放进排料孔中，然后装上锯弓，锯削平面 3，去除余料；留锉削加工余量 0.10 mm，交替粗、精锉平面 1、2、3。精锉平面 1 至要求尺寸（76 mm /2）－7.5 mm、表面粗糙度 $Ra3.2$ μm，精锉平面 2 至要求尺寸$15_{-0.027}^{0}$ mm、对基准面 A 的对称度 0.04 mm、表面粗糙度 $Ra3.2$ μm 等，精锉平面 3 至要求尺寸$20_{-0.027}^{0}$ mm、表面粗糙度 $Ra3.2$ μm 等。

（2）加工平面 4、6 和平面 5、7

留锉削加工余量 0.50 mm，锯削平面 4、6 和平面 5、7，去除两侧多余的部分；留锉削加工余量 0.10 mm，交替粗、精锉平面 4、6 和平面 5、7。分别精锉平面 6、7 至要求尺寸$20_{-0.027}^{0}$ mm、垂直度 0.01 mm、表面粗糙度 $Ra3.2$ μm 等，分别精锉平面 4、5 至要求尺寸$15_{-0.027}^{0}$ mm、垂直度 0.01 mm、表面粗糙度 $Ra3.2$ μm 等。

5. 加工配合件——件 2（见图 1—2—17）

（1）锯削，去除多余材料，检查工件的变形情况并作适当的修整。

（2）留加工余量 0.15 mm，交替粗、精锉各平面 8、9、10、11、12、13。

（3）以件 1 的尺寸 $15_{-0.027}^{0}$ mm 的实际大小精锉平面 8、10、11、13。

（4）以件 1 的尺寸 $20_{-0.027}^{0}$ mm 的实际大小精锉两底面 9、12。

6. 锯削

锯削至要求尺寸（35 ±0.30）mm、直线度 0.30 mm、表面粗糙度 *Ra*25 μm。

注意：锉配以凸件为基准，凸件上有余量的平面也可以修配；翻转锉配凸件和凹件时，要正确判断加工面的锉配位置。

7. 检查

检查合格后即可交工件。

二、评分标准

评分标准见表 1—2—2。

表 1—2—2　　T 形测量配评分标准

时限	5 h	开始时间		结束时间		实考时间	
项目	序号	技术要求		配分	评分标准	检测记录	得分
件 1	1	$15_{-0.027}^{0}$ mm		4×2	超差全扣		
	2	$45_{-0.039}^{0}$ mm		4	超差全扣		
	3	$20_{-0.027}^{0}$ mm		4×2	超差全扣		
	4	[— | 0.30]		4	超差全扣		
	5	[⌯ | 0.04 | *A*]		4	超差全扣		
	6	表面粗糙度 *Ra*3.2 μm		0.5×10	不合格不得分		
件 2	7	（76 ±0.037）mm		4	超差全扣		
	8	（30 ±0.10）mm		4	超差全扣		
	9	（35 ±0.30）mm		3	超差全扣		
	10	ϕ10H8 mm		2×2	超差全扣		
	11	ϕ10H8 的 *Ra*1.6 μm		1×2	不合格不得分		
	12	*C*0.5 mm		1×4	不合格不得分		
	13	表面粗糙度 *Ra*3.2 μm		0.5×10	不合格不得分		
配合	14	间隙不大于 0.04 mm（件 2）		2×9	超差全扣		
	15	互换间隙不大于 0.04 mm（件 2）		2×9	超差全扣		
	16	配合后的直线度 0.02 mm		4	超差全扣		
其他	17	毛刺、缺陷		倒扣	每处扣 1～5 分		
	18	安全文明生产		倒扣	违者酌扣 1～10 分		

课题三　孔加工和螺纹加工

子课题 1　麻花钻的刃磨和修磨

学习目标

1. 熟悉麻花钻的钻削特点。
2. 掌握标准麻花钻的修磨和刃磨。

一、麻花钻的钻削特点

麻花钻钻削属于半封闭式切削，钻头钻进工件切下切屑后，需通过钻头分屑槽将切屑排出孔外。麻花钻钻削的最大特点是钻头切削刃各点的切削速度由高到低（中心切削速度为零），切削刃工作状态变化剧烈（由锐刃快切到硬性楔挤）。麻花钻的刀具材料及结构参数在不断改进与完善，目前高速钢麻花钻已成为最重要、最常用的孔加工刀具。

二、标准麻花钻的修磨

麻花钻进行修磨，其目的主要在于改善刀具的切削性能。通常是按照钻孔的具体要求，在以下几个方面有选择地对钻头进行修磨。

1. 修磨横刃

修磨横刃是指磨短横刃并增大靠近钻心处的前角（见图 1—3—1）。经过修磨后，横刃的长度 b 为原来尺寸的 1/3 ~ 1/5，这样可以减小轴向抗力，防止出现挤刮现象，并能提高钻头的定心作用和切削的稳定性。同时，在靠近钻心处形成内刃，形成一个角度值为 20° ~ 30°的内刃斜角 τ，内刃处的前角 $\gamma_\tau = 0° \sim 15°$，切削性能得到改善。一般直径在 5 mm 以上的钻头都需要修磨横刃。

2. 修磨主切削刃

修磨主切削刃的方法（见图 1—3—2）主要是磨出第二锋角 $2\varphi_0$（$2\varphi_0 = 70° \sim 75°$）。在钻头外缘处磨出过渡刃（$f_0 = 0.2\ d$），以增大外缘处的刀尖角，改善散热条件，增加刀齿强度，提高切削刃与棱边交角处的耐磨性，延长钻头寿命，减小孔壁的残留面积，有利于减小孔壁的表面粗糙度。

3. 修磨棱边

如图 1—3—3 所示，在靠近主切削刃的一段棱边上，修磨出一个角度值为 6° ~ 8°的副后角 α_{o1}，同时保留棱边的宽度为原来宽度的 1/3 ~ 1/2，以减少棱边对孔壁表面的摩擦，延长钻头的使用寿命。

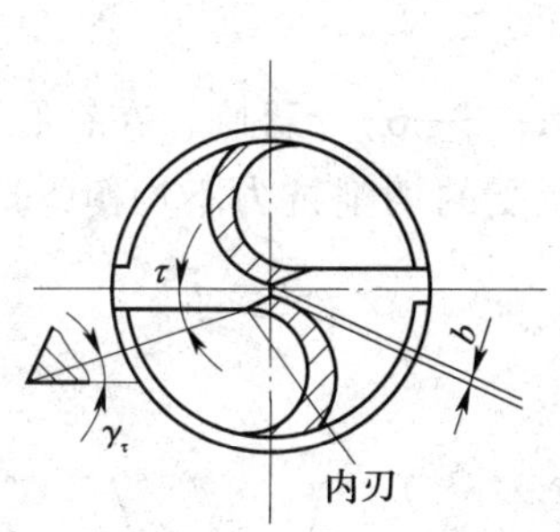

图 1—3—1 修磨横刃

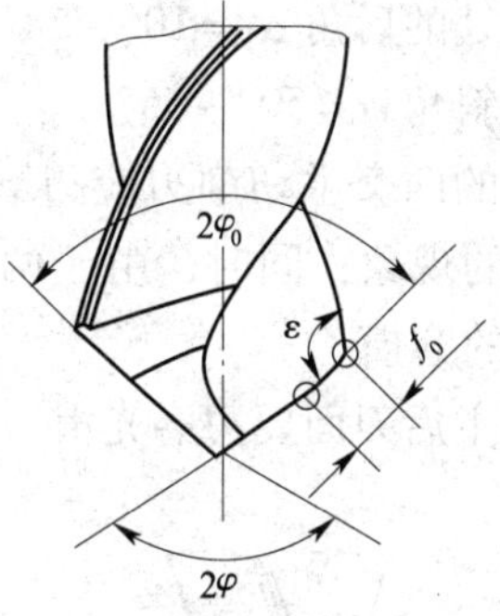

图 1—3—2 修磨主切削刃

4. 修磨前刀面

如图 1—3—4 所示，修磨钻头外缘处的前刀面可以减小此处的前角值，从而提高刀齿的强度，在钻削黄铜零件时，还可以避免产生扎刀现象。

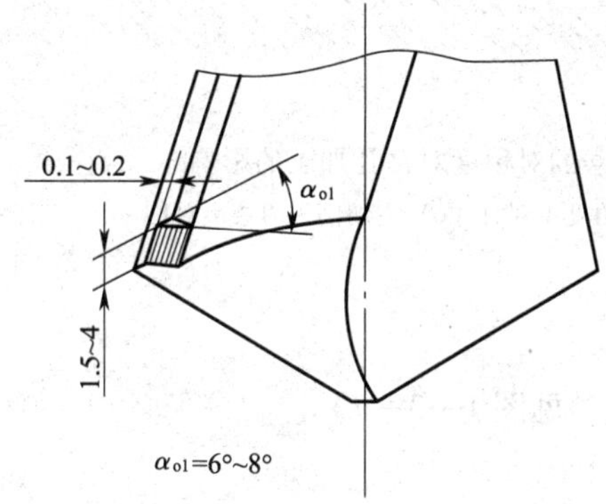

图 1—3—3 修磨棱边

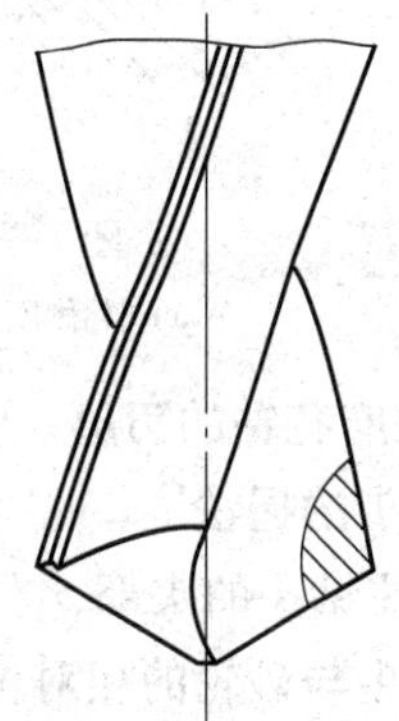

图 1—3—4 修磨前刀面

5. 修磨分屑槽

在钻头的两个后刀面上刃磨出几条相互错开的分屑槽（见图 1—3—5），使切屑变窄，有利于切屑的顺利排出。

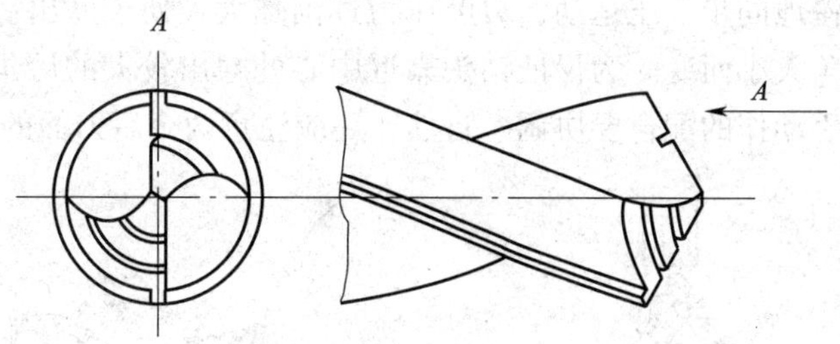

图 1—3—5 修磨分屑槽

三、标准麻花钻的刃磨

1. 标准麻花钻的刃磨要求

（1）锋角 $2\varphi = 118° \pm 2°$。

（2）外缘处的后角 $\alpha_o = 10° \sim 14°$。

（3）横刃斜角 $\psi = 50° \sim 55°$。

（4）钻头的两个主切削刃应刃磨对称（见图 1—3—6），否则，在钻孔时容易产生孔扩大或孔歪斜的现象；同时，由于两条主切削刃所受的切削抗力不均衡，造成钻头振动，从而加剧钻头的磨损。

（5）两个主后刀面要刃磨光滑。

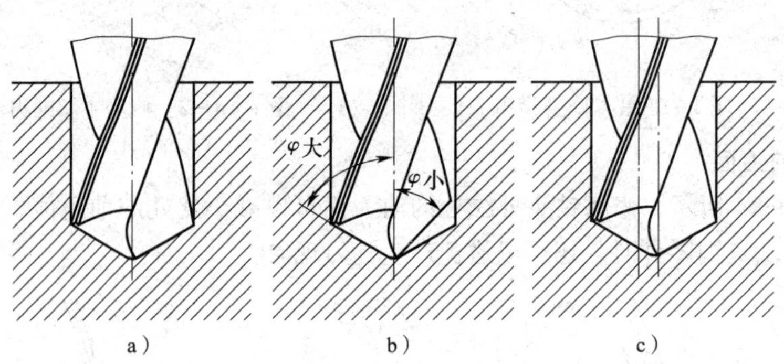

图 1—3—6　钻头刃磨的对称度对钻孔加工的影响

a）对称度正确　b）刃磨角度不对称　c）主切削刃刃磨不对称

2. 标准麻花钻的刃磨

（1）钻头的握法

右手握住钻头的头部，左手握住柄部（见图 1—3—7）。

（2）钻头与砂轮的相对位置

钻头轴心线与砂轮圆柱母线在水平面内的夹角等于钻头锋角 2φ 的一半，被刃磨部分的主切削刃处于水平位置，如图 1—3—7a 所示。

（3）刃磨动作

如图 1—3—7b 所示，将主切削刃在略高于砂轮水平中心平面处先接触砂轮，右手缓慢地使钻头绕自身轴线由下向上转动，同时施加适当的刃磨压力，以使整个后刀面都能磨到，左手配合右手作缓慢地同步下压运动，刃磨压力逐渐加大，便于磨出后角，其下压的速度及幅度随要求的后角大小而变。为保证钻头靠近中心处磨出较大的后角，还应作适当的右移运动。刃磨时两手动作的配合要协调、自然，还应注意两个后刀面的对称。

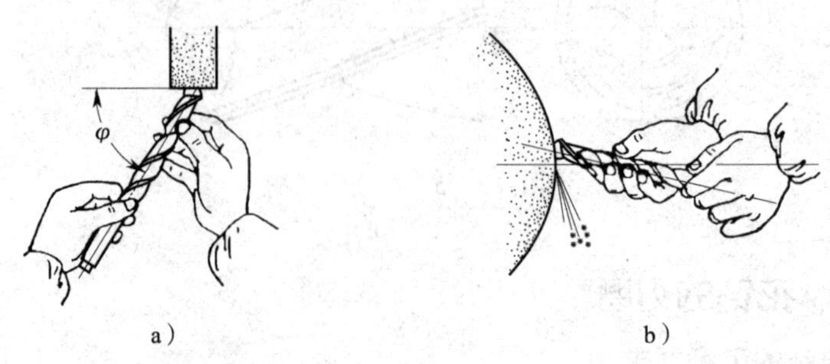

图 1—3—7　钻头刃磨时与砂轮的相对位置

(4) 修磨横刃

钻头轴线在水平面内与砂轮侧面左倾大约15°角，在垂直平面内与刃磨点的砂轮半径方向大约成55°下摆角（见图1—3—8）。

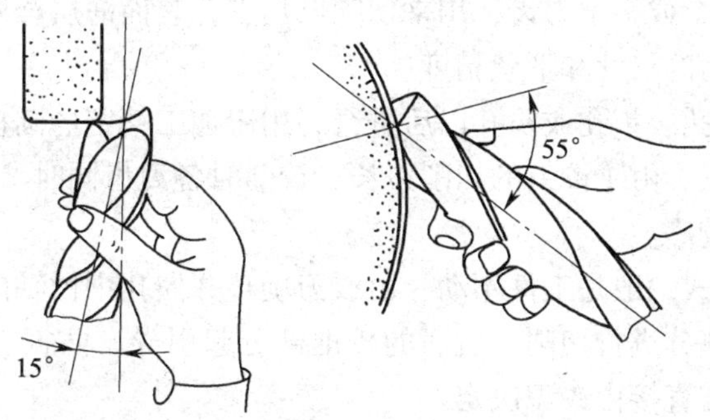

图1—3—8 横刃修磨方法

(5) 钻头冷却

钻头刃磨压力不宜过大，并要经常蘸水冷却，以防止因过热引起退火而造成钻头的硬度降低。

3. 标准麻花钻的刃磨质量检验

钻头的几何角度以及两条主切削刃对称等要求，可利用检验样板进行检验（见图1—3—9），但在刃磨的过程中最经常采用的还是目测的方法。目测检验时，把钻头的切削部分向上竖立，两眼平视，由于两主切削刃一前一后会产生视觉误差，往往感到前面的主切削刃略高于后面的主切削刃，所以要旋转180°后反复查看，如果经过几次检验，结果都一样，说明钻头两主切削刃是对称的。钻头外缘处的后角要求，可通过外缘处靠近刃口部分的后刀面的倾斜情况直接目测。靠近中心处的后角要求，可通过控制横刃斜角的合理数值来保证。

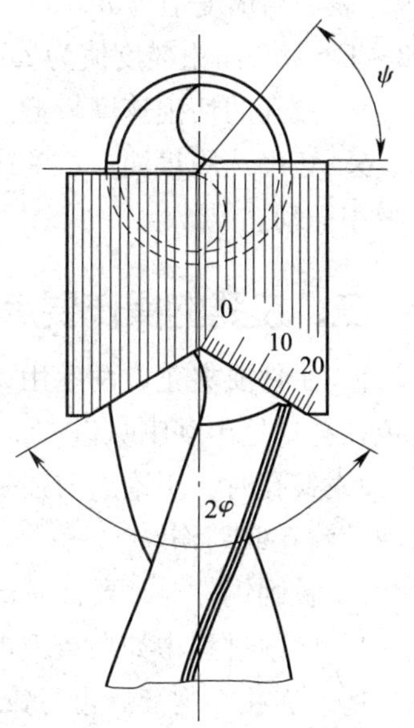

图1—3—9 用样板检验刃磨角度

子课题2 铰刀的切削特点及在使用中的研磨

学习目标

1. 熟悉铰削的切削特点。
2. 掌握铰孔的操作要点。
3. 掌握铰刀的研磨。

用铰刀从工件孔壁上切除微量金属层，以提高其尺寸精度和降低表面粗糙度值的方法，称为铰孔。由于铰刀的刀齿数量较多，切削余量小，故切削阻力小，导向性好，加工精度高，一般可达 IT9 ~ IT7 级，表面粗糙度值可达 $Ra3.2 \sim 0.8$ μm。

一、铰削的切削特点

1. 铰刀是具有一个或多个刀齿，用来切除已加工孔表面薄层金属的旋转刀具。经铰削加工后的孔可获得较高的尺寸和形状精度。

2. 铰削一般在钻孔、扩孔或镗孔以后进行，用于加工精密的圆柱孔和锥孔，加工孔径范围一般为 3 ~ 100 mm。由于铰刀的切削刃长，铰削时各刀齿同时参加切削，生产效率高，在孔的精加工中应用较广。

3. 铰削的工作方式一般是工件不动，由铰刀旋转并向孔中做轴向进给运动。铰削过程中，铰刀前端的切削部分进行切削，后面的校准部分起引导、防振、修光和校准作用。孔的尺寸和几何形状精度直接由铰刀决定。

4. 铰削可分为粗铰和精铰。粗铰的背吃刀量为 0.3 ~ 0.8 mm，加工精度可达 IT10 ~ IT9，表面粗糙度值为 $Ra10 \sim 1.25$ μm；精铰的背吃刀量为 0.06 ~ 0.3 mm，加工精度可达 IT8 ~ IT6，表面粗糙度值为 $Ra1.25 \sim 0.08$ μm。

5. 铰孔的切削速度较低。

6. 正确选用煤油、机油或乳化液等切削液可提高铰孔质量和刀具的使用寿命，并有利于减小振动。

二、铰孔的操作要点

1. 工件要夹正，两手用力要均衡，铰刀不得摇摆，按顺时针方向扳动铰杠进行铰削，避免在孔口处出现喇叭口或将孔径扩大。

2. 铰孔时，不论进刀还是退刀都不能反转，以防止刃口磨钝及切屑卡在刀齿后面与孔壁间，将孔壁划伤。

3. 铰削钢件时，要注意经常清除粘在刀齿上的切屑。

4. 铰削过程中如果铰刀被卡住，不能用力扳转铰刀，以防损坏。而应取出铰刀，待清除切屑、加注切削液后再行铰削。

5. 机铰时，应使工件一次装夹进行钻、扩、铰，以保证孔的加工位置精度。铰孔完成后，要待铰刀退出后再停车，以防将孔壁拉毛。

6. 铰尺寸较小的圆锥孔时，可先以小端直径按圆柱孔精铰余量钻出底孔，然后用锥铰刀铰削。对尺寸和深度较大的圆锥孔，为减小铰削余量，铰孔前可先钻出阶梯孔，如图 1—3—10a 所示。然后再用锥铰刀铰削，铰削过程中要经常用相配的锥销来检查铰孔尺寸，如图 1—3—10b 所示。

三、铰刀的研磨

1. 研磨铰刀的研具

新的标准圆柱铰刀，直径上留有研磨余量，而且棱边的表面粗糙度也不够低，所以铰削 IT8 以下精度的孔时，先要将铰刀直径研磨到所需的尺寸精度。研磨铰刀的研具有径向调整式研具、轴向调整式研具和整体式研具。

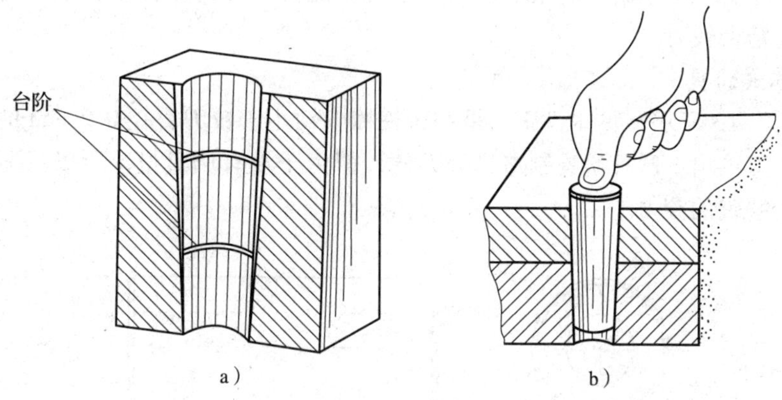

图 1—3—10　铰孔

a）预钻阶梯孔　b）用锥销检查铰孔尺寸

（1）径向调整式研具

如图 1—3—11 所示，径向调整式研具是由壳套、研套和调整螺钉组成的。孔径尺寸是由镗刀或铰刀加工出来的。研套的尺寸胀缩是依靠开有斜缝后的弹性变形，由调整螺钉控制。这种研具制造方便，但孔径因研套胀缩不均匀而精度不太高。

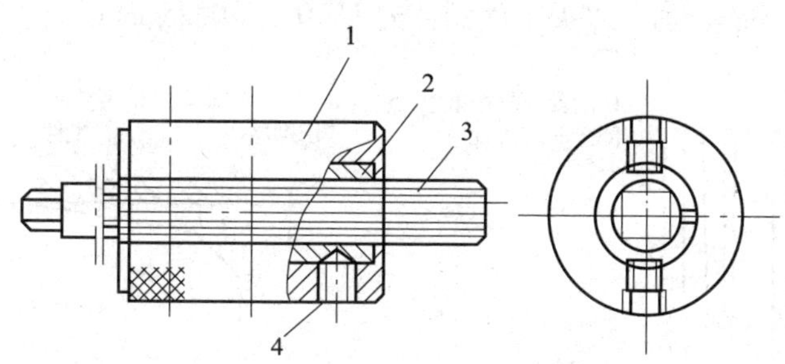

图 1—3—11　径向调整式研具

1—壳套　2—研套　3—铰刀　4—调整螺钉

（2）轴向调整式研具

如图 1—3—12 所示，轴向调整式研具是由壳套、研套、调整螺母和限位螺钉组成的。旋转两端的调整螺母，使带槽的研套在限位螺钉的控制下作轴向位移，就可使研套的孔径

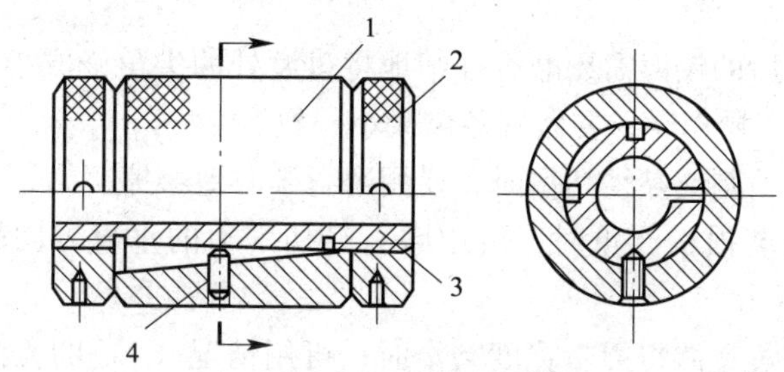

图 1—3—12　轴向调整式研具

1—壳套　2—调整螺母　3—研套　4—限位螺钉

得到调整。这种研具由于研套的胀缩均匀、准确，能使尺寸公差控制在很小的范围内，所以适用于研磨精密铰刀。

（3）整体式研具

如图 1—3—13 所示，整体式研具是在铸铁棒上钻小于铰刀直径 0.2 mm 的孔，然后用需要研磨的铰刀铰出。这种研具制造最为方便，但由于没有调整量，所以只适用于单件生产时研磨不太精确的铰刀。

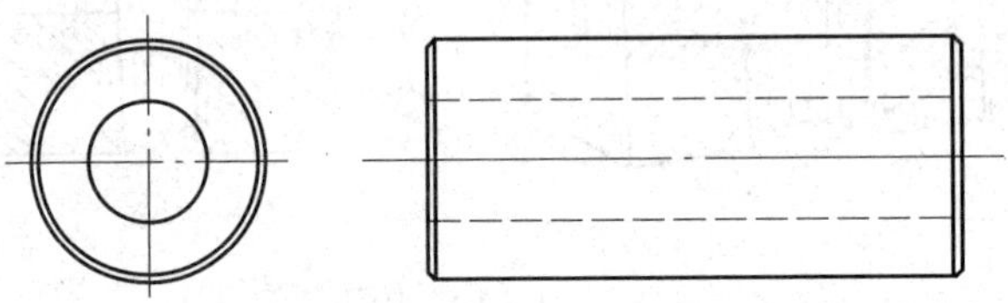

图 1—3—13　整体式研具

2. 铰刀手工研磨方法

铰刀在各种使用情况下的手工研磨方法如下：

（1）铰刀的切削部分与校准部分因磨损而破坏了刃口之后，就应在工具磨床上进行刃磨，如图 1—3—14 所示。后面磨损高度规定如下：高速钢铰刀 $h=0.6\sim0.8$ mm，硬质合金铰刀 $h=0.3\sim0.7$ mm，加工淬火工件的铰刀 $h=0.3\sim0.35$ mm。

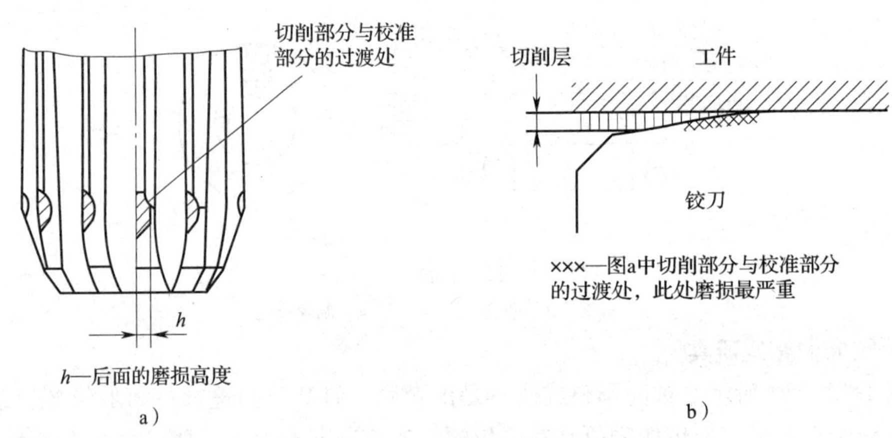

图 1—3—14　铰刀磨损的情况

（2）研磨或修磨后的铰刀需用磨石仔细地将过渡处的尖角修成小圆弧，以使切削刃顺利地过渡到校准部分。操作时，要做到各齿大小一致。

（3）铰刀刃口有毛刺或黏结切屑时，要用磨石细心地磨掉。

（4）切削刃后面磨损不严重时，可用磨石沿切削刃的垂直方向轻轻推掉，并加以修光，如图 1—3—15 所示。

（5）当铰刀刃带过宽欲将刃带宽度磨窄时，可用情况（4）的方法将刃带研出 1°左右的斜面，如图 1—3—16 所示，以保持所需的刃带宽度。但在研磨后面时，不能将磨石沿切削刃方向推动。

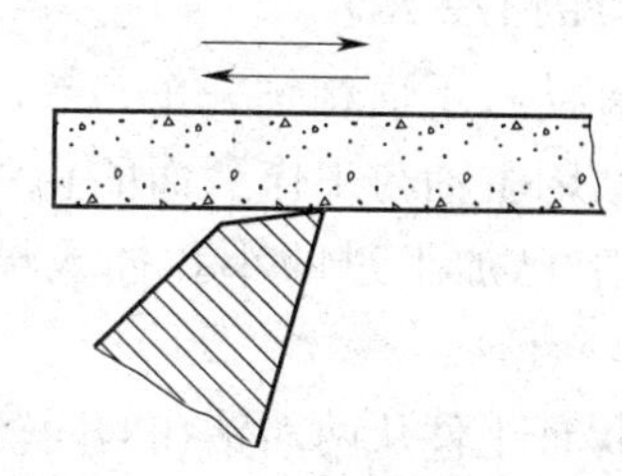
图 1—3—15　铰刀后面磨损后的情况

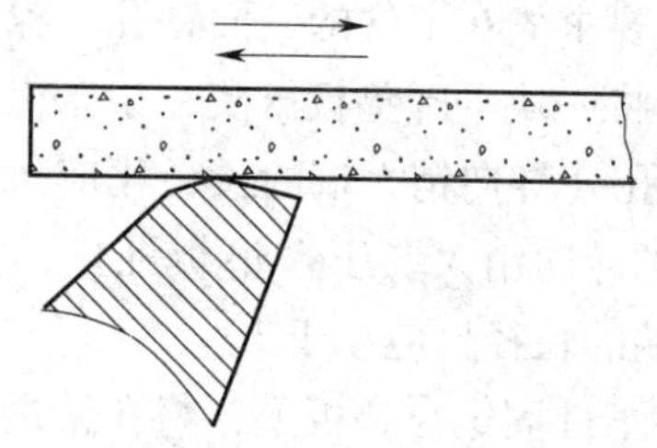
图 1—3—16　铰刀刃带过宽时的研磨

（6）当刀齿前面需要研磨时，应将磨石紧贴在前面上，并沿齿槽方向轻轻推动。

（7）在研磨铰刀时，千万不要将刃口研凹下去，务必保持铰刀原有的几何形状。

（8）研磨高速钢铰刀时，用白色氧化铝磨石；研磨硬质合金铰刀时，可用碳化硅磨石。

（9）当铰刀直径小于允许的磨损极限尺寸不能继续使用时，可用挤压刀齿的方法恢复铰刀直径尺寸，以延长铰刀的使用寿命，如图 1—3—17 所示。用此种方法修复铰刀，可使铰刀直径增大 0.005 ~ 0.01 mm，一般铰刀可挤压 2 ~ 3 次。

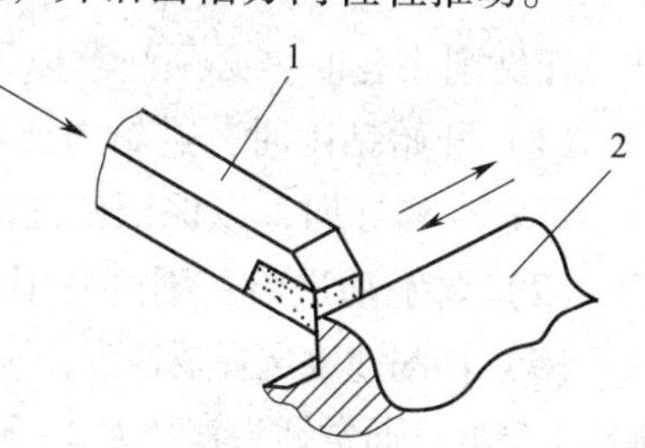

图 1—3—17　用硬质合金车刀挤压铰刀前面

1—车刀　2—铰刀刀齿

子课题 3　各种特殊孔的钻削

学习目标

1. 掌握钻削小孔、深孔、多孔、相交孔、精孔的加工方法。
2. 掌握钻削盲孔和在盲孔上攻制螺纹的加工方法。

一、钻削小孔

在钻削加工中，一般将加工直径在 3 mm 以下的孔称为小孔。

钻小孔时，由于使用的钻头直径小，因此强度较差，定心性能差，容易滑偏，钻头的螺旋槽也比较狭窄，不易排屑。此外，钻孔时选用的转速又较高，所产生的切削热量较大，又不易散发，加剧了钻头的磨损，因此给钻孔带来了不少困难。

1. 加工方法

图 1—3—18 所示为在工件两面钻透较深的小孔示意图，钻削具体操作如下：

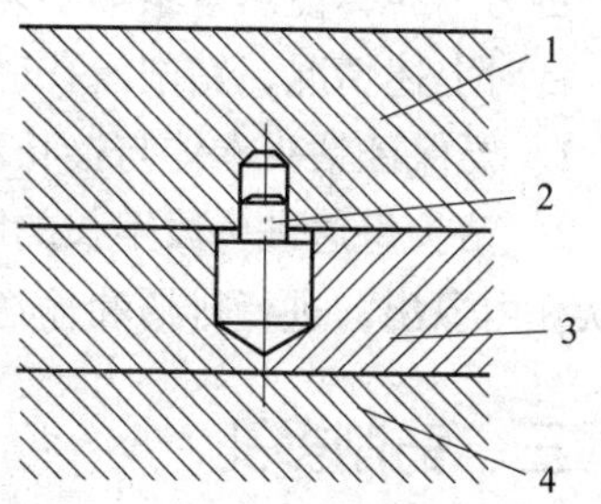

图 1—3—18　在工件两面钻透较深的小孔

1—工件　2—导向销

3—垫板　4—钻床工作台

（1）按要求先在工件的一面钻孔，深度为工件厚度的1/2左右。

（2）再将一块平行垫板压装在钻床工作台面上，在垫板上面精钻一个与导向销大端为过盈配合的孔（导向销大端的长径比应大于1，此时钻床主轴与工作台面的相对位置不可再移动）。把导向销大端压入垫板孔内，然后将工件上已加工过的小孔插入导向销小端（导向销小端的长径比应小于1）。

（3）将工件固定在垫板上，将孔钻透，基本上可保证工件从两面钻孔的同轴度要求。

此方法适用于批量生产的较深小孔的加工。

2. 钻削时的注意事项

在钻削小孔时，必须注意以下几点：

（1）开始钻削时，进给力要小，以防止钻头弯曲和滑移。也可采用直径相同或略小的中心钻定位和导向，以保证钻孔的初始位置和钻削方向。

（2）要手动进给，不可使用机动进给，防止钻头折断飞出，造成伤害事故。

（3）切削速度选择要适当，不宜过大。因一般钻床精度不高，高速转动容易产生振动，影响加工精度。通常钻头直径为2 ~3 mm时，切削速度可达14 ~19 m/min；钻头直径在1 mm以下时，切削速度可达6 ~9 m/min。

（4）在钻削过程中，应注意及时进行排屑，并及时补充切削液。

（5）钻头装夹不紧时，不可采用砂布、纸片等来加粗钻柄进行装夹，应采用相应的小型钻夹头进行装夹。

（6）钻较深的小孔时，如超过钻头的有效长度，且又是通孔，可采用从相对两面同时钻孔的方法（工件形状不允许除外）。

二、钻削深孔

深孔一般是指长径比$L/d>5$的孔。加工这类孔，用一般的麻花钻长度不够，所以需用接长的钻头来加工。

钻削深孔时，由于采用接长钻头加工，钻头较细长，因此强度和刚度都比较差，加工时容易引起振动，孔也容易歪斜。当钻头螺旋槽全部进入工件后，切削液的进入和切屑的排出更为不易，使热量聚集不易散发，造成钻头加速磨损，影响加工质量。

针对上述情况，钻削深孔应注意以下几点：

1. 要保证钻头本体与接长部分的同轴度要求，以免影响孔的加工精度。

2. 钻头每送进一段不长的距离（当钻头螺旋槽全部进入工件后，该距离应更短），即应从孔内退出，进行排屑和输送切削液的操作。

三、钻削多孔

有些工件，在同一加工面上有较多轴线互相平行的孔，有的孔距也有一定的要求。这种孔可在钻床上用钻、扩、镗或钻、扩、铰的方法进行加工，但这种加工方法只适宜于孔深不是很大的孔。

1. 精度要求不高的多孔加工

对于孔的精度和中心距精度要求不高的多孔加工，一般采用钻、扩加工即可，具体方法如下：

（1）准确划线，划线误差在0.1 mm以内。直径较大的孔，要划出孔的圆周线或采用划四方格形式的孔位检查线，如图1—3—19所示，然后将样冲眼敲大。

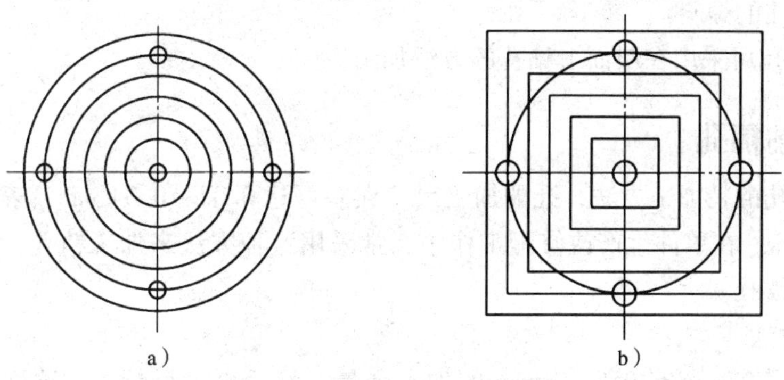

图1—3—19　孔位检查线
a）同心圆孔位检查线　b）四方格孔位检查线

（2）按划线基准，校正工件需加工孔的位置后加以固定。

（3）用扩孔的方法，分2～3次加工，边加工边测量，直到达到要求为止。

（4）依次加工其他孔。

2. 精度要求较高的多孔加工

孔的精度和中心距精度要求较高的多孔加工，一般在精度较高的钻床上进行，具体方法如下：

（1）按图样准确划线。

（2）在各孔中心先加工一个螺纹孔，螺纹孔大小视所需加工孔的大小而定，M5、M6、M8均可。

（3）制作一批带孔的校正圆柱。其数量不少于需加工孔数，外径大小磨至一致，孔径比已加工好的螺纹外径大1 mm左右。

（4）用螺栓将各校正圆柱安装在工件需加工孔上，然后用量具将各校正圆柱的中心距校正至与图样相符的精度范围内，加以固定。

（5）在钻床主轴上装上杠杆百分表，对工件上任意一个圆柱进行校正，保证圆柱轴心线与钻床主轴轴线同轴度要求，然后固定工件，并拆去该校正圆柱。

（6）利用钻、扩、镗、铰等加工方法，边加工边测量，直到符合图样加工要求为止。

（7）用上述方法逐一加工其余未加工孔，直至全部加工完成。

四、钻削相交孔

某些工件，尤其是阀体，在互成角度的各个面上，都有一些大小相等或不等的孔呈相交或不相交的状态分布，相交的孔有正交、斜交、偏交等情况。相交孔的钻削方法如下：

（1）选择基准，准确划线。

（2）按划线基准定位，先钻直径较大的孔再钻直径较小的孔。

（3）对于精度要求不高的孔，用2～3次扩孔加工的方法来达到要求；对于精度要求较高的孔，钻孔后应留有铰削或研磨的余量。

（4）两孔即将钻穿时，应采用手动方式以较小的进给量进给，以免在偏切的情况下造成钻头折断或孔的歪斜。

（5）斜交孔可采用在斜面上钻孔的方法加工。

五、钻削精孔

这是一种孔的精加工方法，孔的加工尺寸误差可达0.02～0.04 mm，表面粗糙度可达*Ra*6.3～1.6 μm。在单件生产或修配工作中，常采用这种方法来加工精孔，在某些特殊情况下还可替代铰孔。

1. 加工方法

首先钻出底孔，留有0.5～1 mm的加工余量，然后再进行精扩。这样，在加工过程中，由于切削量小，产生热量少，工件不易变形，而且钻头磨损少，所产生的振动也小，可大大提高加工精度。

2. 改进钻头的几何角度

改进钻头的几何角度如图1—3—20和图1—3—21所示。

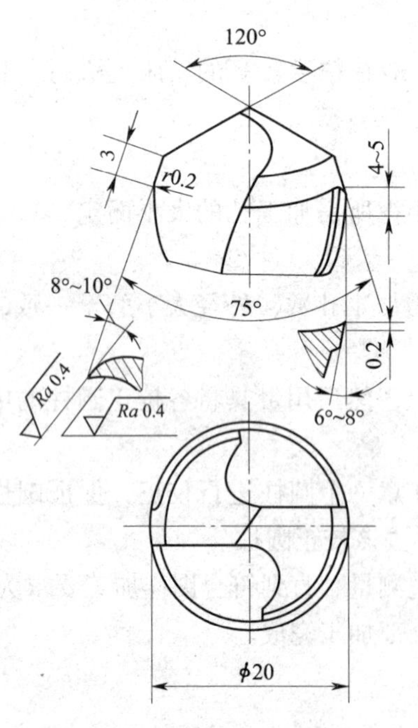

图1—3—20　铸铁精孔钻头

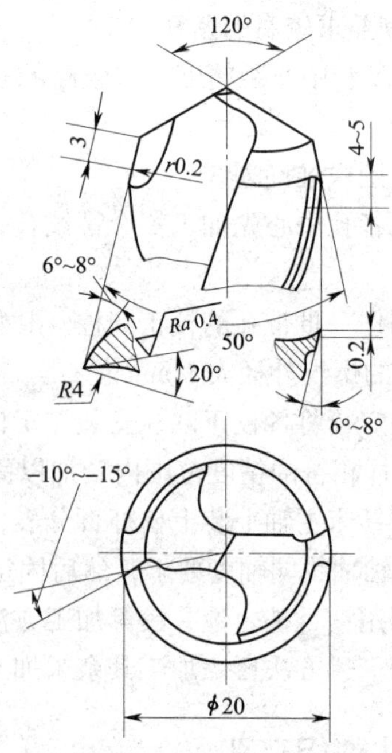

图1—3—21　钢材精孔钻头

（1）磨出第二锋角$2\varphi_0$，使$2\varphi_0 \leq 75°$。新磨出的切削刃长度为3～4 mm，外缘处夹角全部磨成$r \approx 0.2$ mm的过渡圆弧。

（2）后角一般磨成 $\alpha_o=6°\sim8°$，以免产生振动。

（3）将棱边磨窄，保留 0.1～0.2 mm 的宽度，或者磨出副后角 $\alpha_f=6°\sim8°$，以减小摩擦。

（4）切削刃处的前、后面，用油石研磨，使表面粗糙度值达 $Ra0.2$ μm。

3. 选择切削速度

钻削铸铁时，$v=20$ m/min 左右；钻削钢材时，$v=10$ m/min 左右。

4. 钻削精孔的注意事项

（1）钻孔时应选用精度较高的钻床，主轴径向圆跳动误差要小。主轴径向圆跳动误差较大时，应采用浮动夹头装夹钻头。

（2）选用尺寸精度较高的钻头。

（3）钻头的两边切削刃需修磨对称，两刃的轴向圆跳动误差应控制在 0.05 mm 范围内。

（4）切削过程中要有充足的切削液供应，并正确选用切削液。钻精孔属于精加工，所以选用切削液时，应考虑以润滑为主。

六、钻削盲孔

在钻削加工中，经常会碰到钻不通孔的情况，如气压和液压传动中的集成油路块、大型设备上用的双头螺柱的螺孔等。钻削不通孔的方法与钻通孔的方法相同，但需利用钻床上的深度尺来控制钻孔的深度，或在钻头上套定位环或用粉笔做标记。由于钻头前端有锋角 2φ，所以定位环或粉笔标记的高度应等于钻孔深度加上（0.3～0.5）d，d 为钻头直径。有互相相交的不通孔时，在平面上必须在 x、y 方向有定位挡块，以保证加工尺寸和相交交点的位置正确。

七、在盲孔上攻制螺纹

1. 攻螺纹前底孔的直径和深度

攻螺纹时，丝锥在切削金属的同时，还伴随较强的挤压作用。因此，金属产生塑性变形形成凸起并挤向牙尖，使攻出螺纹的小径小于底孔直径。

丝锥牙底之间没有足够的容屑空间，将丝锥箍住，甚至折断丝锥，此种现象在攻塑性较大的材料时将更为严重。但是底孔不宜过大，否则会使螺纹牙型不够，降低强度。

底孔直径的大小要根据工件材料塑性大小及钻孔扩张量考虑，按经验公式计算得出。

（1）在加工钢和塑性较大的材料及扩张量中等的条件下，按下式计算：

$$D_{钻}=D-P$$

式中 $D_{钻}$——攻螺纹钻螺纹底孔用钻头直径，mm；

D——螺纹大径，mm；

P——螺距，mm。

（2）在加工铸铁和塑性较小的材料及扩张量较小的条件下，按下式计算：

$$D_{钻}=D-(1.05\sim1.1)P$$

常用英制螺纹攻螺纹前，钻底孔的钻头直径也可以从有关手册中查出。

攻不通螺纹时，由于丝锥切削部分有锥角，端部不能切出完整的牙型，所以钻孔深度要大于螺纹的有效深度，一般取：

$$H_{钻} = h_{有效} + 0.7D$$

式中 $H_{钻}$——底孔深度，mm；

$h_{有效}$——螺纹有效深度，mm；

D——螺纹大径，mm。

2. 在钢件上攻制 M20×1.5－7H－40 的螺孔（见图 1—3—22）

（1）确定在钢件上攻螺纹前的底孔直径和钻孔深度：

1）根据要求可知：M20 的细牙螺纹 $P = 1.5$ mm，$D_{钻} = D - P = 20 - 1.5 = 18.5$ mm。

2）钻底孔深度：$H_{钻} = h_{有效} + 0.7D = 40 + 0.7 \times 20 = 54$ mm。

（2）根据要求进行划线，确定孔中心位置，并打上样冲眼。

（3）根据算出的底孔直径，用 ϕ3 mm 钻头钻孔，然后依次进行扩孔，最后用 ϕ18.5 mm 的钻头钻出 ϕ18.5 mm 的孔，然后对孔进行倒角。

（4）选用 M20×1.5 的丝锥，对准 ϕ18.5 mm 的孔进行头攻，然后二攻，攻制出 M20×1.5 的螺纹。攻制螺纹时，记住钻床刻度表，保证进给深度为 54 mm，如图 1—3—23 所示。

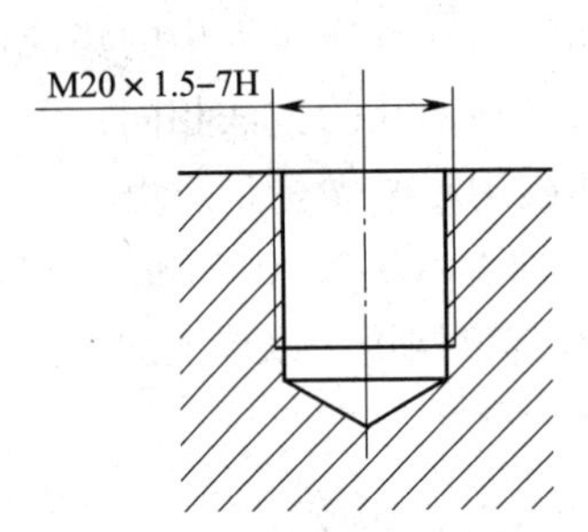

图 1—3—22 在盲孔上攻制螺纹

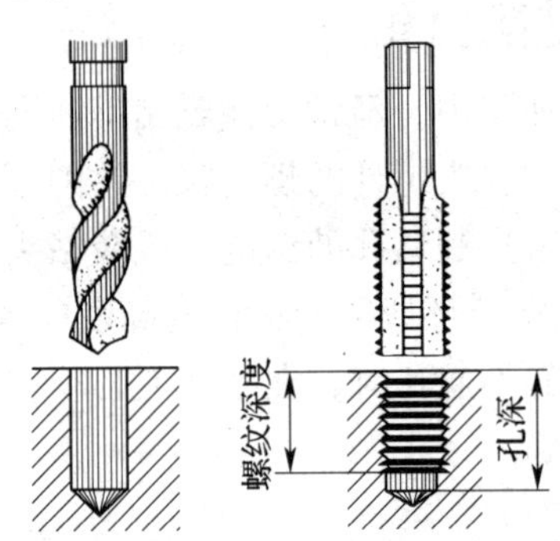

图 1—3—23 攻螺纹

注意事项：在攻制螺纹过程中，要注意保证螺纹中心线与端面垂直；在攻螺纹时，用力要均匀；攻一圈要回转 1/3 圈，以便于排屑；在攻制螺纹的过程中，要注意添加切削液。

子课题 4 丝锥的修磨

学习目标

1. 了解丝锥折断的原因。
2. 掌握丝锥折断的处理方法和丝锥的修磨。

在攻螺纹时，稍有不慎可能就会造成丝锥断裂的情况（见图 1—3—24），出现这类情况则需要准确分析丝锥折断的原因，并正确取出留在工件里的丝锥。

图 1—3—24　丝锥折断

一、丝锥折断的原因分析

丝锥折断的原因很多，一般有以下几种情况：

1．操作不当

加工盲孔螺纹时，当丝锥即将接触孔底的瞬间，操作者并未意识到，仍按未到孔底时的攻螺纹速度进给，或排屑不畅时强行进给导致丝锥折断，建议操作人员加强责任心。

2．未使用切削液或选择不当

攻螺纹过程中会产出大量的热量，尤其是一些有色金属其延展性较强，需要有针对性地选择好切削液。

3．工件材质问题

工件材质不纯，局部有过硬点或气孔，导致瞬间失去平衡而折断丝锥。

4．攻螺纹步骤不当

对高硬度的工件或深孔进行攻螺纹时，应分级攻螺纹，避免一气呵成。

5．给进速度太快，导致扭力过大

建议用普通丝锥加工螺纹，且攻丝机转速不宜超过 100 r/min。

6．底孔孔径与丝锥不匹配

例如，加工黑色金属材料 M5 ×0. 5 螺纹时，应该选择直径 4. 5 mm 钻头打底孔，如果误用了 4. 2 mm 钻头来打底孔，攻螺纹时丝锥所需切削的部分必然增大，进而折断丝锥。建议根据丝锥的种类及工件材质的不同选择正确的底孔直径，如果没有完全符合的钻头可以选择大一级的。

7．丝锥单位截面积承载力过大

丝锥有效截面积过小，导致单位截面积承载力过大，超过丝锥强度极限而发生断裂。

8．丝锥选择不当

对硬度太大的工件应该选用高品质丝锥，如含钴材料丝锥、硬质合金丝锥、涂层丝锥等。

二、丝锥折断的处理

在取出断丝锥前，应先把孔中的切屑和断丝锥的碎屑清除干净，以防止扎在螺纹与丝锥之间而阻碍丝锥的退出。取折断丝锥时，应根据具体情况采取具体措施。

1. 机体外还留有断头的情况

（1）用狭錾或冲头抵在断丝锥的容屑槽中顺着退转的切线方向轻轻敲击，必要时再顺着切削方向轻轻地敲击，使丝锥在多次正反方向的敲击下产生松动，则退出就变得容易了。这种方法仅适用于断丝锥尚露出于孔口或接近于孔口时。

（2）在带方榫的断丝锥上拧上两个螺母，将钢丝（根数与丝锥槽数相同）插入断丝锥和螺母的空槽中，然后用铰杠按退出方向扳动方榫，把断丝锥取出。

（3）在断丝锥上焊上一个六角螺钉，然后用扳手扳六角螺钉而使断丝锥退出。

2. 断丝锥完全埋在机体里的情况

先用乙炔火或喷灯使断丝锥退火，然后用直径略小于底孔直径的钻头在断丝锥上钻孔，钻孔时要对准中心，防止将螺纹钻坏。钻好后打入一个扁形或方形冲头，再用扳手旋出丝锥。

三、丝锥的修磨

当丝锥的切削部分磨损时，可以修磨其后刀面，如图 1—3—25 所示。修磨时，要注意保持各刃瓣的半锥角 α 以及切削部分长度的准确性和一致性。转动丝锥时要留心，不要使另一刃瓣的刀齿碰擦砂轮而磨坏。

当丝锥校准部分磨损时，可修磨其前刀面，如图 1—3—26 所示。

磨损较少时，可用磨石研磨切削刃的前刀面。研磨时在磨石上涂一些全系统损耗用油，而且磨石要平稳。

磨损较显著时，要用棱角修圆的片状砂轮修磨，并控制好一定的前角。

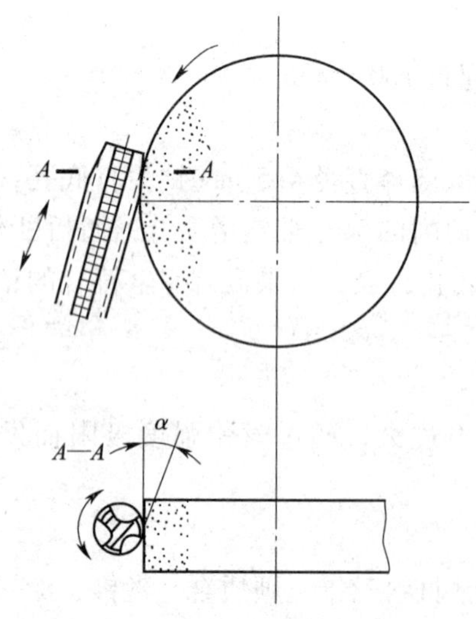

图 1—3—25　丝锥后刀面修磨

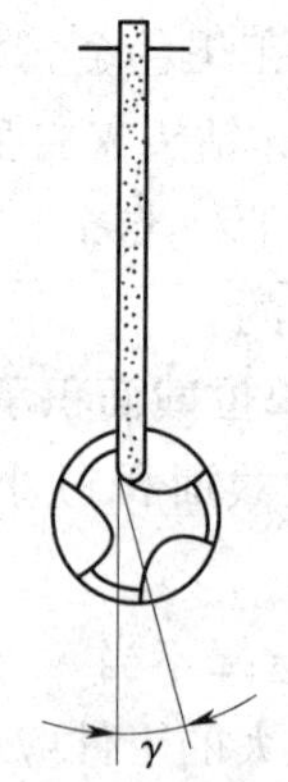

图 1—3—26　丝锥前刀面修磨

课题四　刮削与研磨

子课题 1　方箱刮削

学习目标

1. 熟悉检验方箱的器具。
2. 掌握方箱的刮削步骤和注意事项。

图 1—4—1　方箱

方箱（见图 1—4—1）是用来划线或者利用其 V 形槽测量一些轴类零件的工具，其组成面之间必须具有良好的几何精度、尺寸精度、耐磨和润滑性能。所以，方箱的各工作面应由刮削加工完成。

方箱根据材料划分为铸铁方箱和大理石方箱，根据用途可分为划线方箱、检验方箱、磁性方箱、T 形槽方箱、万能方箱等。方箱是机械制造中零部件检测、划线等的基础设备。

一、检验方箱

1. 检验方箱的器具

（1）标准直尺

标准直尺用来检验狭长的表面，它的形状如图 1—4—2a、b 所示。图 1—4—2a 所示为工字形直尺，它有单面和双面两种。双面的工字形直尺即两面都经过精刮，并且相互平行，常用来校验狭长平面相对位置的准确性。图 1—4—2b 所示为桥形直尺，用来检验机床较大导轨的直线度。桥形直尺和工字形直尺可根据狭长平面的大小和长短适当选用。

（2）角度直尺

角度直尺用来检验两个刮削面成一定角度的组合平面，如燕尾导轨，其形状如图 1—4—2c 所示。相交的两面经过精刮并成所需要的标准角度；第三个面只是作为放置时的支承面用，所以没经过精密加工。

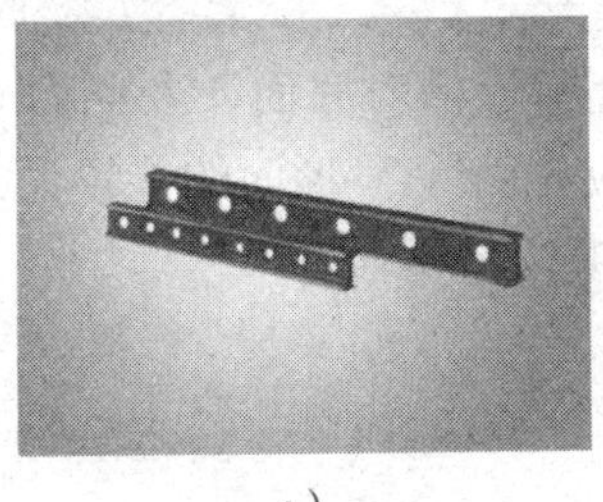

a）

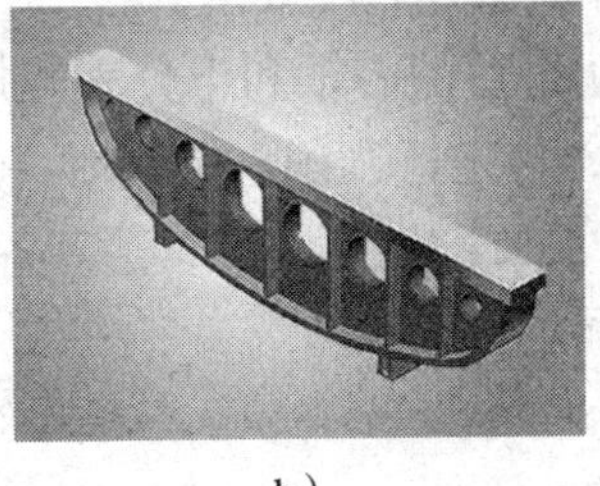

b）

c）

图 1—4—2　标准直尺和角度直尺

a）工字形直尺　b）桥形直尺　c）角度直尺

2. 检验器具使用注意事项

各种直尺不用时，应将其竖直吊起；不便吊起的直尺，应安放平稳，以防止变形。

二、刮削方箱

1. 方箱刮削的技术要求

图1—4—3所示为一个400 mm的方箱，要求各平面接触点在任意25 mm×25 mm范围内不少于20点。即平面度公差为0.003 mm，垂直度公差为0.01 mm，面与面之间平行度公差为0.006 mm，V形槽在垂直方向和水平方向的平行度公差为0.01 mm。

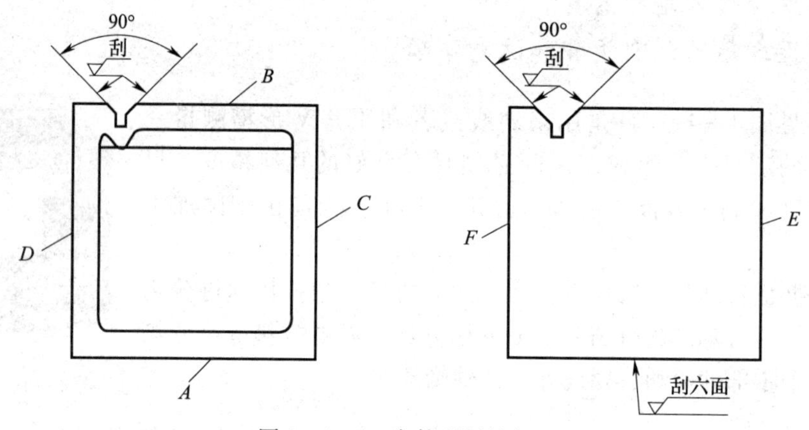

图1—4—3　方箱刮削的方法

2. 方箱的刮削步骤和注意事项

(1) 刮削步骤

1）先刮削基准面A。按刮削工艺粗、细、精刮削工艺将A面刮好，达到平面度及接触研点的要求，平面度最好不超过0.003 mm。

2）以A面为基准刮削平行面B，除达到上述要求外，还要达到平行度要求。

3）以A、B面为基准刮削侧面C，除达到平面度要求外，还应保证对A、B面的垂直度要求。因为C面是方箱的第二基准面，因此其各项精度要适当提高。

4）以C面为基准刮削其平行面D，保证上述要求后，复检D面相对于A、B面的垂直度及与C面的平行度是否也达到要求。

5）以A、C面为基准，刮削侧面E，保证平面度及垂直度和接触研点的要求。

6）刮削E面的平行面F，保证上述各项要求。

7）刮削V形槽。刮削前先用合适的心轴和千分表测量V形槽对底面A及侧面C的平行度、垂直度误差的大小和方向，再进行刮削。刮削时，应先消除V形面的位置误差，在此基础上，再用V形量具（角度平尺）显点刮削，达到各项技术要求。

8）刮削另一V形槽，方法同上。

(2) 注意事项

1）刮削过程中，要注意清洁。

2）按粗、细、精刮削工艺进行刮削。

3）刮刀一定要刃磨好，特别是精刮刀一定要精磨。

4）每刮完一个面，检测时一定要细心、准确。

3. 方箱刮削质量的检查

（1）平面度的检测

方箱平面度误差应不大于0.003 mm，可用一级精度平板着色研磨检查25 mm×25 mm范围内的显点数不少于20点，或用千分表测量，如图1—4—4所示。

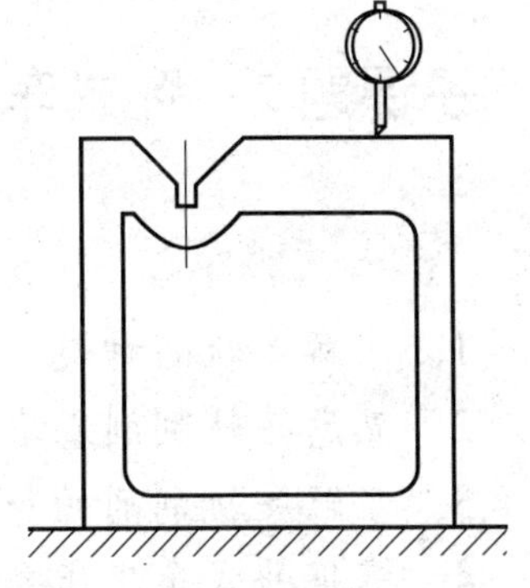

图1—4—4 方箱平面度的检测

（2）平行度的检测

方箱面与面之间平行度公差应不大于0.006 mm，可采用千分表测量，方法与平面度检测相同。

（3）垂直度的检测

垂直度误差的检测如图1—4—5所示，在测量平板上压一标准平尺，方箱*A*面接触平板，推动方箱*C*面靠在平尺垂直面上滑动，在*C*面上方固定放置一个千分表，表头触及*C*面，方箱沿平尺滑动时，将表指针对零，可检查*C*面的歪扭情况。然后将方箱上下翻转180°，使*B*面接触平板，仍使*C*面沿平尺滑行，可从表中读出两次测量的差值，这个值的一半即是*C*面对*A*面和*B*面的垂直度误差（这个误差最好控制在0.008 mm以内）。另外，垂直度的检测也可以直接采用90°角尺加塞尺光隙法，或者采用量块加塞尺光隙法。

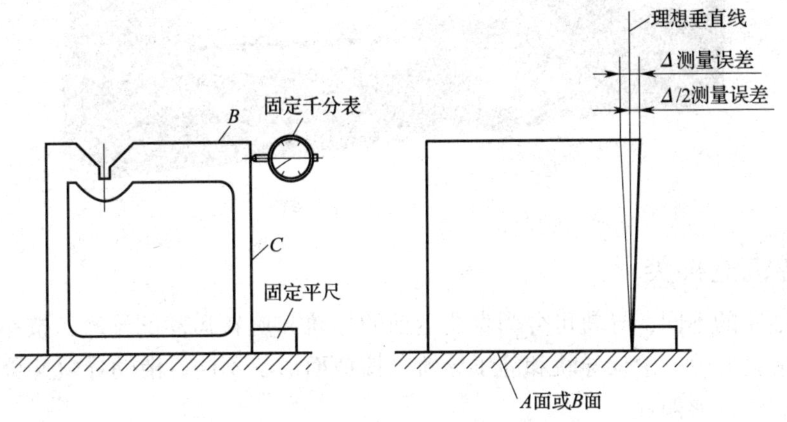

图1—4—5 方箱垂直度的检测

（4）V形槽的检测

V形槽的检测主要检查其对*A*面的平行度和对*C*面的平行度，采用心轴4加百分表3的方法进行检测，如图1—4—6所示。

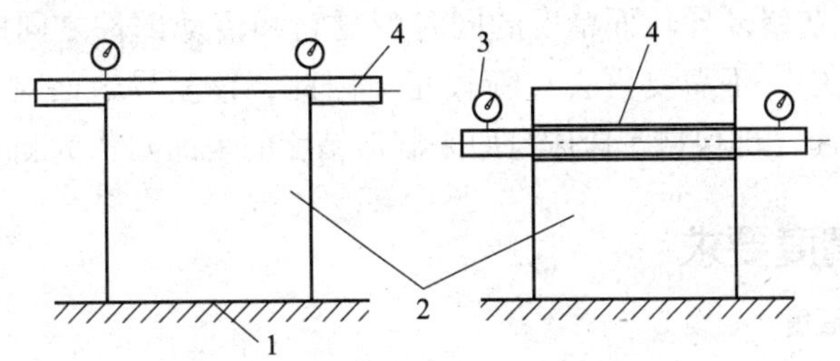

图1—4—6 方箱中V形槽的检测

1—平板 2—方箱 3—百分表 4—心轴

子课题 2　卧式车床导轨的刮削

学习目标

1. 了解导轨的种类。
2. 熟悉导轨刮削基准的选择和精度要求。
3. 了解导轨刮削的一般原则。
4. 掌握卧式车床床身导轨的刮削与检验。

支承和引导运动构件沿着一定轨迹运动的零件称为导轨副，也常简称为导轨。卧式车床导轨（见图 1—4—7）是用来承载和导向的，是机床各运动部件作相对运动的导向面，是保证刀具和工件相对运动精度的关键。

图 1—4—7　机床导轨

一、导轨的种类

按运动性质的不同，导轨可分为直线运动的导轨和旋转运动的导轨。按摩擦状态的不同，可分为滑动导轨、滚动导轨和静压导轨。按截面形状不同，滑动导轨又分为 V 形、矩形、燕尾形和圆柱形四种。

为了保证机床导轨具有良好的导向性、稳定性和承载能力，通常都由两条导轨组成。

二、基准的选择

在修理机床床身导轨面时，由于导轨面磨损，已经不能保证它和其他传动部件之间的位置精度。为了保证在修复导轨面精度的同时恢复它和传动部件之间的相互位置精度，并且在以后的修复工艺中，不需要再去重新校正。因此，修复导轨面时，必须利用床身上那些没有磨损的安装表面（即保持车床床身原来制造精度的表面）作为测量、修理的基准面。

三、导轨的精度要求

1. 导轨的几何精度

导轨的几何精度包括导轨本身的几何精度（导轨在竖直平面和水平平面内的直线度，如图 1—4—8 所示）以及导轨与导轨之间、导轨与其他结合面之间的相互位置精度，即导轨之间的平行度和垂直度。一般机床导轨在 1 000 mm 长度内的直线度误差为 0.015 ~ 0.020 mm，在 1 000 mm 长度内的平行度误差为 0.02 ~ 0.05 mm。

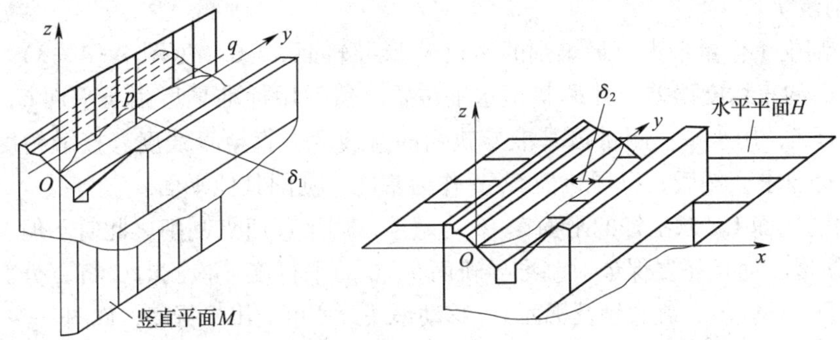

图 1—4—8　导轨在竖直平面和水平平面内的直线度

2. 导轨表面的接触精度

导轨表面的接触精度可用涂色法检查。对于刮削的导轨，以导轨表面 25 mm × 25 mm 范围内的接触点作为精度指标，见表 1—4—1。对于磨削的导轨，一般用接触面积大小作为精度指标。

表 1—4—1　　**刮削导轨表面的接触精度**

机床类别 \ 边长为 25 mm 正方形面积内接触点数 \ 每条导轨宽度（mm）	≤250	>250	镶条、压板
高精度机床	20	—	12
精密机床	16	12	10
普通机床	10	6	6

3. 导轨的表面粗糙度

一般的刮削导轨表面粗糙度在 *Ra*1.6 μm 以下，磨削导轨和精刨导轨表面粗糙度应在 *Ra*0.8 μm 以下。

四、导轨刮削的一般原则

为了保证导轨刮削质量，提高刮削效率，刮削时必须遵守以下原则：

1. 选择基准导轨。根据前面基准的选择要求，通常是选择比较长的、限制自由度比较多的、比较难刮的支承导轨作为基准导轨。

2. 刮削一组导轨。先刮基准导轨，后刮与其相配的另一导轨。刮削基准导轨时，先进行精度检验，刮削另一导轨时只需进行配刮，达到接触要求即可。

3. 选择好组合导轨上各个表面的刮削次序。应先刮削大表面，后刮削小表面。

4. 应以工件上其他已加工面或孔为基准来刮削导轨表面，这样可保证导轨位置精度。

5. 刮削导轨时，应将工件放在调整垫铁上，以便调整导轨的水平（或竖直）位置，这样可保证刮削时的精度稳定，而且便于测量。

五、卧式车床床身导轨的刮削与检测

1. 刮削步骤

(1) 先刮削工作量最大、最难刮的溜板 V 形导轨面 5、6（见图 1—4—9）。刮削前先检查这两个面的直线度误差，并调整至水平位置。然后用标准平尺刮研平面 6，再用角度平尺研刮平面 5，用水平仪测量该基准导轨面的直线度，直至直线度、接触精度以及表面粗糙度均符合要求。然后，以导轨面 5、6 作为基准，刮削其他平面。

(2) 刮削平面 1。以刮好的平面 5、6 为基准，用平尺研点刮削。此时不但要保证平面 1 本身的直线度，而且还要保证对基准导轨面 5、6 的平行度。检测时，将百分表座放在与基准导轨吻合的垫铁上，表头触及平面 1，移动垫铁，便可测出平行度，如图 1—4—9a 所示。

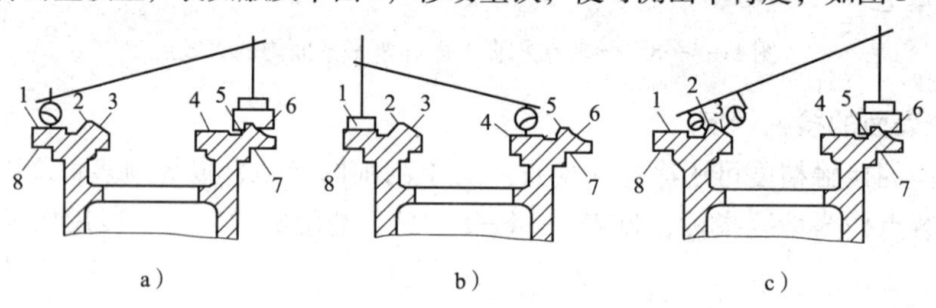

图 1—4—9　车床床身导轨刮削时的检测

(3) 刮削尾座平面导轨 4，使其达到自身的精度和与平面 1 的平行度要求。平面 4 之所以比平面 2、3 先刮，是因为平面 5、6、1 导轨已刮好，按平面 1 检查平面 4 的平行度比较方便，容易保证精度；同时，当刮削面 2、3 时，可以此平面作为测量基准，这样有利于保证各面之间的平行度要求。检测方法如图 1—4—9b 所示。

(4) 刮削导轨面 2、3。刮削方法与刮削平面 5、6 相同，必须保证其自身的精度和对基准面 5、6 及平面 1 的平行度要求。检测方法如图 1—4—9c 所示。

2. 导轨直线度的检测方法

水平仪是检测导轨直线度的常用仪器，使用方便且检测精度较高。一般常用外形规格尺寸为 200 mm × 200 mm，测量精度为 0.02 mm /1 000 mm 的框式水平仪。但水平仪只能检测导轨在竖直面的直线度误差。

用水平仪检测导轨在竖直面直线度的操作步骤如下：

(1) 将被测导轨放在可调垫铁上，将水平仪置于导轨中间或两端，初步将导轨调至水平位置（水平仪气泡处于玻璃管中间位置），并将扭曲调整到公差范围以内。

(2) 沿导轨用水平仪均匀分段检查，每次移动量必须首尾相接，不能出现间隔也不能重叠，记录各段读数。水平仪读数是指与气泡边缘相切的刻线的格数。当气泡处于中间位置时，与气泡边缘相切的刻线为 0。气泡移动方向与水平仪移动方向相同时读数为正，反之为负。

子课题 3　多瓦式动压滑动轴承的刮研

1. 了解动压滑动轴承的类别。

2. 掌握多瓦式动压滑动轴承的刮研和检查。

被刮削的曲面一般是作相对运动的配合面，最典型的是滑动轴承的内表面刮削。曲面刮削的原理和平面刮削一样，但刮削方法不同，曲面刮削以标准轴（也称为工艺轴）或相配合的轴作为内曲面研点的校准工具。校准时将显示剂涂在轴的圆周表面上，用轴在轴承孔中来回旋转显示研点，如图1—4—10所示，根据显示的研点进行刮削。

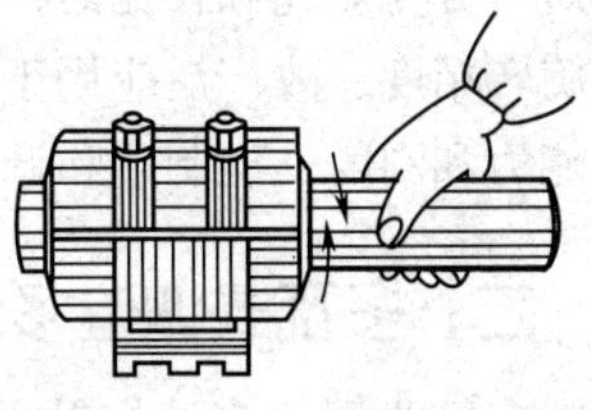
图1—4—10　轴承的刮削研磨

一、动压滑动轴承的类别

动压滑动轴承是靠主轴旋转时将润滑油不断带入轴颈与轴瓦之间的楔形缝隙中，形成压力油膜（油楔）并具有承载能力，如图1—4—11所示。主轴旋转越快，轴承间隙越小，润滑油黏度越大，压力油膜的承载能力越大。

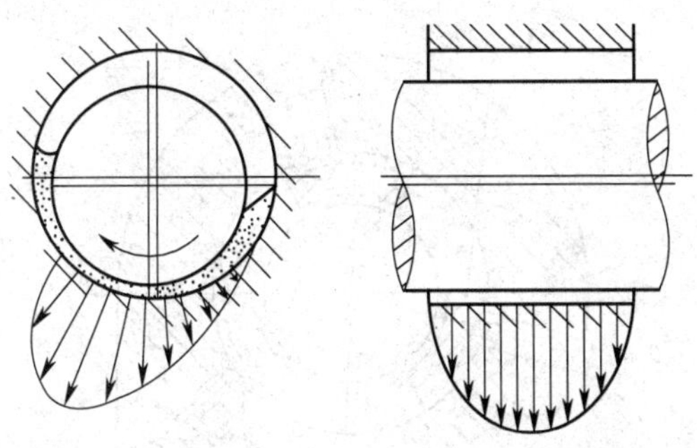
图1—4—11　动压滑动轴承的工作原理

动压滑动轴承按其旋转时所产生的油楔数目不同，有单油楔和多油楔之分。

1. 单油楔动压轴承

单油楔动压轴承在运转过程中轴心不稳定，旋转精度低。

2. 多油楔动压轴承

多油楔动压轴承能在主轴轴颈周围形成均匀分布的几个油楔，空载时，油楔仍保持一定压力，将轴颈推向轴承孔的中心位置。当主轴承受外载荷时，轴颈将沿载荷作用方向稍作偏移，使承载的油楔变薄而压力升高，相对方向的油楔变厚而压力降低，结果使几个油楔形成的油膜压力的合力与外载荷保持平衡。所以多油楔动压轴承使主轴运转平稳，旋转精度高，抵抗振动和冲击的能力强，因而在精度要求较高的机床上应用很普遍。

常见的多油楔动压轴承有以下三种类型。

(1) 整体成型面多油楔轴承

在这种轴承的整体轴套内表面上，加工有一定形状的成型面（油腔），以形成轴颈与轴承间的楔形缝隙。

(2) 薄壁变形多油楔轴承

这种轴承依靠装配时产生的弹性变形形成楔形缝隙。

(3) 多瓦式调位多油楔轴承

多瓦式调位多油楔轴承是靠各个扇形轴瓦绕球头支承螺钉摆动，在主轴旋转平面内自动调位以形成轴瓦与轴颈间的楔形缝隙。按轴瓦的数目可分为三瓦和五瓦两种，按轴瓦的长短可分为短瓦和长瓦两种。由于短三瓦调位轴承可调整至较小间隙，有一定的油膜刚度和旋转精度，故广泛应用于各种外圆磨床和卧轴平面磨床。短五瓦调位轴承具有更高的承载能力和刚度，但制造和调整较复杂，适用于载荷较大的磨床。

二、多瓦式调位多油楔轴承的刮研和检查

多瓦式调位多油楔轴承有三块一组的和五块一组的，支承点的形式也有固定的和球面的。现以三块瓦和固定支承的磨床磨头主轴瓦为刮研对象，此轴承要求的精度为：在 25 mm×25 mm 范围内接触点数为 16～20 点，同轴度为 ϕ0.02 mm，表面粗糙度为 Ra1.6 μm。三块式轴瓦前后轴承共有六块，刮研前先将瓦块编号：前轴承编号为 11、12、13，后轴承编号为 21、22、23，如图 1—4—12 所示。将前后的相应位置的瓦块分为三组：11、21 一组，12、22 一组，13、23 一组。

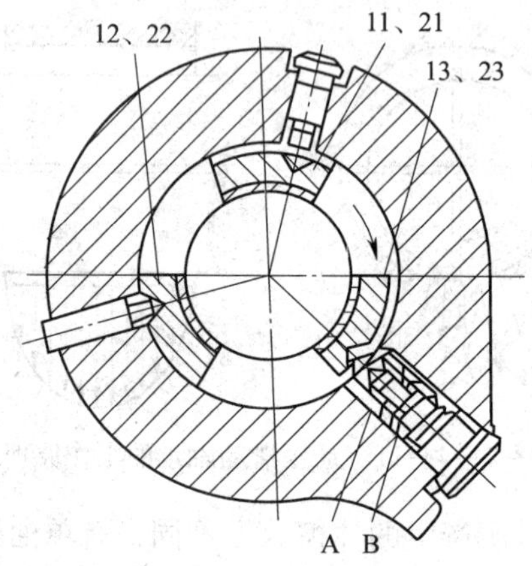

图 1—4—12　多瓦式调位多油楔轴承

粗刮时，先将每一组轴瓦与主轴颈研点，粗刮表面至 12 点左右，刮削时，落刀要轻，刀花要小。同时，用千分表在精密平板上测量每组中两只轴瓦的等厚度和内外圆表面的平行度误差，如图 1—4—13 所示。

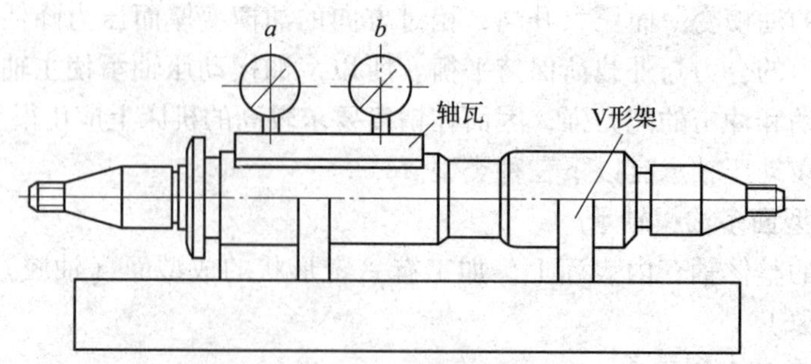

图 1—4—13　测量瓦块的等厚度和平行度

对每组（两块）轴瓦的内外表面的平行度误差和等厚度的要求是：固定装配的 11、21 和 12、22 两组瓦块为 0.008 mm 以内；可调整的一组瓦块，基本无等厚和平行度要求

（而五块式有三组不可调整的瓦块有等厚和平行度要求）。瓦块粗刮后，按瓦块号及主轴旋转方向分别将11、21号和12、22号瓦块装入固定的定位销上，如图1—4—12所示，使瓦块外表面紧贴孔壁，再在主轴上涂一层薄薄的显示剂，并严格防止纤维性物质混入。再将主轴和13、23号瓦块装上，调整前后轴承的螺钉A、B，力求前后轴承松紧一致。拧紧螺钉A时，用力必须尽量相同，当螺钉调整合适后，按主轴的回转方向转动主轴5～8转，进行研点，再卸下主轴和瓦块，精刮瓦块。如此反复，直至轴承表面斑点密而匀，同时刀花表面亦比较光洁，研点密度在16～20点，表面粗糙度值 $Ra1.6$ μm以下，即完成精刮。再将瓦块的L边（瓦宽方向与旋转方向相反边）刮低一些（0.15～0.40 mm），如图1—4—14所示，宽度为3～5 mm，这样有利于形成油楔。然后将主轴及轴瓦清洗干净，在瓦块上涂上氧化铬研磨剂，重新装配主轴和轴瓦，转动主轴进行研磨。转动方向应与主轴旋转方向一致，使轴瓦斑点扩大，进一步降低表面粗糙度值。再仔细清洗一次，重新装配，调整间隙在0.008～0.002 mm，再拧紧前、后轴承螺钉A、B及其他零件。开动机床空运转1～2 h，随时检查轴承的发热情况（不超过60℃），测量主轴的径向圆跳动（不超过0.015 mm），并再检查一次轴瓦的接触点是否均匀，是否有变化。若有变化，应重新修刮至符合要求，才能正式使用。主轴轴承经过研磨后，如表面粗糙度不理想时，则要求进行一次抛光加工，一般利用加工过的与轴尺寸相同的铸铁轴来研磨轴承，以达到表面粗糙度的要求。

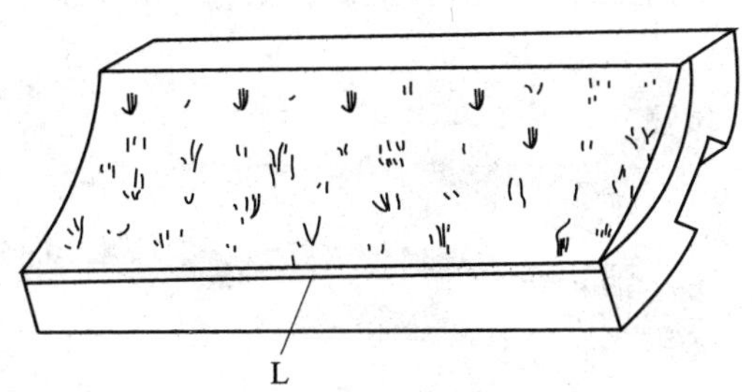

图1—4—14　瓦块刮低部分

L—瓦宽方向与旋转方向相反边

子课题4　研磨外、内圆柱面

掌握外、内圆柱面的研磨。

研磨是加工工件最精确的一种工艺方法，研磨后的工件可获得精确的尺寸和良好的表面粗糙度及很高的形状和位置精度。同时，零件的耐磨性、抗腐蚀性和疲劳强度也相应得到提高。

一、外圆柱面的研磨

外圆柱面的研磨一般采用研磨环进行，通常情况下都采用手工与机器（使用车床或钻床等）互相配合的方式进行研磨。

研磨环的内径应比工件直径大 0.025 ~ 0.05 mm，长度为孔径的 1 ~ 2 倍。研磨环的形式有固定式和可调式两种，如图 1—4—15 所示。

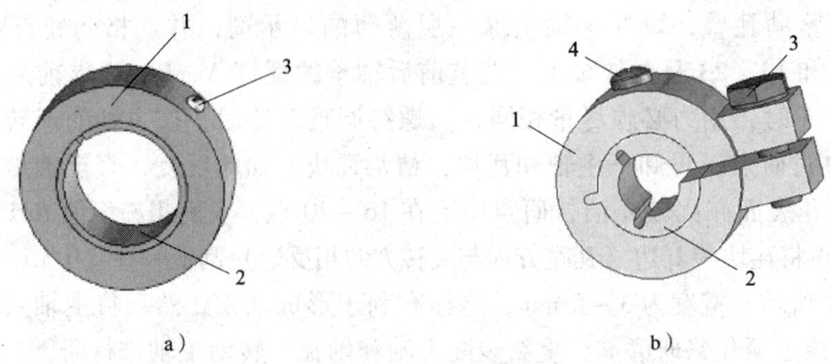

图 1—4—15　研磨环

a）固定式　b）可调式

1—外圈　2—开口调节圈　3—调节螺栓　4—紧固螺钉

研磨时，研磨工件由机床夹持，如图 1—4—16 所示。先在工件上均匀涂上研磨剂，套上研磨环并调整好研磨间隙（松紧程度以用力能转动为宜），然后开动机床低速旋转（工件转速在直径小于 80 mm 时为 100 r/min，直径大于 100 mm 时为 50 r/min）。用手推动研磨环，使它在工件转动的同时沿轴线方向作往复运动，且须经常作断续的转动。研磨环在工件上往复移动的速度，应根据工件在研磨环上研出的网纹来控制，以研出的网纹与轴线成 45°交角为最好。

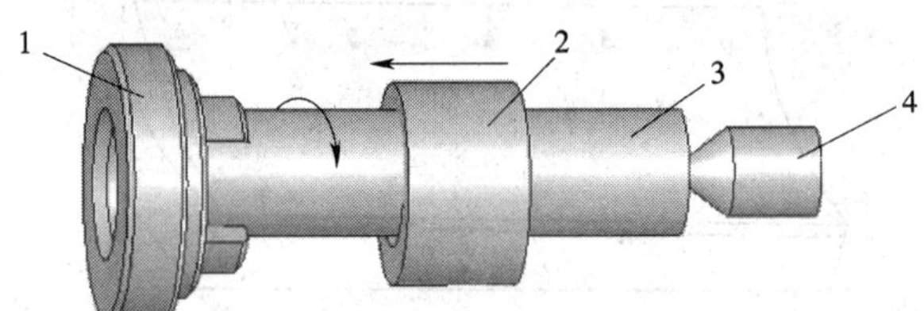

图 1—4—16　研磨外圆柱面

1—三爪卡盘　2—研磨环　3—工件　4—顶尖

注意事项：在研磨过程中，如遇到工件因加工误差造成的沿轴线上直径大小不一时，则要靠手感在直径大的部位多研磨几次。在研磨中，应随时调整研磨环工作面的内径，使研磨环与工件始终保持适当的研磨间隙。研磨一段时间后，应将工件掉头再进行研磨，这样可清除可能出现的锥度，使工件得到正确的几何形状，且使研磨环的磨损比较均匀。

二、内圆柱面的研磨

研磨内圆柱面应在研磨棒上进行。研磨棒有固定式和可调式两种，其长度应为工件长度的 1.5 ~ 2 倍，如图 1—4—17 所示。光滑的研磨棒（见图 1—4—17a）一般用于精研磨。图 1—4—17b 所示的研磨棒上开有螺旋槽，目的是存放研磨剂，确保研磨时研磨剂不会全部从工件两端挤出。

1. 研磨时，研磨棒用三爪自定心卡盘装夹（长研磨棒的另一端须用尾座顶尖顶住），把工件套在研磨棒上进行研磨，如图 1—4—18 所示。研磨棒与工件配合的松紧程度，以推动工件不十分费力为宜。

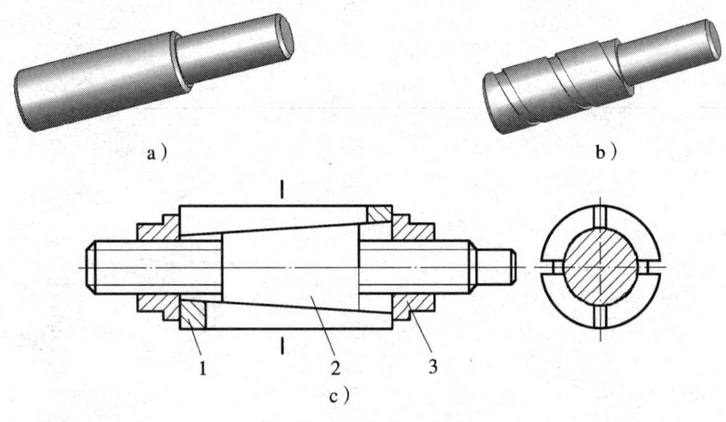

图 1—4—17　研磨棒

a）固定式光滑研磨棒　b）固定式带槽研磨棒　c）可调节式研磨棒

1—开槽研磨棒　2—锥度心轴　3—调整螺母

2. 研磨时，若工件两端有过多的研磨剂被挤出，应及时擦掉，以免孔口扩大成喇叭口。如果孔口尺寸精度要求较高，可以将研磨棒两端直径用砂布磨得小一些，以避免孔径扩大。

3. 研磨时，因工件受热膨胀，应待其冷却至室温后再进行测量。

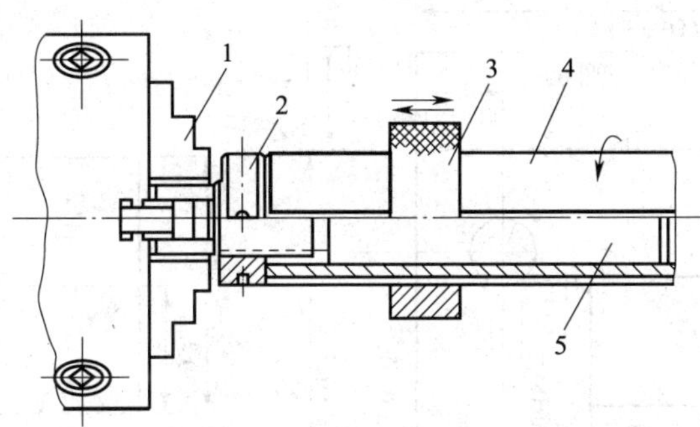

图 1—4—18　圆柱孔工件的研磨

1—研磨卡盘　2—调节螺钉　3—工件　4—研套　5—锥度心轴

课题五　综合训练（一）

子课题 1　L 形三件配的制作

学习目标

1. 熟悉 L 形三件配工件的加工步骤。
2. 熟悉 L 形三件配工件的加工注意事项。
3. 掌握 L 形三件配的制作。

按照图 1—5—1 所示图样要求完成 L 形三件配的制作。

// 0.02 A
件1
件2
件3
55.95±0.10
55.95±0.10
3×φ10H8
Ra 1.6
75±0.037
50 0 −0.039
13±0.10
46±0.10
80±0.023
A
— 0.02
8
40 0 −0.039
20 0 −0.033
25 0 −0.033
50 0 −0.039
Ra 3.2 (√)
技术要求
1. 以件1、件2为基准，件3配作。
2. 将件1、件2、件3配合，配合间隙不大于0.04。
3. 孔口倒角C0.5。
名称 L形三件配
等级 中级
材料 Q235
工时 5h
图号 1

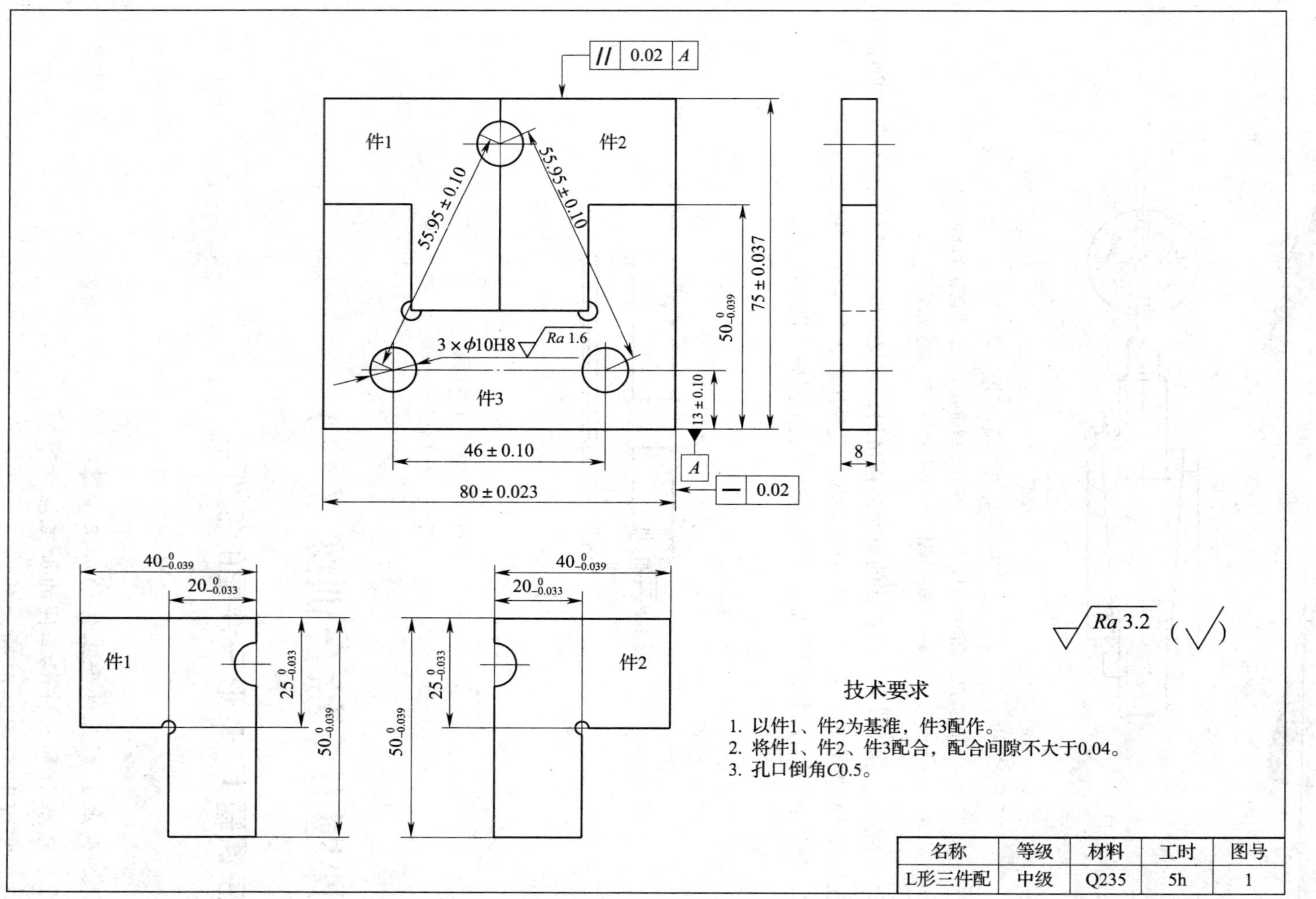

图 1—5—1 L 形三件配

一、加工步骤

1．来料检查，修正基准面。

2．断料加工，断料时可按件 1 尺寸 40 mm、50 mm 来划线锯削。

3．加工件 1 时，保证尺寸 $40_{-0.039}^{0}$ mm 和尺寸 $50_{-0.039}^{0}$ mm，并保证相邻面相互垂直，表面粗糙度为 $Ra3.2$ μm。

4．如图 1—5—2 所示，按尺寸 20 mm 和 25 mm 进行划线。

5．用样冲和锤子在工艺孔位置打上样冲眼，然后用 $\phi3$ mm 的钻头钻削工艺孔。

6．用锯把多余的材料锯掉，并用锉刀锉削 *A*、*B* 面，保证尺寸 $20_{-0.033}^{0}$ mm 和 $25_{-0.033}^{0}$ mm，并要求 *A*、*B* 面相互垂直，表面粗糙度为 $Ra3.2$ μm，如图 1—5—3 所示。

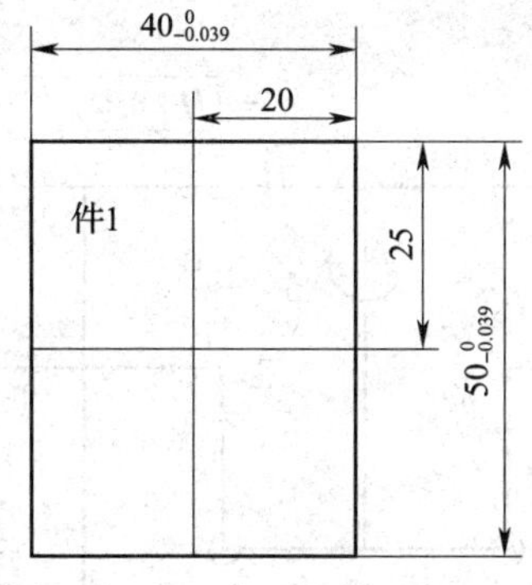

图 1—5—2　加工件 1 划线

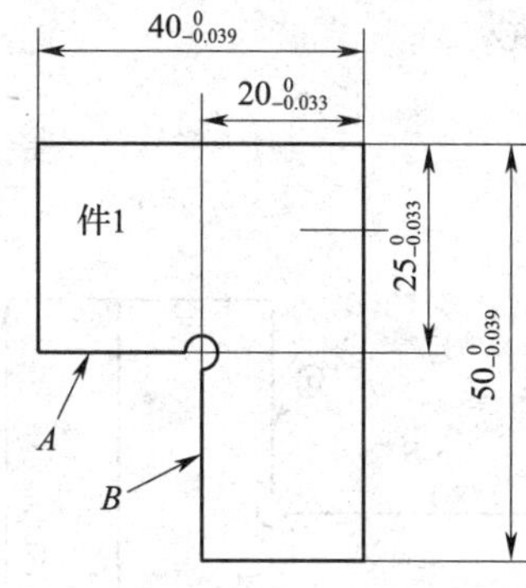

图 1—5—3　加工件 1

7．按照以上相同的加工步骤加工件 2。

8．加工件 3 时，保证尺寸（80 ± 0.023）mm 和尺寸 $50_{-0.039}^{0}$ mm，并保证相邻面相互垂直，表面粗糙度为 $Ra3.2$ μm。

9．按图样加工要求进行划线，如图 1—5—4a 所示。划工艺孔位置时要注意选择 *C*、*D* 面为基准，分别划 20 mm、60 mm 和 25 mm 的线，这样才能保证工艺孔的孔距正确。

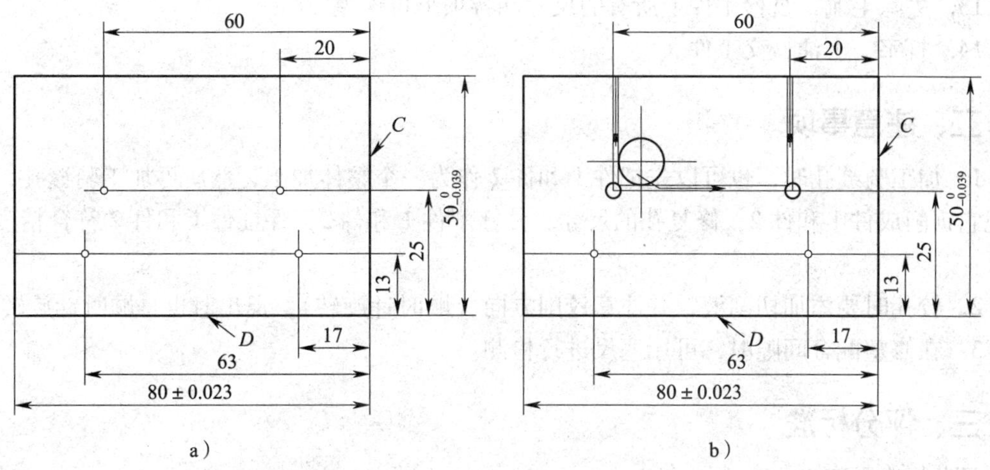

图 1—5—4　加工件 3 划线

10. 按照步骤 9，划孔 ϕ10H8 的线为 17 mm、63 mm 和 13 mm 的线。根据划线然后在孔位置分别打上样冲眼。然后按照图示要求划线、打样冲眼、钻孔，扩孔至 ϕ10 mm，如图 1—5—4b 所示，该孔主要用来放锯条进行锯削，锯削顺序如图上箭头所示。

11. 锉配加工 *E*、*F*、*G* 面，保证与件 1、件 2 的配合间隙不大于 0. 04 mm，配合后的平面度、平行度符合要求，如图 1—5—5 所示。

12. 配锉合格后，对骑缝孔进行划线，并打上样冲眼，然后三个 ϕ10 mm 孔一起加工，即先把配合好的工件装夹在机用平口钳上，装夹时用角尺测量保证工件的大端面与平口钳钳口平行。然后调节钻床合适的主轴转速，并装夹 ϕ3 mm 的钻头，对三个孔进行加工，孔加工的顺序依次是：钻孔 ϕ3 mm→扩孔 ϕ6 mm（或 ϕ7 mm）→扩孔 ϕ9. 8 mm，再用钻头 ϕ12 mm 进行倒角，最后用 ϕ10H8 铰刀对三个孔进行铰削，保证孔的精度和孔距尺寸，如图 1—5—6 所示。

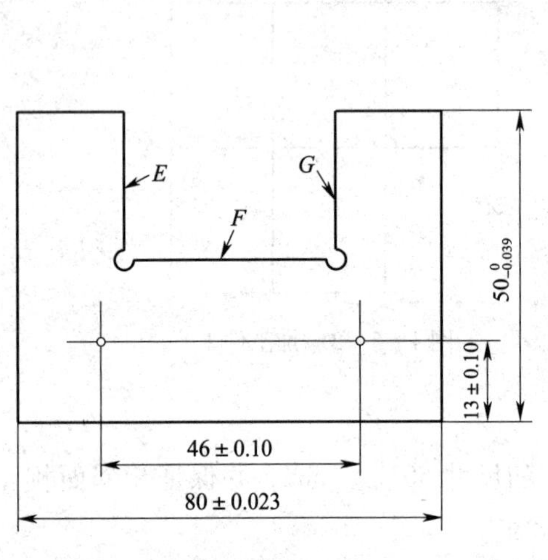

图 1—5—5　加工件 3

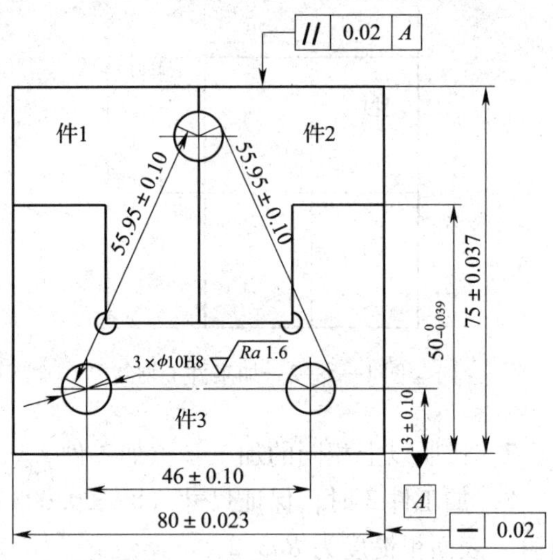

图 1—5—6　孔加工

13. 去除毛刺，复检工件上所有的尺寸和各项形位误差。

14. 打字，上油，交工件。

二、注意事项

1. 加工骑缝孔时，也可以先把件 1 和件 2 作为一个整体加工，然后再加工骑缝孔，最后把它锯削成件 1 和件 2，修复孔的尺寸，并锉削件 1 和件 2，保证件 1 和件 2 符合精度要求。

2. 铰孔时要添加切削液，并注意铰削方向（顺时针旋转），退出时也是顺时针旋转。

3. 在修整配合间隙时，可用塞尺进行检测。

三、评分标准

评分标准见表 1—5—1。

表 1—5—1　　　　L 形三件配评分标准

时限	5 h	开始时间		结束时间		实考时间
项目	序号	技术要求	配分	评分标准	检测记录	得分
件 1	1	$20_{-0.033}^{0}$ mm	4	超差全扣		
	2	$40_{-0.039}^{0}$ mm	4	超差全扣		
	3	$25_{-0.033}^{0}$ mm	4	超差全扣		
	4	$50_{-0.039}^{0}$ mm	4	超差全扣		
	5	表面粗糙度 *Ra*3. 2 μm	0. 5 ×7	不合格不得分		
件 2	6	$20_{-0.033}^{0}$ mm	4	超差全扣		
	7	$40_{-0.039}^{0}$ mm	4	超差全扣		
	8	$25_{-0.033}^{0}$ mm	4	超差全扣		
	9	$50_{-0.039}^{0}$ mm	4	超差全扣		
	10	表面粗糙度 *Ra*3. 2 μm	0. 5 ×7	不合格不得分		
件 3	11	$50_{-0.039}^{0}$ mm	4	超差全扣		
	12	(80 ±0. 023) mm	2	超差全扣		
	13	(13 ±0. 10) mm	2 ×2	超差全扣		
	14	(46 ±0. 10) mm	2	超差全扣		
	15	ϕ10H8 mm	1 ×2	超差全扣		
	16	ϕ10H8 的 *Ra*1. 6 μm	0. 5 ×2	不合格不得分		
	17	表面粗糙度 *Ra*3. 2 μm	0. 5 ×8	不合格不得分		
配合	18	间隙不大于 0. 04 mm	3 ×5	超差全扣		
	19	互换间隙不大于 0. 04 mm	3 ×5	超差全扣		
	20	(75 ±0. 037) mm	2	超差全扣		
	21	∥ 0.02 *A*	2	超差全扣		
	22	— 0.02	2 ×2	超差全扣		
	23	(55. 95 ±0. 10) mm	2 ×2	超差全扣		
其他	24	毛刺、缺陷	倒扣	每处扣 1 ~5 分		
	25	安全文明生产	倒扣	违者酌扣 1 ~10 分		

子课题 2　六角镶配的制作

学习目标

1. 熟悉六角镶配的加工步骤。
2. 熟悉六角镶配的加工注意事项。
3. 掌握六角镶配的制作。

按照图 1—5—7 所示图样要求完成六角镶配的制作。

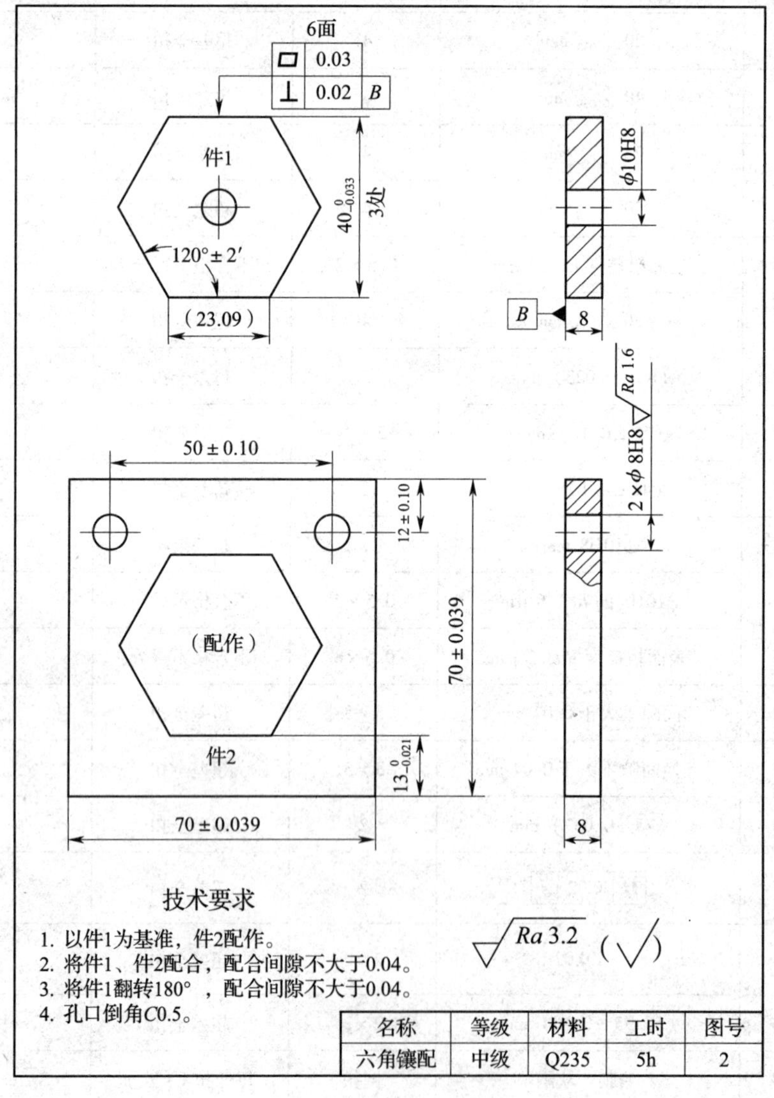

图 1—5—7　六角镶配

一、加工步骤

1．检查来料。检查件1ϕ60 mm 的圆钢直径、大端面的平面度、大端面和圆周的垂直度等情况，检查件2板料尺寸是否符合要求。

2．利用V形铁和游标高度尺在圆钢中心位置进行划线，并打上样冲眼，然后用划针和划规在件1上划出正六边形。

3．用ϕ3 mm 的钻头在件1样冲眼的地方进行钻孔，然后用钻头ϕ6 mm（或ϕ7 mm）→ϕ9.8 mm 进行扩孔，再用钻头ϕ12 mm 进行倒角，最后用ϕ10H8 的铰刀进行铰孔，保证孔的尺寸，且表面粗糙度达到 *Ra*1.6 μm。

4．锯削、锉削件1的 *A* 面，保证件1的 *A* 面到孔ϕ10H8 中心位置的尺寸为 $20_{-0.016}^{\ 0}$ mm，保证 *A* 面与大端面垂直，且表面粗糙度达到 *Ra*3.2 μm，如图1—5—8所示。

5．锯削、锉削 *A* 面的平行面 *D* 面，保证 *D* 面与 *A* 面的尺寸为 $40_{-0.033}^{\ 0}$ mm、平行度公差为0.02 mm，并保证 *D* 面与大端面垂直，且表面粗糙度达到 *Ra*3.2 μm，如图1—5—9所示。

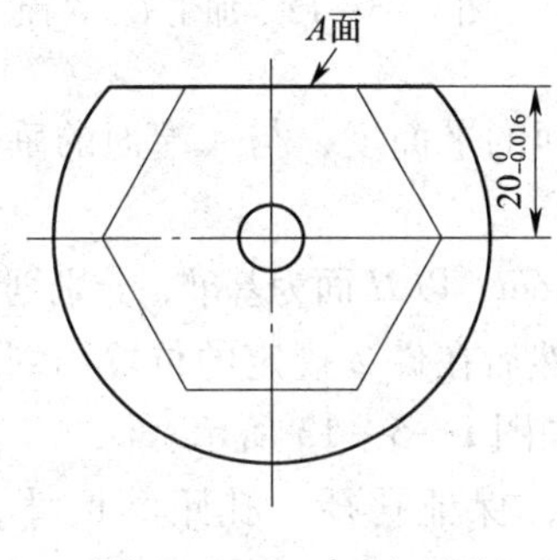

图1—5—8　加工 *A* 面

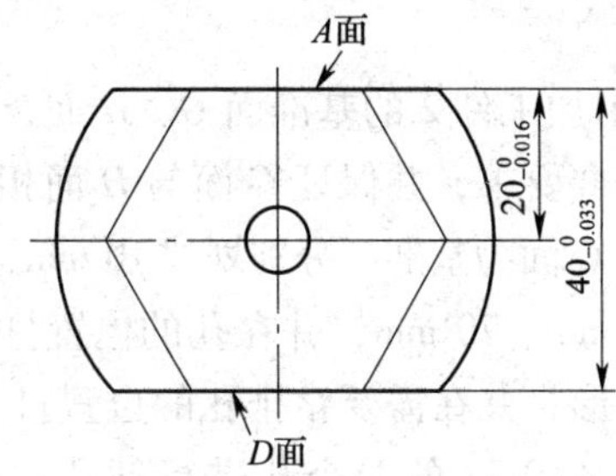

图1—5—9　加工 *D* 面

6．锯削、锉削 *A* 面的相邻面 *B* 面，保证 *B* 面到孔ϕ10H8 中心位置的尺寸为 $20_{-0.016}^{\ 0}$ mm，保证 *B* 面与大端面垂直，*A* 面与 *B* 面的角度为120°±2′，且 *B* 面表面粗糙度达到 *Ra*3.2 μm，如图1—5—10所示。

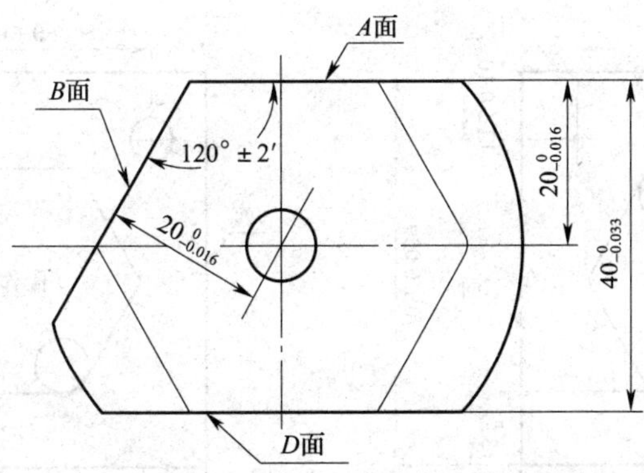

图1—5—10　加工 *B* 面

7．锯削、锉削加工 *B* 面的平行面 *E* 面，保证 *E* 面到 *B* 面的尺寸为 $40_{-0.033}^{\ 0}$ mm、平行度公差为0.02 mm，并保证 *E* 面与大端面垂直，表面粗糙度达到 *Ra*3.2 μm，如图1—5—11

所示。

8. 同理，加工 B 面的相邻面 C 面和 C 面的平行面 F 面，保证尺寸、角度、表面粗糙度都符合加工要求，如图 1—5—12 所示。

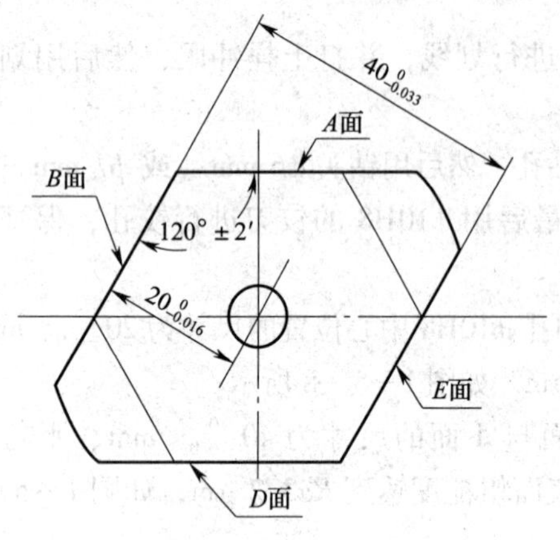

图 1—5—11 加工 E 面

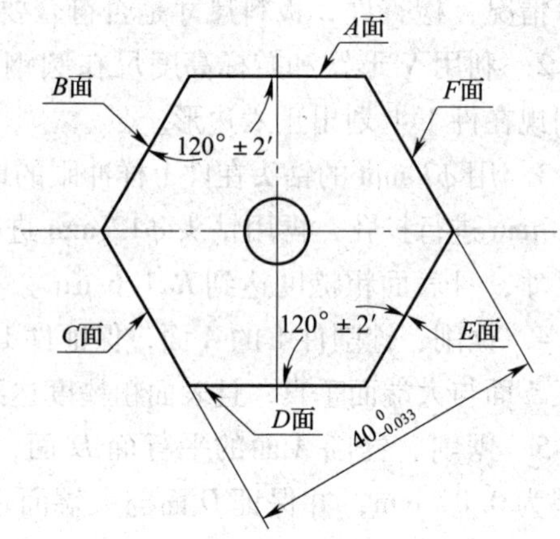

图 1—5—12 加工 C、F 面

9. 锉削加工件 2 的基准面 G、H 面，保证 G、H 面的平面度，与大端面的垂直度和表面粗糙度符合要求，并保证 G 面与 H 面相互垂直。

10. 以 G 面为基准，分别划线 10 mm、60 mm、70 mm，以 H 面为基准，分别划线 12 mm、13 mm、58 mm、70 mm，并在孔的位置打上样冲眼。然后在件 2 规定的位置用划规和划针划出正六边形，并在需要钻排孔的位置打上样冲眼，如图 1—5—13 所示。

11. 对 ϕ10H8 的两个孔进行钻孔、扩孔、铰孔，保证孔径、孔距等尺寸，直至符合图样要求。然后对需要钻排孔的位置进行钻孔、扩孔至 ϕ10 mm 左右，如图 1—5—14 所示。

12. 锯削、锉削 I、J 面，保证尺寸要求（70 ±0. 039）mm，且与大端面垂直，平面度为 0. 02 mm，表面粗糙度达到 Ra3. 2 μm。

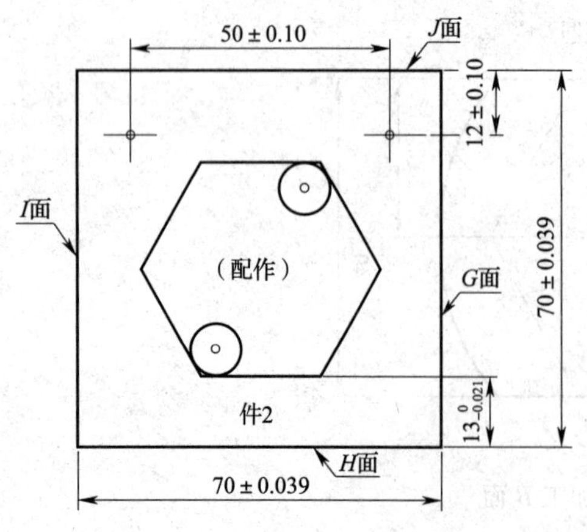

图 1—5—13 加工件 2 划线

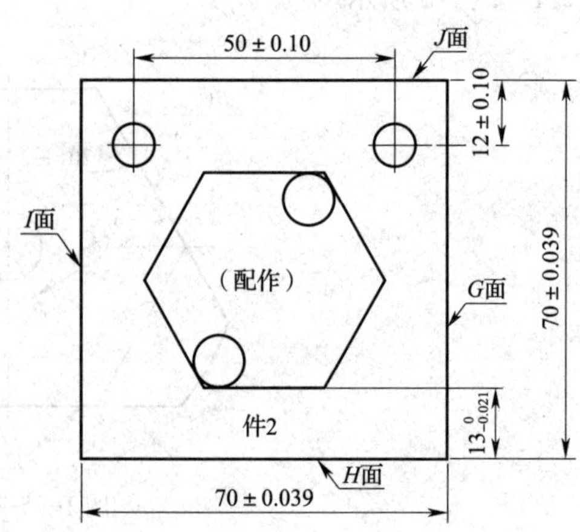

图 1—5—14 孔加工

13. 把锯条放进排孔里面，然后装在锯弓上对六边形进行锯割，去除材料，然后用合适的锉刀进行锉削，用件 1 与其进行锉配，保证件 1、件 2 的配合间隙不大于 0.04 mm。

14. 去除毛刺，复检工件上所有的尺寸和各项形位误差。

15. 敲钢印，上油，交工件。

二、注意事项

1. 件 1 加工要求较高，对后续的配合要求也比较高，所以尺寸公差尽量做在中间位置。

2. 加工件 2 的内六角时，为便于清角，建议选择合适的锉刀进行刃磨。锯条放不进排孔时可以将孔钻大一些或者将锯条进行刃磨，直至能够放进去。

3. 铰孔时要添加切削液，并注意铰削方向（顺时针旋转），退出时也是顺时针旋转。

4. 在修整配合间隙时，可用塞尺进行检测。

三、评分标准

评分标准见表 1—5—2。

表 1—5—2　　六角镶配评分标准

时限	5 h	开始时间		结束时间		实考时间	
项目	序号	技术要求		配分	评分标准	检测记录	得分
件 1	1	$40_{-0.033}^{\ 0}$ mm		4×3	超差全扣		
	2	120°±2′		2×6	超差全扣		
	3	⊥ 0.02 B		1×6	超差全扣		
	4	▱ 0.03		1×6	超差全扣		
	5	表面粗糙度 *Ra*3.2 μm		0.5×6	不合格不得分		
件 2	6	（70±0.039）mm		4×2	超差全扣		
	7	$13_{-0.021}^{\ 0}$ mm		5	超差全扣		
	8	（50±0.10）mm		4×2	超差全扣		
	9	（12±0.10）mm		5	超差全扣		
	10	ϕ10H8 mm		4×2	超差全扣		
	11	ϕ10H8 的 *Ra*1.6 μm		2×2	不合格不得分		
	12	表面粗糙度 *Ra*3.2 μm		0.5×10	不合格不得分		
配合	13	间隙不大于 0.04 mm		3×6	超差全扣		
其他	14	毛刺、缺陷		倒扣	每处扣 1~5 分		
	15	安全文明生产		倒扣	违者酌扣 1~10 分		

子课题 3　T 形三件配的制作

学习目标

1. 熟悉 T 形三件配的加工步骤。
2. 熟悉 T 形三件配的加工注意事项。
3. 掌握 T 形三件配的制作。

按照图 1—5—15 所示图样要求完成 T 形三件配的制作。

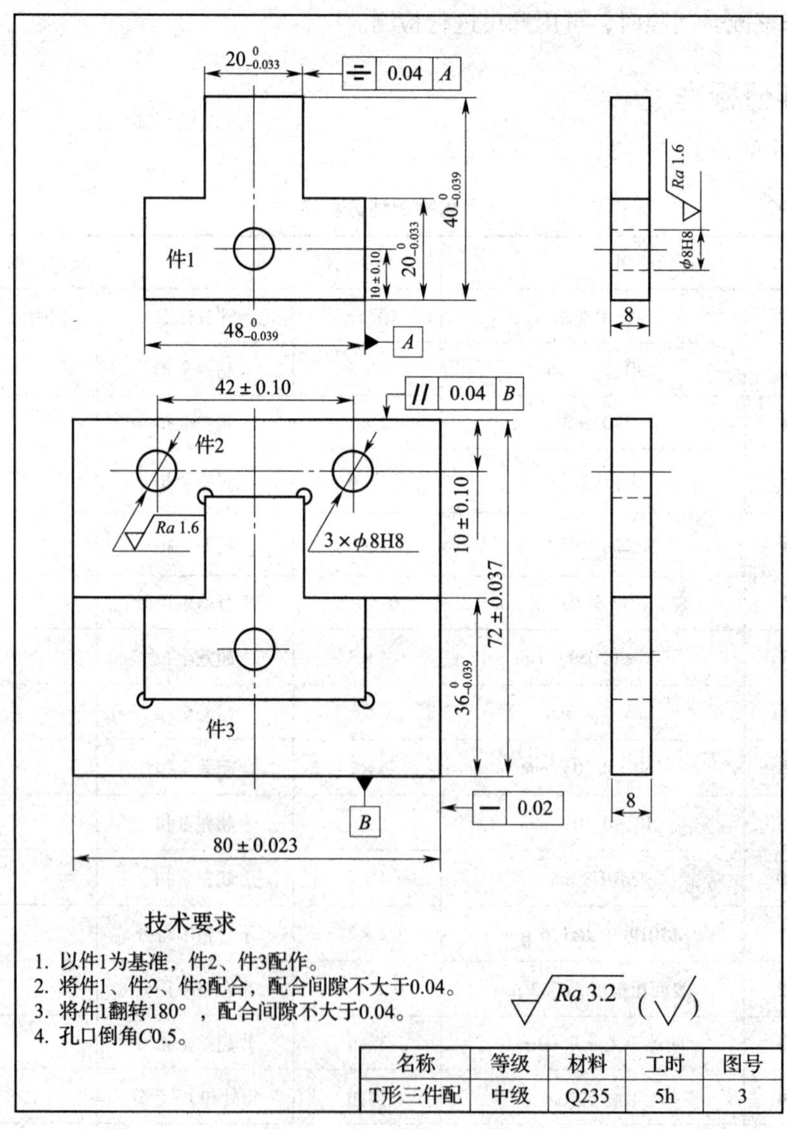

名称	等级	材料	工时	图号
T形三件配	中级	Q235	5h	3

图 1—5—15　T 形三件配

一、加工步骤

1．检查来料尺寸是否符合要求。

2．加工件1，保证尺寸 $40^{\ 0}_{-0.039}$ mm × $48^{\ 0}_{-0.039}$ mm，要求四面与大端面相互垂直，表面粗糙度达到 $Ra3.2$ μm。

3．以 *A* 面、*B* 面为基准划孔 ϕ8H8 的线，并打上样冲眼，然后用钻头 ϕ3 mm 钻孔，用钻头 ϕ6 mm、ϕ7.8 mm 进行扩孔，再用钻头 ϕ10 mm 进行倒角，最后用铰刀 ϕ8H8 进行铰孔，保证孔的精度和孔距，且表面粗糙度达到 $Ra1.6$ μm，如图 1—5—16 所示。

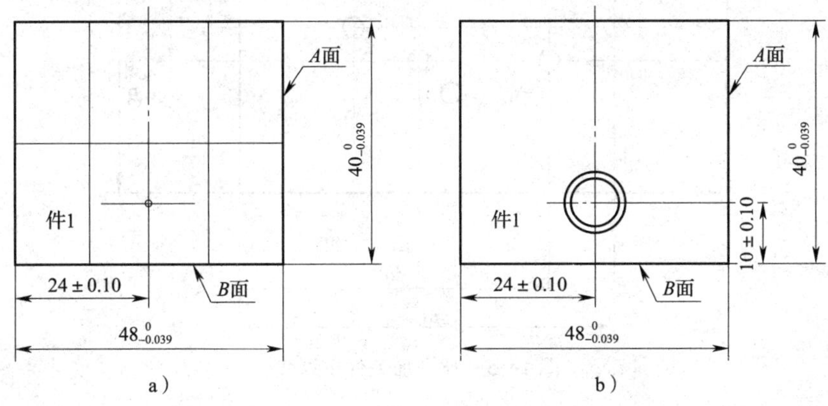

图 1—5—16　加工件 1 孔

4．以 *A* 面、*B* 面为基准划 24 mm、34 mm、20 mm 的线，如图 1—5—17a 所示。根据划线，用锯削的方法将件 1 的左上角锯掉，并锉削 *E*、*F* 面，保证尺寸 $20^{\ 0}_{-0.019}$ mm 和 $34^{\ 0}_{-0.019}$ mm，保证 *E*、*F* 面相互垂直且与大端面垂直，并保证表面粗糙度达到 $Ra3.2$ μm。

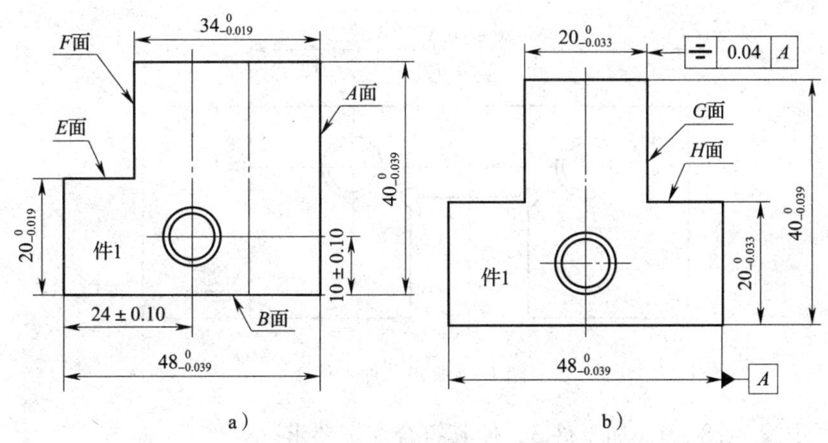

图 1—5—17　加工 T 形件

5．根据划线，锯掉件 1 右上角部分，锉削 *G*、*H* 面，保证尺寸 $20^{\ 0}_{-0.033}$ mm 及对称度要求，保证 *G*、*H* 面相互垂直且与大端面垂直，并保证表面粗糙度达到 $Ra3.2$ μm。

6．加工 80.5 mm × 75 mm × 8 mm 的板料，将 80.5 mm 的尺寸加工成（80 ± 0.023）mm，然后用游标高度尺以 *I* 面为基准划 36 mm 的线，将板料分割成（80 ± 0.023）mm × 36 mm ×

8 mm 两块料。

7. 通过锉削的方法将件 2 加工成（80 ±0. 023）mm × $36_{-0.039}^{\ 0}$ mm × 8 mm，然后用游标高度尺以 *I* 面为基准分别划线 10 mm、15 mm，以 *J* 面为基准分别划线 19 mm、30 mm、50 mm、61 mm，并在孔、工艺孔位置和需排孔的位置打上样冲眼，并用 ϕ3 mm 的钻头进行钻孔，如图 1—5—18 所示。

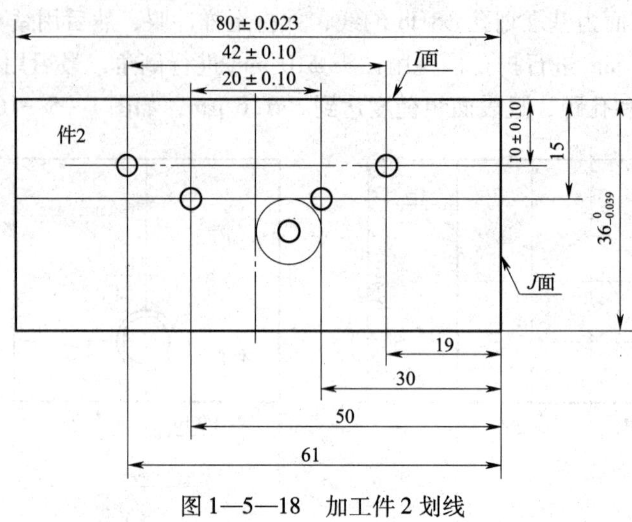

图 1—5—18　加工件 2 划线

8. 在孔位置用钻头 ϕ6 mm 和 ϕ7. 8 mm 进行扩孔，并进行倒角，然后用铰刀 ϕ8H8 进行铰削。再用钻头 ϕ10 mm 对排孔进行扩孔。

9. 将磨过的锯条放进排孔，装上锯弓，根据划线锯掉件 2 凹进部分，并进行锉削，和件 1 进行锉配，保证配合间隙不大于 0. 04 mm，并保证表面粗糙度达到 *Ra*3. 2 μm，如图 1—5—19 所示。

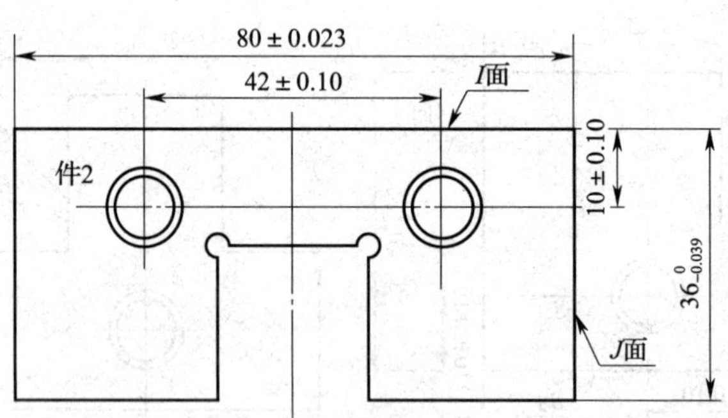

图 1—5—19　加工件 2

10. 同步骤 7、8、9，加工件 3，使其符合加工要求。

11. 件 2、件 3 根据件 1 进行锉配结束后配合，保证直线度、平行度符合图样加工要求，保证配合间隙和互换后配合间隙不大于 0. 04 mm。

二、注意事项

1. 件 1 的对称度要求较高，要注意通过加工工艺和尺寸链的计算来保证。

2. 为便于清角，建议选择合适的锉刀进行刃磨。锯条放不进排孔时可以将孔钻大一些或者将锯条进行刃磨，直至能够放进去。

3. 铰孔时要添加切削液，并注意铰削方向（顺时针旋转），退出时也是顺时针旋转。

4. 在修整配合间隙时，可用塞尺进行检测。

三、评分标准

评分标准见表 1—5—3。

表 1—5—3　　T 形三件配评分标准

时限	5 h	开始时间		结束时间		实考时间	
项目	序号	技术要求		配分	评分标准	检测记录	得分
件 1	1	$20_{-0.033}^{0}$ mm		3×3	超差全扣		
	2	$40_{-0.039}^{0}$ mm		4	超差全扣		
	3	⌯ 0.04 A		4	超差全扣		
	4	$48_{-0.039}^{0}$ mm		4	超差全扣		
	5	表面粗糙度 *Ra*3.2 μm		0.5×8	不合格不得分		
件 2	6	(42±0.10) mm		4	超差全扣		
	7	(10±0.10) mm		4	超差全扣		
	8	ϕ8H8 mm		1×2	超差全扣		
	9	ϕ8H8 的 *Ra*1.6 μm		0.5×2	超差全扣		
	10	*C*0.5 mm		0.5×4	不合格不得分		
	11	表面粗糙度 *Ra*3.2 μm		0.5×8	不合格不得分		
件 3	12	(80±0.023) mm		4	超差全扣		
	13	$36_{-0.039}^{0}$ mm		4	超差全扣		
	14	表面粗糙度 *Ra*3.2 μm		0.5×8	不合格不得分		
配合	15	间隙不大于 0.04 mm		2×8	超差全扣		
	16	互换不大于 0.04 mm		2×8	超差全扣		
	17	(80±0.023) mm		4	超差全扣		
	18	// 0.04 B		4	超差全扣		
	19	— 0.02		3×2	超差全扣		
其他	20	毛刺、缺陷		倒扣	每处扣 1~5 分		
	21	安全文明生产		倒扣	违者酌扣 1~10 分		

模块二 机械装配

课题一　零件的粘接

子课题　零件的粘接

1. 了解黏结剂的种类和选用。
2. 熟悉粘接的接头形式。
3. 掌握黏结剂的涂敷方法。
4. 掌握被粘接物的表面处理方法。
5. 掌握机床导轨的粘接。

用黏结剂把不同或相同材料牢固地连接在一起的操作方法，称为粘接。粘接是一种先进的工艺方法，它具有工艺简单，操作方便，连接可靠，变形小以及密封、绝缘、耐水、耐油等特点，所粘接的工件不需经过高精度的机械加工，也无须特殊的设备和贵重原材料，特别适用于不易铆焊的场合，因此，在各种设备修复过程中，取得了良好的效果。粘接的缺点是不耐高温，粘接强度较低。目前，它以快速、牢固、节能、经济等优点代替了部分传统的铆接、焊接及螺纹连接等工艺。

一、黏结剂的种类和选用

1. 无机黏结剂

无机黏结剂由磷酸溶液和氧化物组成，在维修中应用的无机黏结剂主要是磷酸－氧化铜黏结剂，有粉状、薄膜、糊状、液体等几种形态。其中，以液体状态使用最多。无机黏结剂虽然有操作方便、成本低的优点，但与有机黏结剂相比，还有强度低、脆性大和适用范围小的缺点。

使用无机黏结剂时，工件接头的结构形式应尽量使用套接和槽榫接，避免平面对接和搭接，连接表面要尽量粗糙，可以滚花和加工成沟纹，以提高粘接的牢固性。

无机黏结剂可用于螺栓紧固、轴承定位、密封堵漏等，但它不适宜粘接多孔性材料和间隙超过 0.3 mm 的缝隙。粘接前，应进行粘接面的除锈、脱脂、清洗操作。

2. 有机黏结剂

有机黏结剂是一种高分子有机化合物，常用的有机黏结剂有以下两种：

(1) 环氧黏结剂

黏合力强，硬化收缩小，能耐化学药品、溶剂和油类的腐蚀，电绝缘性能好，使用方便，并且施加较小的接触压力，在室温或不太高的温度下就能固化。其缺点是脆性大、耐热性差。由于其对各种材料有良好的粘接性能，因而得到广泛的应用。

粘接前，粘接表面一般要经过机械打磨或用砂布仔细打光，粘接时，用丙酮清洗粘接表面，待丙酮风干挥发后，将环氧树脂涂在连接表面，涂层为 0.1 ~ 0.15 mm，然后将两粘接件压合在一起，在室温或不太高的温度下即能固化。

(2) 聚丙烯酸酯黏结剂

这类黏结剂常用的牌号有 501 和 502，其特点是无溶剂，呈一定的透明状，可室温固化。缺点是固化速度快，不宜大面积粘接。

随着高分子材料的发展，新的高效能黏结剂不断产生，粘接在量具和刃具制造、设备装配维修、模具制造及定位件的固定等方面的应用日益广泛。

二、粘接的接头形式

粘接金属件时，工件的接头形式对粘接强度有很大影响。因此，设计接头时应尽可能避免应力集中，减小产生剥离、劈开和弯曲的可能性；尽量增大接头的粘接面积，以提高承载能力。板材和管材粘接的接头形式如图 2—1—1 和图 2—1—2 所示。

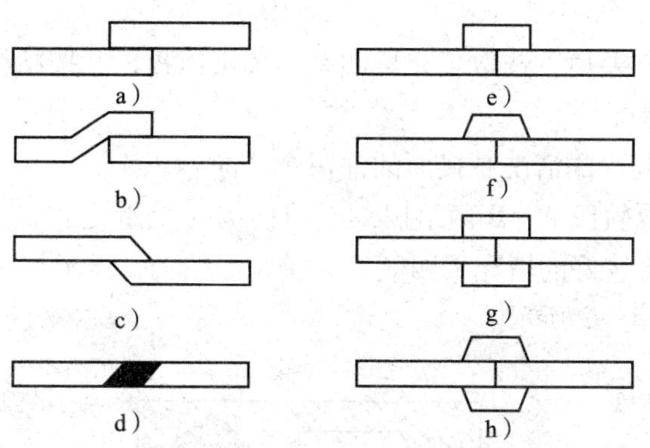

图 2—1—1 板材粘接的接头形式

a) 单面搭接 b) 下陷式搭接 c) 斜棱形单面搭接 d) 切口斜接 e) 单面盖板搭接 f) 单面斜棱形盖板搭接 g) 双面盖板搭接 h) 双面斜棱形盖板搭接

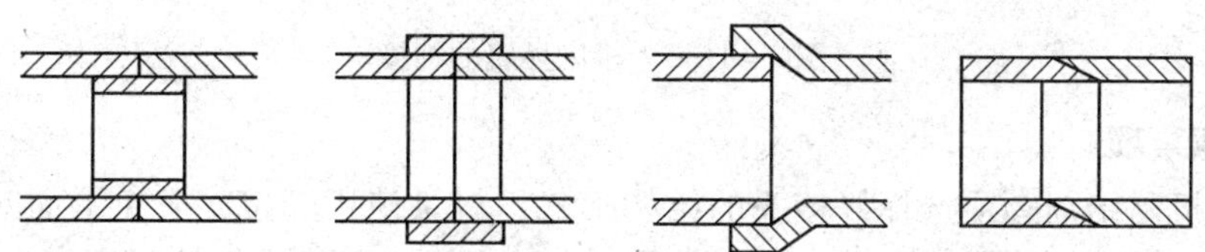

图 2—1—2 管材粘接的接头形式

三、黏结剂的涂敷方法

环氧黏结剂、聚氨酯黏结剂在粘接前要用丙酮清洗粘接表面，再用丙酮润湿，待其风干挥发后，将已配好的环氧黏结剂涂在被连接表面上，涂层宜较薄，为0.1～0.15 mm，然后将两个被粘接件压在一起。为了保证胶层固化完善，必须有足够的时间。在一定范围内提高温度、缩短时间，或降低温度、延长时间，一般都能得到同样的效果。

四、被粘接物的表面处理方法

在粘接前应用化学溶剂，比如丙酮、四氯化碳、甲苯、酒精等将工件清洗干净。

为了提高接头强度，还需要用其他更有效的化学或物理方法进行表面处理。例如，对于金属材料常常需要进行酸洗，特别是铝合金，有时需要用电化学法在酸槽中或在含氧化剂的溶液中进行氧化，使其形成一层稳定的氧化膜，有利于粘接。

有时还需要用机械法处理表面，如用砂轮、砂布、钢刷、喷砂等修磨粘接的表面，使其具有一定的表面粗糙度。

五、机床导轨的粘接

1. 准备工作

（1）材料准备：机床导轨、聚四氟乙烯轨板、丙酮清洗液、J－2012 导轨胶。

（2）工具准备：测量仪等。

（3）设备准备：刨床。

2. 操作步骤

（1）测量机床中心差值，选取填充聚四氟乙烯层压板，并按粘接面尺寸下料。

（2）将粘接面磨平。

（3）用洁净纱布蘸丙酮清洗粘接面的油污至洁净。

（4）将 J－2012 导轨胶 A、B 两组按 1∶1 的比例（重量比）在容器里充分调匀，涂于清洁的被粘接面上。将选好的填充聚四氟乙烯层压板粘上，压上尾座底板；室温固化 2～3 天即可使用，如图 2—1—3 所示。

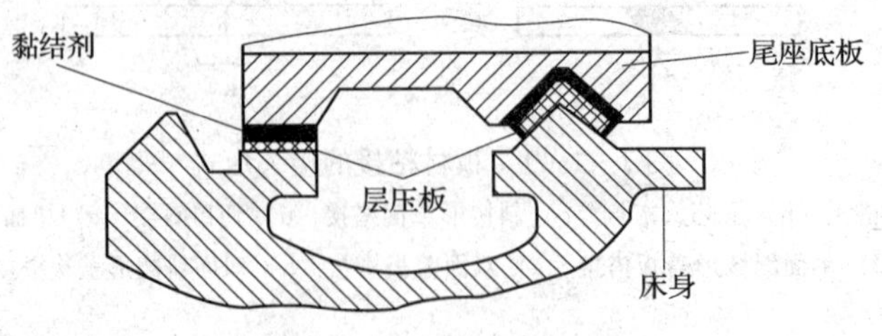

图 2—1—3　机床导轨的粘接

3. 注意事项

使用无机黏结剂必须选择好接头的结构形式，尽量使用套接，避免平面对接和搭接。结合处的表面尽量粗糙，可滚花、铣浅槽或车出浅螺纹，以提高粘接强度。粘接前，还应进行粘接面的除锈、脱脂和清洗操作。粘接后的工件须经适当的干燥硬化才能使用。

课题二 固定连接装配

子课题1 花键连接的装配

学习目标

1. 了解花键连接的种类和特点。
2. 熟悉花键连接的装配技术要求。
3. 掌握花键连接的装配步骤。

花键连接是两零件上等距分布且齿数相同的键齿相互连接，用以传递转矩和运动的连接形式。花键连接由带键齿的轴（外花键）和轮毂（内花键）组成。

一、花键连接的种类和应用特点

1. 花键连接的种类

按键齿的形状可分为矩形花键和渐开线花键两种，如图2—2—1所示。

a）　　b）

图2—2—1　花键连接
a）矩形花键　b）渐开线花键

（1）矩形花键

矩形花键因加工容易，故应用广泛。其定心方式有小径定心、大径定心和齿侧定心三种。其中小径定心精度高，因为内花键的小径可用内圆磨床加工，外花键的小径可由专用花键磨床加工，故标准规定以小径定心。

（2）渐开线花键

键齿采用齿形角为30°的渐开线齿形，故齿根较厚，强度高，承载能力大。

花键配合的定心方式有外径定心、内径定心和键侧定心三种。一般情况下都采用外径定心，因此加工比较方便（花键轴的外径采用拉削的方式进行加工）。

2. 花键连接的应用特点

花键连接的特点是轴的强度高，传递转矩大，对中性及导向性好，但制造成本高，在机床及汽车中应用较多。

二、花键连接装配的技术要求

1. 装配静连接花键的技术要求

装配静连接花键时，花键孔和花键轴允许有少量过盈，装配时可用铜棒轻轻敲入，但不能过紧，否则可能拉毛配合面。对于过盈较大的配合，可将套件加热至 80～120℃后进行装配。

2. 装配动连接花键的技术要求

装配动连接花键时，花键孔在花键轴上应滑动自如，没有阻滞现象，但间隙应适当。用手摇动套件时不应有过松的现象，且感觉不到有明显的间隙。

3. 花键连接的修整

拉削后经热处理的内花键可用花键推刀修整，以消除因热处理产生的微量缩小变形；也可以用涂色法修整，以达到技术要求。

4. 花键副的检验

对于装配后的花键副，应检查花键轴与被连接零件的同轴度和垂直度要求。

三、花键连接的装配

花键轴和带花键孔的齿轮如图 2—2—2 所示，要求正确地进行装配。

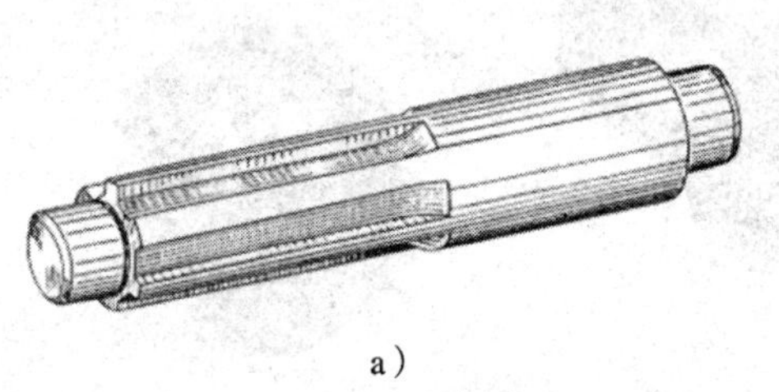
a）

b）

图 2—2—2 花键连接的装配
a）花键轴 b）齿轮上的花键孔

装配步骤如下：

1. 有装配图的先了解装配关系、技术要求和配合性质。
2. 准备工具，包括铜棒、锤子、游标卡尺、整形锉等。
3. 将花键轴前端塞入花键孔中，用铜棒敲击花键的柄部，使花键的轴线与键孔的轴线保持一致，垂直度目测合格。
4. 将花键轴的花键部位与花键孔装配，并来回抽动花键轴，要求运动自如，但又不能有晃动现象。
5. 如有阻滞现象，应在花键轴上涂上红丹粉，以检查接触点，用刮削的方法使配合达到要求。

子课题 2　销的装配与调整

学习目标

1. 了解定位销的作用和分类。
2. 熟悉定位销的技术要求。
3. 掌握圆柱销和圆锥销的装配。
4. 掌握销连接的调整。

销连接结构简单，定位和连接可靠，装拆方便，在机械中除了起连接作用外，还可起定位作用和保险作用（过载保护），如图 2—2—3 所示。销钉有圆柱销、圆锥销和开口销三种，尺寸已标准化。

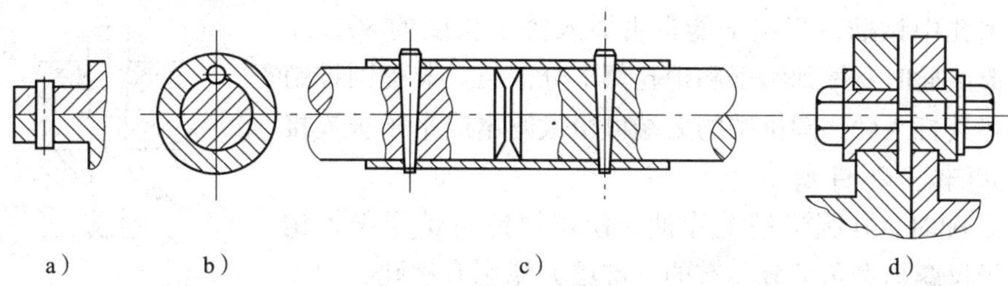

图 2—2—3　销连接

a）定位作用　b）、c）连接作用　d）保险作用

圆锥销具有 1∶50 的锥度，定位准确，可多次拆装而不会降低定位精度，应用较广泛。圆锥销以小端直径和长度表示其规格。

销连接装配的主要技术要求：销通过过盈紧固在销孔中，保证被连接零件具有正确的相对位置。

一、定位销的作用、分类和技术要求

1. 定位销的作用

定位销在模具中应用最为广泛，它的作用就是限制物体的自由度。

2. 定位销的分类

定位销有固定式定位销、可换式定位销、锥面定位销、削边定位销、标准菱形定位销等几种。

3. 定位销的技术要求

定位销的技术要求如下：尖角倒钝，防锈处理，热处理后硬度达 55～60HRC，材料为 T10A。

二、销的装配

1. 圆柱销的装配

圆柱销装配时，销和孔的配合要求按使用场合不同有一定的差别。改变圆柱销的直径

公差，可以获得不同的配合性质。国家标准规定圆柱销可按 m6 和 h8 两种公差制造。

在大多数场合下圆柱销和销孔的配合具有少量的过盈，以保证连接或定位的紧固性和准确性。销子涂油后可把铜棒垫在端面上，用锤子和铜棒把它打入销孔内。对于过盈配合的圆柱销连接，不宜多次拆装，否则将降低定位精度和连接的可靠性。

对于需要经常装拆的圆柱销定位结构，为了便于装拆，两个定位销孔之一一般采用间隙配合。

在圆柱销装配过程中，保证两销孔的中心重合是很重要的，因此，一般都将两销孔同时进行钻、铰，要求其表面粗糙度达到 $Ra1.6\ \mu m$ 或更小。

2. 圆锥销的装配

（1）将被连接的两零件按规定的相对位置装配，达到位置精度要求后予以固定。

（2）将零件组合在一起钻孔、铰孔，以保证两零件销孔位置的一致性。装配时，被连接或定位的两销孔也应同时钻、铰，但必须控制好孔径的大小。一般用试装法测定，即铰孔时将销子在销孔中试插，当销子能自由插入销子长度的 80% 左右为宜，但试插时要做到销子和销孔都十分清洁。装配圆锥销时用铜棒将其打入后，圆锥销的大端可稍微露出或平于被连接件表面，如图 2—2—4 所示。

（3）装配时，在圆锥销上涂油，使用铜锤将销子敲入销孔，使销子仅露出倒角部分。有的圆锥销大端制有螺孔，便于拆卸时用拔销器将销子取出。

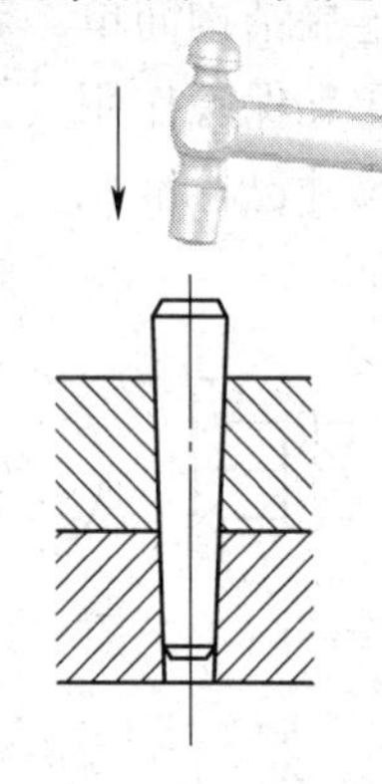

图 2—2—4　圆锥销的装配

三、销连接的调整

1. 拆卸普通圆柱销和圆锥销时，可采用铜棒轻轻敲出（圆锥销从小端向外敲击）。有螺尾的圆锥销可用螺母旋出，如图 2—2—5 所示。

2. 拆卸带内螺纹的圆柱销和圆锥销时，可用与内螺纹相符的螺钉取出，如图 2—2—6 所示。也可用拔销器拔出，如图 2—2—7 所示。

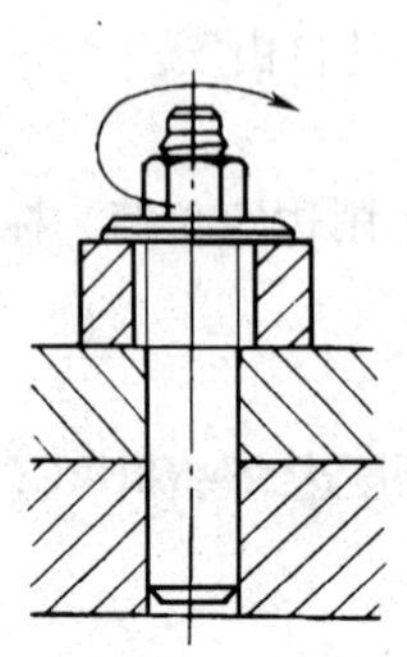

图 2—2—5　螺尾圆锥销的拆卸

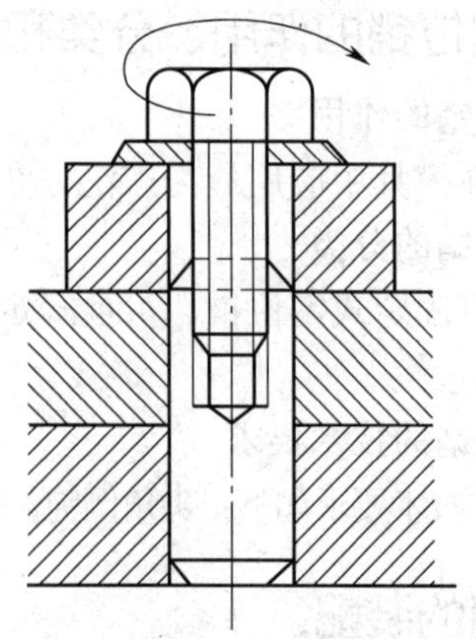

图 2—2—6　用螺钉拆卸带内螺纹的销

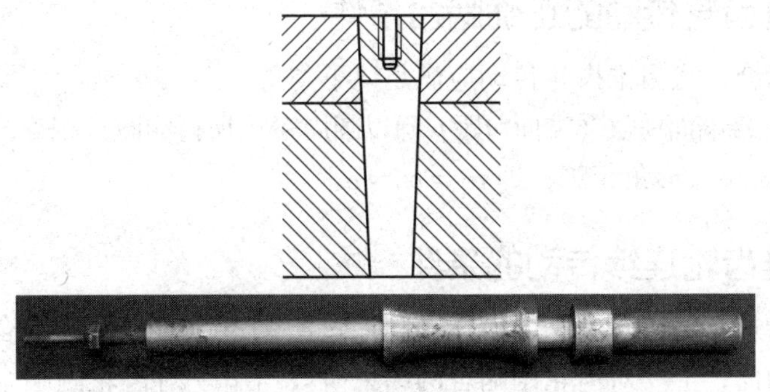

图 2—2—7　用拔销器拆卸带内螺纹的销

3. 销连接损坏或磨损时，一般是更换销子。如果销孔损坏或磨损严重，可重新钻、铰大的销孔，更换相适应的新销。

课题三　传动机构的装配

子课题 1　锥齿轮传动机构的装配与调整

学习目标

1. 了解锥齿轮传动的特点。
2. 熟悉直齿锥齿轮机构正确啮合和连续传动的条件。
3. 掌握锥齿轮传动机构的装配与检验。

齿轮传动有渐开线圆柱齿轮、锥齿轮、双曲面齿轮、圆弧齿轮等。锥齿轮轮齿分布在圆锥面上，有直齿、斜齿和曲齿三种，其中直齿锥齿轮应用最为广泛，如图 2—3—1 所示。

图 2—3—1　直齿锥齿轮

一、锥齿轮的传动特点

锥齿轮传动应用于两轴相交时的传动，两轴间的交角可以任意，在实际运用中多采用两轴互相垂直的形式传动。

由于锥齿轮的轮齿分布在圆锥面上，所以轮齿的尺寸沿着齿宽方向变化，大端轮齿的尺寸大，小端轮齿的尺寸小。为了便于测量，减小测量时的相对误差，规定以大端的参数作为标准参数。工作时相当于用两齿轮的节圆锥做成的摩擦轮进行传动。两节圆锥锥顶必须重合才能保证两节圆锥传动比一致，这样就增加了制造、安装的困难，并降低了锥齿轮传动的精度，也减小了承载能力。

二、直齿锥齿轮传动的正确啮合条件

为保证正确啮合，直齿锥齿轮传动应满足以下条件：

1．两齿轮的大端端面模数（端面齿距 p_t除以圆周率 π 所得的商）相等，即 $m_{t1}=m_{t2}=m$。

2．两齿轮的大端齿形角相等，即 $\alpha_1=\alpha_2=\alpha$。

三、直齿锥齿轮连续传动的条件

连续传动是指从一对齿轮副啮合后能顺利地过渡到下一对齿轮副啮合，即实现两者工作的顺利交替，为此，上一对齿轮副啮合的结束阶段与下一对齿轮副啮合的开始阶段必须有一段重合才能实现齿轮的连续传动，从而啮合线长度必须大于基节长度，当采用重合度表示啮合线长度与基节长度之比时，得出连续传动的条件：重合度必须大于1。

四、锥齿轮传动机构的装配

装配锥齿轮传动机构的顺序和装配圆柱齿轮传动机构相似。装配锥齿轮传动机构时，一般常遇到的问题是两齿轮轴的轴向定位和侧隙的调整。

1．轴向定位

小齿轮的轴向定位常以安装距离（小齿轮基准面至大齿轮轴的距离）为依据，去测量小齿轮的安装位置（见图2—3—2a）。当小齿轮轴位置有偏置要求时，它的轴向定位同样也可以安装距离为依据，用专用量规测量（见图2—3—2b）。如果大齿轮尚未安装好，可用工艺轴代替。

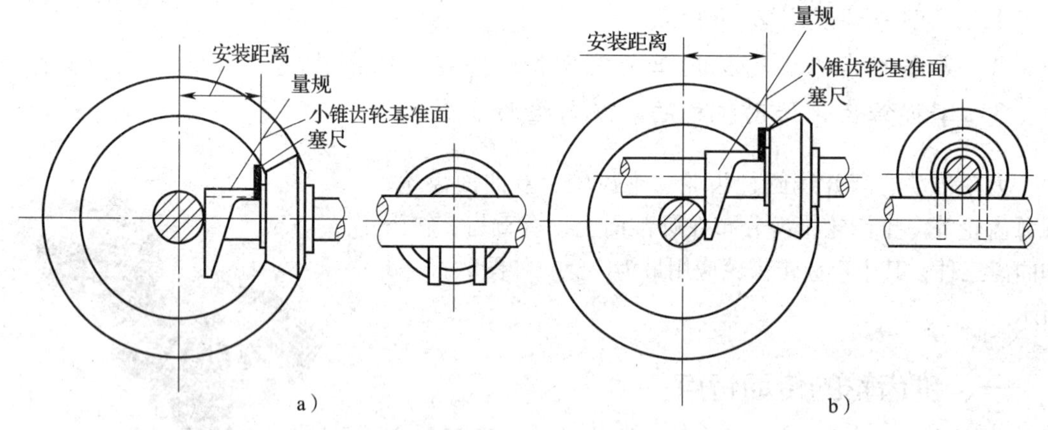

图2—3—2 小齿轮轴向定位

a）小齿轮安装距离的测量 b）小齿轮偏置时安装距离的测量

2．侧隙的调整

大齿轮一般以侧隙决定其轴向位置。对于用背锥面作为基准的锥齿轮，装配时使背锥面齐平，以保证两齿轮正确的装配位置。也可以使两个齿轮沿着各自的轴线方向移动，一直移到它们的假想锥体顶点重合在一起为止（见图2—3—3）。在轴向位置调整好以后，通常采用调整垫圈厚度的方法将齿轮的位置固定。

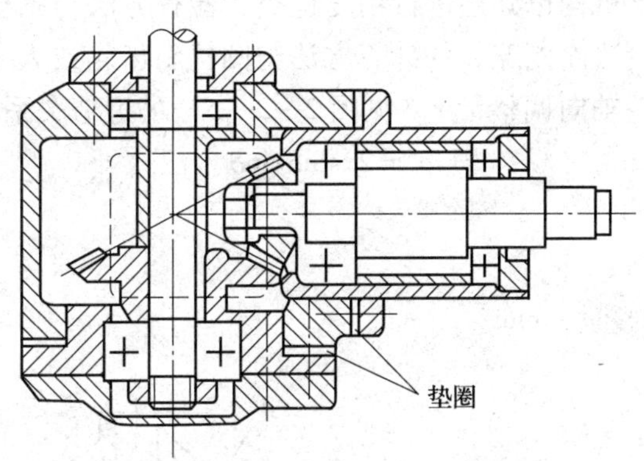

图 2—3—3　锥齿轮轴向位置的调整

五、锥齿轮传动机构的检查

装配前，必须检查锥齿轮传动机构的箱体孔。同一平面内垂直相交两孔轴线垂直度的检查方法如图 2—3—4 所示。

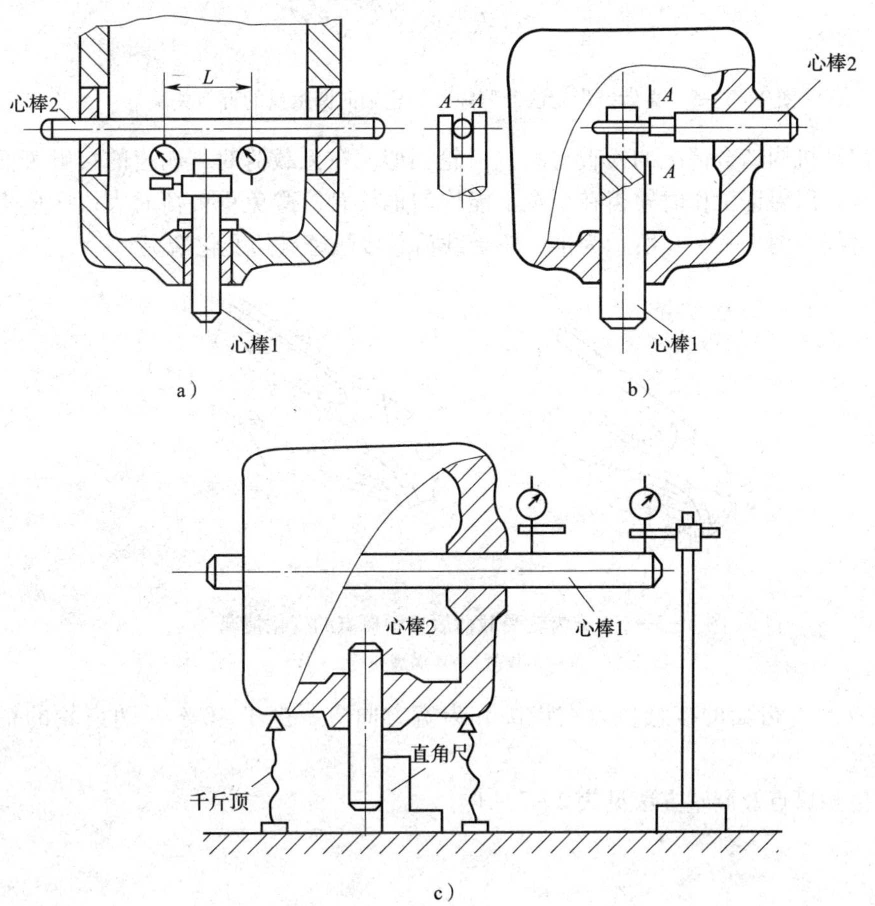

图 2—3—4　同一平面内垂直相交两孔轴线垂直度的检查方法

装配后的锥齿轮传动机构也必须进行精度检查，检查方法与圆柱齿轮传动机构基本相同，不过其中直齿锥齿轮法面侧隙 c_n 的计算方法与圆柱斜齿轮或人字齿轮有所不同。直齿锥齿轮法面侧隙 c_n 与齿轮轴向调整量 x（见图 2—3—5）的近似关系为：

$$c_n = 2x\sin\alpha\sin\delta$$

式中 α——压力角，(°)；

δ——节锥角，(°)；

x——齿轮轴向调整量，mm。

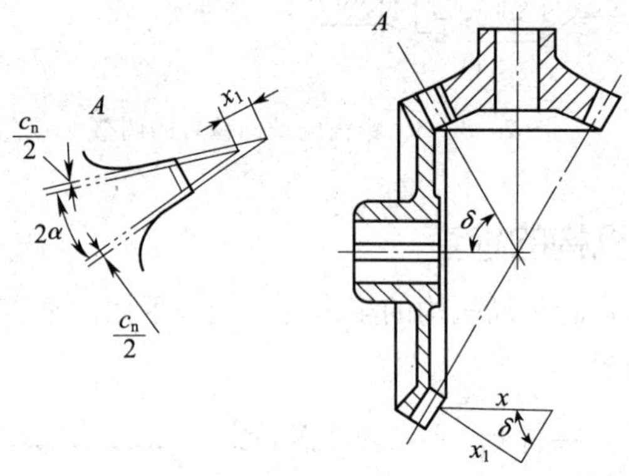

图 2—3—5　直齿锥齿轮法面侧隙与齿轮轴向调整量的近似关系

锥齿轮传动机构啮合情况的检查与圆柱齿轮相似。在无载荷时，轮齿的接触表面应靠近轮齿的小端，以保证工作时轮齿在全宽上能均匀地接触，避免重负荷时大端区应力集中而造成快速磨损。图 2—3—6 所示为锥齿轮受载荷后接触斑点的变化情况。

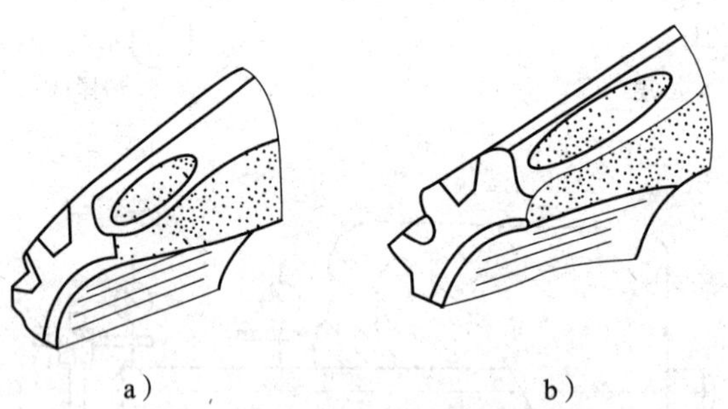

a）　　b）

图 2—3—6　锥齿轮受载荷后接触斑点的变化情况

a）无载荷　b）满载荷

涂色检查时，齿面的接触斑点在齿高和齿宽方向应不少于 40%（随齿轮的精度而定）。

锥齿轮接触斑点及调整方法见表 2—3—1。

表 2—3—1　　　　锥齿轮接触斑点及调整方法

接触斑点	齿轮种类	现象及原因	调整方法
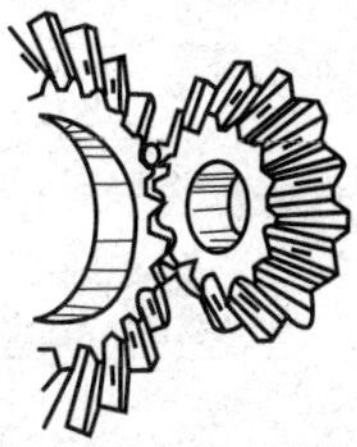 正常接触（中部偏小端接触）	直齿及其他锥齿轮	在轻微负荷下，接触区在齿宽中部，略宽于齿宽的一半，稍近于小端，在小齿轮齿面上较高，大齿轮上较低，但都不到齿顶	—
 低接触 高接触 高低接触	直齿锥齿轮	（1）小齿轮接触区太高，大齿轮太低，小齿轮的轴向定位有误差	（1）将小齿轮沿轴向移出；如侧隙过大，可使大齿轮沿轴向移进
低接触 高接触 高低接触	直齿锥齿轮	（2）小齿轮接触太低，大齿轮太高。原因同（1），但误差方向相反	（2）将小齿轮沿轴向移进；如侧隙过小，则将大齿轮沿轴向移出
低接触 高接触 高低接触	直齿锥齿轮	（3）在同一齿的一侧接触区高，另一侧低。如小齿轮定位正确且侧隙正常，则为加工不良所致	（3）装配无法调整，需调换零件。若只做单向传动，可按（1）或（2）调整，可考虑另一齿侧的接触情况
 小端接触 同向偏接触	直齿及其他锥齿轮	（1）两齿轮的齿两侧同在小端接触，由于轴线交角太大而造成	不能用一般方法调整，必要时修刮轴瓦
小端接触 同向偏接触	直齿及其他锥齿轮	（2）同在大端接触，由于轴线交角太小而造成	不能用一般方法调整，必要时修刮轴瓦
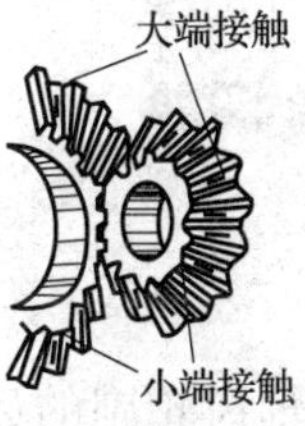 大端接触 小端接触 异向偏接触	直齿锥齿轮及弧齿锥齿轮	大、小齿轮在齿的一侧接触于大端，另一侧接触于小端。由于两轴线有偏移	应检查零件加工误差，必要时修刮轴瓦

子课题 2　蜗杆传动机构的装配与调整

1. 了解蜗杆传动的组成和分类。
2. 掌握蜗杆传动机构的装配。
3. 掌握蜗杆传动机构的调整。

蜗杆传动主要用于传递空间垂直交错两轴间的运动和动力。蜗杆传动具有传动比大、结构紧凑等优点，广泛应用在机床分度机构、汽车、仪器、起重运输机械、冶金机械及其他机械设备中。

一、蜗杆传动的组成

图 2—3—7 所示为蜗轮蜗杆减速机，从图中可以看出，蜗杆传动由蜗杆和蜗轮组成，通常由蜗杆（主动件）带动蜗轮（从动件）转动，并传递运动和动力，其两轴线在空间一般相交成 90°。蜗轮和蜗杆都是一种特殊的斜齿轮。

1．蜗杆结构

蜗杆通常与轴合为一体，其结构如图 2—3—8 所示。

图 2—3—7　蜗轮蜗杆减速机

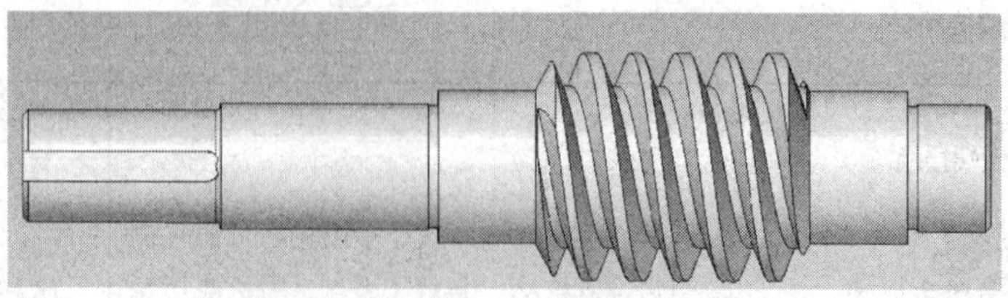

图 2—3—8　蜗杆结构

蜗杆是只具有一个或几个螺旋齿，并且与蜗轮啮合而组成交错轴齿轮副的齿轮。其分度曲面可以是圆柱面、圆锥面或圆环面。

2. 蜗轮结构

蜗轮通常采用组合结构，其连接方式有铸造连接、过盈配合连接和螺栓连接，结构分别如图 2—3—9 所示。

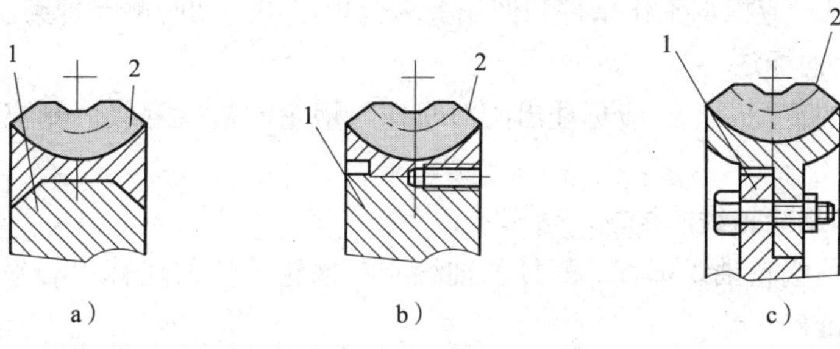

图 2—3—9 蜗轮结构

a）铸造连接 b）过盈配合连接 c）螺栓连接

1—轮心 2—轮齿

二、蜗杆的分类

蜗杆的分类见表 2—3—2。

表 2—3—2 **蜗杆的分类**

<table>
<tr><td rowspan="5">按蜗杆形状不同</td><td rowspan="3">圆柱蜗杆</td><td>阿基米德蜗杆（应用广泛）</td></tr>
<tr><td>渐开线蜗杆</td></tr>
<tr><td>法向直廓蜗杆</td></tr>
<tr><td colspan="2">环面蜗杆</td></tr>
<tr><td colspan="2">锥蜗杆</td></tr>
<tr><td rowspan="2">按蜗杆旋向不同</td><td colspan="2">右旋蜗杆</td></tr>
<tr><td colspan="2">左旋蜗杆</td></tr>
<tr><td rowspan="2">按蜗杆头数不同</td><td colspan="2">单头蜗杆</td></tr>
<tr><td colspan="2">多头蜗杆</td></tr>
</table>

三、蜗杆传动的精度要求

1. 蜗杆传动的精度

按国家标准《圆柱蜗杆、蜗轮精度》（GB/T 10089—1988）的规定，蜗杆传动有 12 个精度等级，第 1 级精度最高，第 12 级精度最低。按照能对传动性起保护作用的公差特性，可将公差分成三个公差组，每一公差组都分别对蜗杆、蜗轮和传动副的安装精度提出要求。根据使用要求不同，允许各公差组选用不同的精度等级组合，但在同一公差组中，各项公差与极限偏差应保持相同的精度等级。蜗杆与配对蜗轮的精度等级一般取成相同，也允许取成不同。

2. 蜗杆传动侧隙规定

按国家标准《圆柱蜗杆、蜗轮精度》（GB/T 10089—1988）的规定，蜗杆传动的侧隙共分八种：a、b、c、d、e、f、g 和 h。最小法向侧隙值以 a 为最大，其他依次减小，一直到 h 为 0。选择时，应根据工作条件和使用要求合理选用传动的侧隙种类。

3. 装配图上的标注

在蜗杆传动的装配图上，应标注出配对蜗杆与蜗轮的精度等级、侧隙种类代号和国标代号。

4. 对蜗杆和蜗轮轴线的要求

蜗杆轴线应与蜗轮轴线垂直，蜗杆的轴线应在蜗轮轮齿的对称中心平面内，蜗杆、蜗轮间的中心距要准确。

四、蜗杆传动机构的装配

1. 蜗杆传动机构的装配顺序

蜗杆传动机构的装配顺序按其结构特点的不同，有的应先装蜗杆，后装蜗轮；有的则相反。一般情况下，装配工作是从蜗轮开始的，其步骤如下：

（1）将蜗轮齿圈 1 压装在轮毂 2 上，并用螺钉加以紧固，如图 2—3—10 所示。

（2）将蜗轮装在轴上，其安装及检验方法与圆柱齿轮相同。

（3）把蜗杆装入箱体，一般蜗杆轴线的位置是由箱体安装孔所决定的。然后再将蜗轮装入箱体，通过调整垫圈厚度或其他方式来调整蜗轮的轴向位置，使蜗杆轴线位于蜗轮轮齿的对称中心平面内。

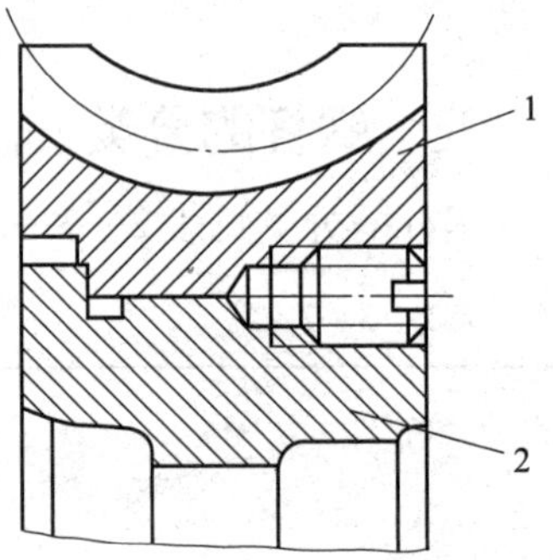

图 2—3—10　组合式蜗轮
1—齿圈　2—轮毂

2. 装配蜗杆传动机构可能产生的三种误差

装配蜗杆传动机构可能产生的三种误差如图 2—3—11 所示。另外，为了确保蜗杆传动机构的装配要求，装配前先要对蜗杆孔轴线与蜗轮孔轴线中心距误差和垂直度误差进行检验，即对蜗杆箱体进行检验。

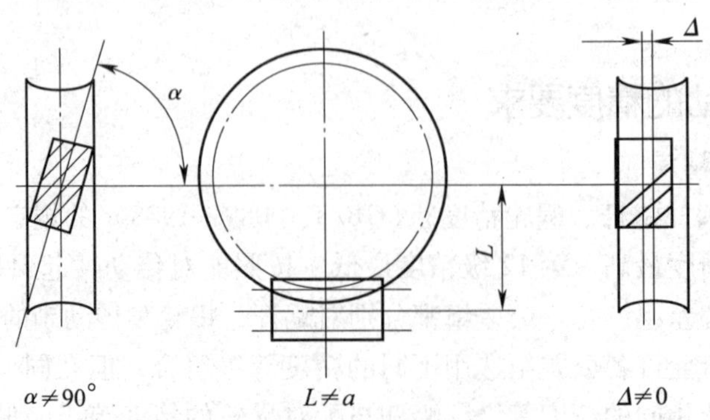

图 2—3—11　蜗杆传动机构的不正确啮合情况

检验蜗杆箱体孔中心距时，可按图 2—3—12 所示的方法进行测量。测量两心轴至平板的距离，即可算出中心距 a。

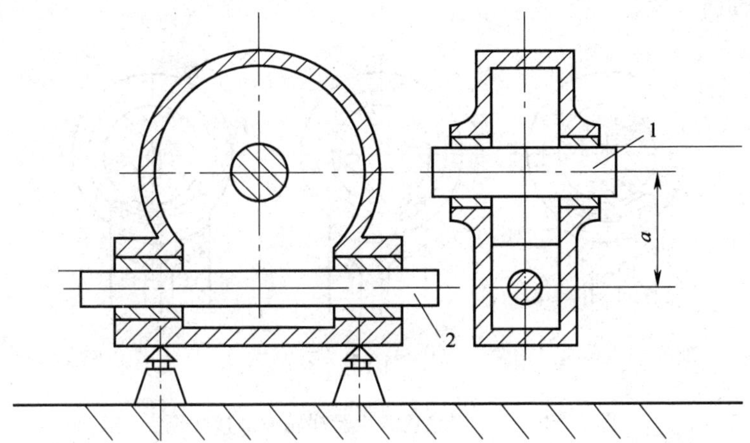

图 2—3—12　检验蜗杆箱体孔中心距

1、2—心轴

检验轴线间的垂直度误差时，可按图 2—3—13 所示的方法进行测量。测量时，旋转心轴 2，指示表上的读数差即为轴线的垂直度误差。

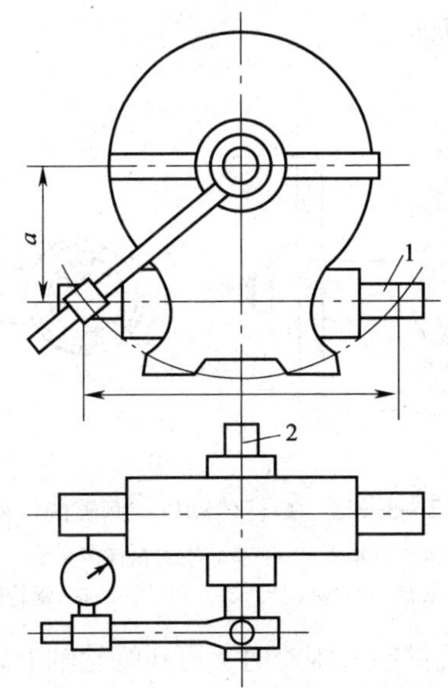

图 2—3—13　检验蜗杆箱轴线的垂直度误差

1、2—心轴

五、蜗杆传动机构的调整

1. 蜗轮轴向位置及接触斑点的检验

用涂色法检验，先将红丹粉涂在蜗杆的蜗旋面上，并转动蜗杆，可在蜗轮轮齿上获得接触斑点，如图 2—3—14 所示。图 2—3—14a 所示为正确接触，其接触斑点应在蜗轮中部稍偏于蜗杆旋出方向的位置。图 2—3—14b、c 所示的蜗轮轴向位置不对，应通过配磨垫片来调整蜗轮的轴向位置。

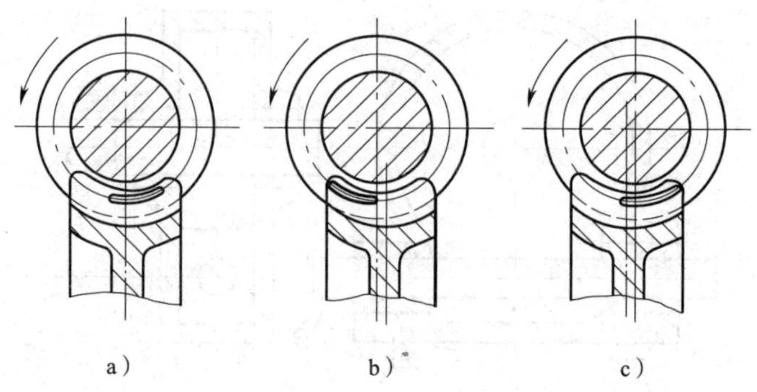

图 2—3—14 用涂色法检验蜗轮齿面接触斑点

a）正确 b）蜗轮偏右 c）蜗轮偏左

2．齿侧间隙的调整

由于蜗杆传动机构的结构特点，用压铅丝或塞尺的方法测量齿侧间隙比较困难，一般要用指示表测量，如图 2—3—15 所示。在蜗杆轴上固定一带量角器的刻度尺 2，指示表测头抵在蜗轮齿面上，用手转动蜗杆，在指示表指针不动的条件下，用刻度盘相对固定指针 1 的最大转角即可判断侧隙的大小。

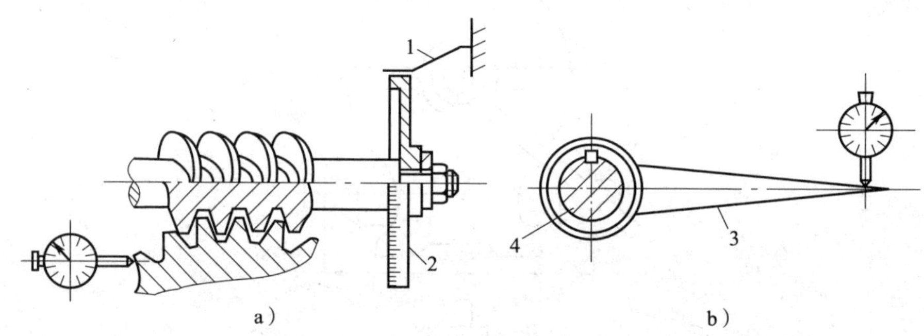

图 2—3—15 蜗杆传动机构侧隙的检验

a）直接测量法 b）用测量杆测量法

1—指针 2—刻度尺 3—测量杆 4—蜗轮轴

若用指示表直接与蜗轮齿面接触有困难时，可在蜗轮轴上装一测量杆 3，如图 2—3—15b 所示。

侧隙与转角有以下关系：

$$c_n = z_1 \pi m \frac{\alpha}{360^\circ}$$

式中 c_n——侧隙，mm；

z_1——蜗杆头数；

m——模数，mm；

α——空程转角，(°)。

课题四　轴承和轴组的装配

子课题1　滚动轴承的装配与调整

学习目标

1. 了解滚动轴承的配合。
2. 熟悉滚动轴承的预紧和游隙的调整。
3. 掌握滚动轴承的装配方法。

轴承（见图2—4—1）是用于支承转动轴及轴上零件的部件，用于减少旋转体与支承体之间相对转动时所产生的摩擦与磨损。

图2—4—1　深沟球轴承

1—外圈　2—密封圈　3—内圈　4—保持架　5—引导环　6—滚动体

一、滚动轴承的配合

1. 滚动轴承配合简介

滚动轴承是专业厂大量生产的标准件，其内孔和外径出厂时均已确定，因此，轴承的内径与轴的配合应为基孔制，外径与外壳孔的配合应为基轴制。配合的松紧程度由轴和外壳孔的尺寸公差来保证。轴和外壳孔公差带与轴承内径和外径公差带的相对位置如图2—4—2和图2—4—3所示。图中，Δd_{mp}为轴承内径公差，ΔD_{mp}为轴承外径公差。

2. 滚动轴承配合选择的基本原则

（1）配合类型的选择

1）相对于负荷方向为旋转的套圈与轴或外壳孔，应选择过渡配合或过盈配合。过盈量的大小以轴承在负荷下工作时，其套圈在轴上或外壳孔内的配合表面上以不产生爬行现象为原则。

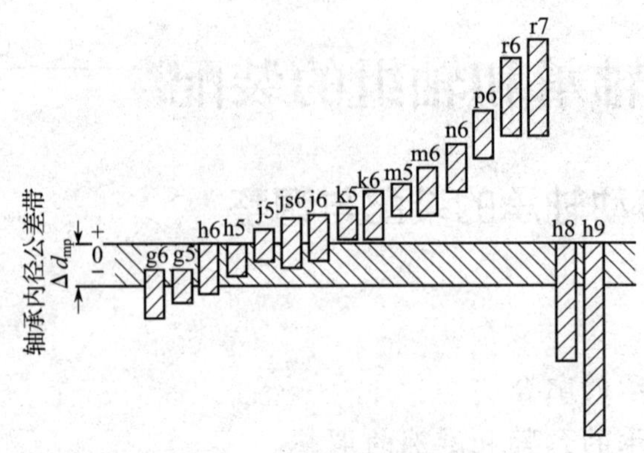

图 2—4—2　轴与轴承内孔的配合

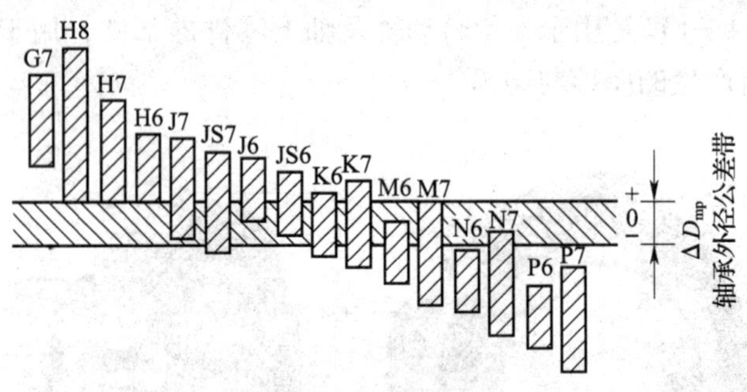

图 2—4—3　外壳孔与轴承外径的配合

2）对于重负荷场合，通常应比轻负荷和正常负荷场合紧些。负荷越重，其配合过盈量应越大。

（2）公差等级的选择

1）选择公差等级应与轴或外壳孔的公差等级及轴承精度有关。如与 P0 级精度轴承配合的轴，其公差等级一般为 IT6，外壳孔一般为 IT7。

2）对旋转精度和运动平稳性有较高要求的场合（如电动机等），应选择轴为 IT5，外壳孔为 IT6。

（3）公差带的选择

1）轴公差带的选择。在大多数场合，轴旋转且径向负荷方向不变，即轴承内圈相对于负荷方向为旋转的场合，一般应选择过渡配合或过盈配合。轻负荷（电气仪表、机床主轴、精密机械、泵等）采用 h5、j6、k6、m6，正常负荷（一般通用机械、电动机、泵、内燃机变速箱、木工机械）采用 j5、m5、m6、n6、p6，重负荷（铁路车辆和电车的轴箱、牵引电动机、轧机、破碎机等机械）采用 n6、p6、r6、r7。静止轴且径向负荷方向不变，即轴承内圈相对于负荷方向是静止的场合，可选择过渡配合或较小的间隙配合。

2）外壳孔公差带的选择。安装向心轴承时，外圈相对于负荷方向为静止时，在轻负荷、正常负荷、重负荷工作条件下，采用 G7、H7；当受冲击负荷时，采用 J7；对于负荷方向摆动或旋转的外圈，应避免采用间隙配合。

二、滚动轴承游隙的检测和轴承的预紧

1. 滚动轴承游隙的检测

滚动轴承游隙分为径向游隙和轴向游隙。固定一个套圈，则另一个套圈沿径向的最大活动量称为径向游隙，沿轴向的最大活动量称为轴向游隙。两类游隙之间有密切关系，一般来说，径向游隙越大，则轴向游隙也越大；反之，径向游隙越小，轴向游隙也越小。

轴承游隙的检测不仅能增加轴承装配后的刚度，而且也能提高轴承安装后的精度。通常用于机床主轴的轴承基本都要通过施加预加载荷进行检测，以确定内、外隔圈的精度和配合尺寸。从理论上讲，轴承在安全运转状态下，稍微有点负的运转游隙可以延长轴承的使用寿命。不同结构和精度的轴承，其游隙标准是有所不同的，查表可得各种精度轴承游隙的范围。轴承游隙的检测可用以下方法：检测时根据轴承的型号和要求选择相应的测量架和配重，按规定的位置放置，然后用指示表分别测量轴承内、外圈轴向和径向的最大与最小跳动量，在记录数字的同时做好记号。目的是消除游隙，并为轴承的定向装配提供准确的数据。

轴承游隙过大，将使同时承受负荷的滚动体减少，轴承使用寿命缩短。同时，还将降低轴承的旋转精度，引起振动和噪声，负荷有冲击时，这种影响尤为明显。轴承游隙过小，则易发热磨损，也会缩短轴承使用寿命。因此，按工作状态适当地选择游隙，是保证轴承正常工作、延长轴承使用寿命的重要举措之一。

轴承在装配过程中，控制和调整游隙的方法是先使轴承实现预紧，使游隙为零。然后，再将轴承的内圈或外圈做适当的、相对的轴向移动，其位移量即为轴向游隙值。

2. 轴承的预紧

在装配角接触球轴承或深沟球轴承时，如给轴承内圈或外圈以一定的轴向预负荷，这时内、外圈将产生相对位移，如图 2—4—4 所示。消除了内、外圈与滚动体的游隙，并产生了初始的接触弹性变形，这种方法称为预紧。预紧后的轴承能控制正确的游隙，从而提高轴的旋转精度。

轴承预紧的方法包括以下几种：

（1）用轴承内、外垫圈厚度差实现预紧。如图 2—4—5 所示的角接触球轴承用不同厚度的垫圈能得到不同的预紧力。

（2）用弹簧实现预紧。如图 2—4—6 所示，调整螺柱，改变弹簧力的大小来调整预紧力。

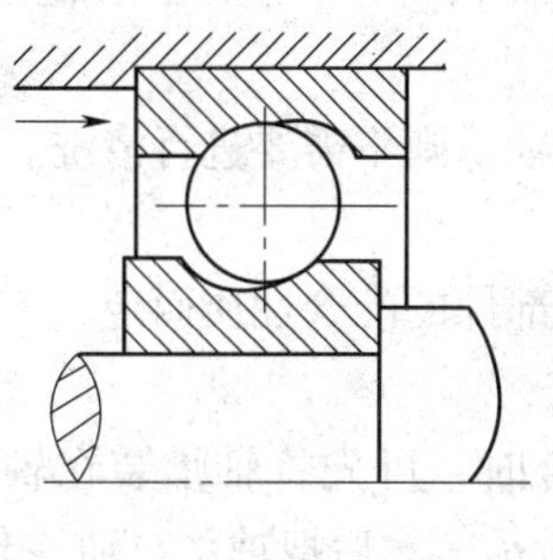

图 2—4—4 预紧原理

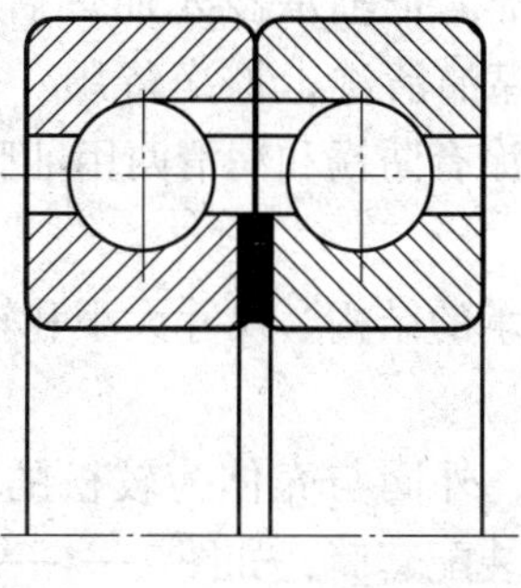

图 2—4—5 用不同厚度垫圈的预紧方法

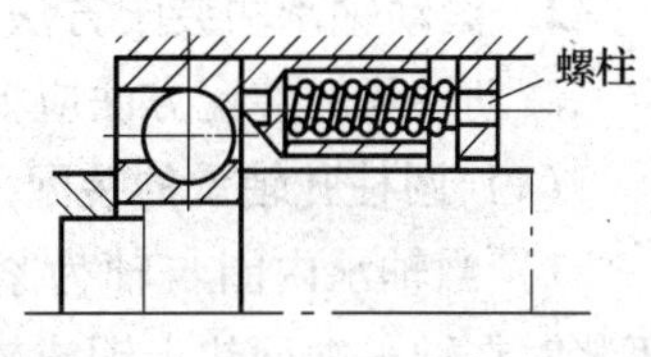

图 2—4—6 用弹簧实现预紧的方法

（3）磨窄两轴承的内圈或外圈。如图 2—4—7 所示，图中有三种形式，只要适当对轴承内圈、外圈施以正确的轴向力即可实现预紧。

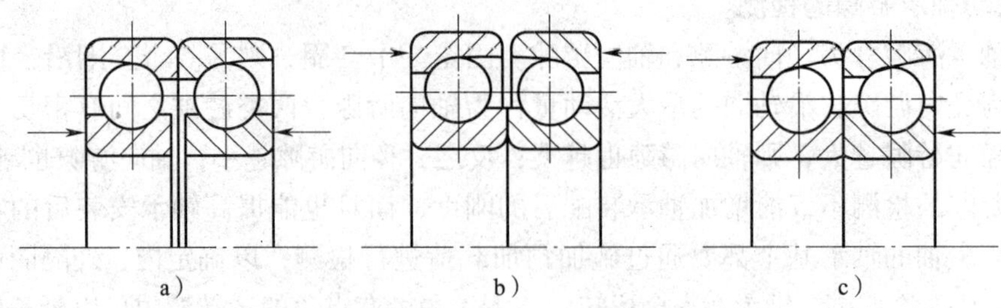

图 2—4—7　通过磨窄两轴承的内圈或外圈的方法实现预紧
a）磨窄内圈　b）磨窄外圈　c）外圈宽、窄相对安装

（4）调整轴承锥形孔内圈的轴向位置实现预紧。如图 2—4—8 所示，拧紧螺母可以使锥形孔内圈往轴颈大端移动，使内圈直径增大，形成预负荷实现预紧。

三、滚动轴承的装配

1. 装配前的准备工作

滚动轴承是一种精密部件，其套圈和滚动体有较高的精度和较小的表面粗糙度值。认真做好装配前的准备工作是保证装配质量的重要环节。

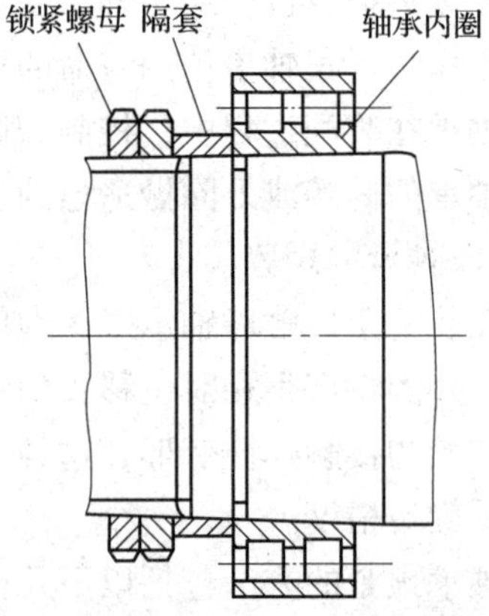

图 2—4—8　调整轴承锥形孔内圈轴向位置的预紧方法

（1）按所装轴承，准备好所需的工具和量具。

（2）按图样要求检查与轴承相配的零件，如轴、外壳、端盖等表面是否有凹陷、毛刺、锈蚀和固体微粒。

（3）用汽油或煤油清洗与轴承相配的零件，并用干净的布擦净，然后涂上一层薄油。

（4）检查轴承型号与图样要求是否一致。

（5）清洗轴承时，如轴承是用防锈油封存的，可用汽油或煤油清洗；如用厚油和防锈油脂防锈的轴承，可用轻质矿物油加热后清洗。把轴承浸入加热后的油内，待防锈油脂熔化后即从油中取出，冷却后再用汽油或煤油清洗，擦净待用。

对于两面带防尘盖、密封圈或涂有防锈和润滑两用油脂的轴承则不需要进行清洗。

2. 滚动轴承的装配方法

滚动轴承的装配方法应根据轴承的结构、尺寸大小和轴承部件的配合性质而定。

（1）圆柱孔轴承的装配

1）当轴承内圈与轴为紧配合，外圈与壳体为较松的配合时，可先将轴承装在轴上。压装时在轴承端面垫上铜或软钢的装配套筒，如图 2—4—9a 所示，然后把轴承与轴一起装入壳体中。

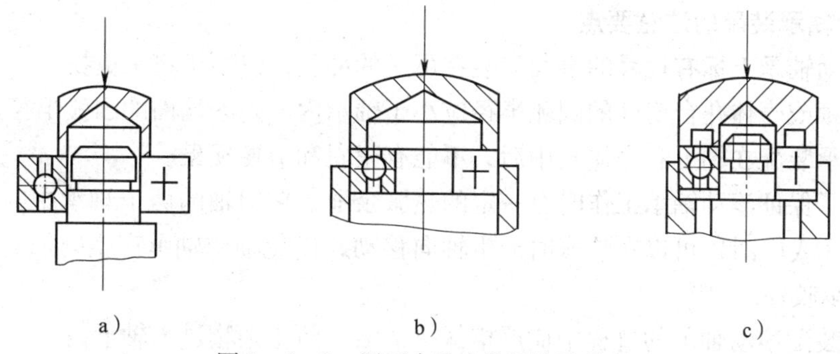

a）　　b）　　c）

图 2—4—9　用压力法安装圆柱孔轴承

2）当轴承外圈与壳体孔为紧配合，内圈与轴为较松的配合时，应先将轴承压入壳体孔中，如图 2—4—9b 所示。

3）当轴承内圈与轴、外圈与壳体孔都是紧配合时，装配套筒的端面应做成能同时压紧轴承内、外圈端面的圆环，如图 2—4—9c 所示，使压力同时传到内、外圈上，把轴承压入轴上和壳体孔中。

4）对于圆锥滚子轴承，因其内、外圈可分离，可以分别把内圈装在轴上、外圈装在壳体孔中，然后再调整游隙，如图 2—4—10 所示。

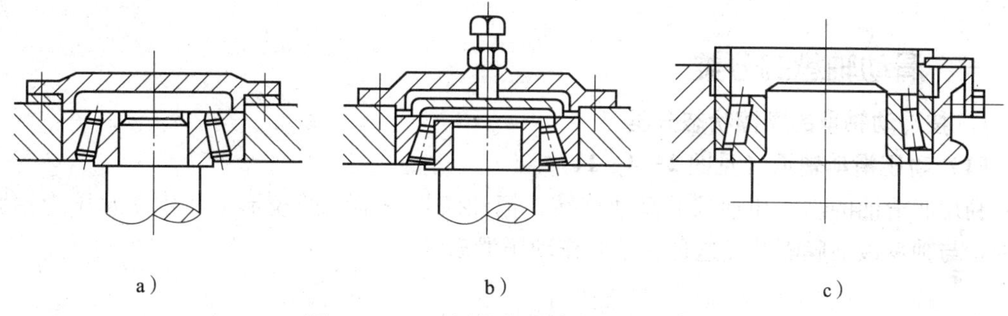

a）　　b）　　c）

图 2—4—10　圆锥滚子轴承游隙的调整

压入轴承时采用的方法和工具可根据配合过盈量的大小确定。

当配合过盈量较小时，不可直接锤击轴承端面和非受力面，可在安装表面涂润滑油，用压块、套筒或其他安装工具使轴承均匀受力，切勿通过滚动体传递安装力。

当配合过盈量较大时，可用压力机压入。用压入法压入时应放上套筒。

当过盈量过大时，可用温差法装配。将轴承放在简单的油浴中加热至 80 ~ 100℃，然后进行装配。轴承加热时放在油槽内的网格上，网格与箱底应有一定的距离，以避免轴承接触到比油温高得多的箱底而形成局部过热，也避免使轴承与箱底沉淀的污物接触。对于小型轴承，可以挂在吊钩上在低于 90℃的油中加热。

（2）圆锥孔轴承的装配

圆锥孔的轴承可以直接装在有锥度的轴颈上，或装在紧定套和推卸套的锥面上。

（3）推力球轴承的装配

对于推力球轴承，装配时应注意区分紧环和松环。松环的内孔比紧环的内孔大，故紧环应靠在与轴相对静止的面上。

3. 滚动轴承装配的注意要点

（1）滚动轴承上标有代号的端面应装在可见的部位，以便于将来更换。

（2）轴颈或壳体孔台肩处的圆弧半径应小于轴承内、外圈端面的圆弧半径。

（3）轴承装配在轴上和壳体孔中后，不能有歪斜和卡住现象。

（4）为了保证滚动轴承工作时有一定的热胀余地，在同轴的两个轴承中，必须有一个轴承的外圈（或内圈）可以在热胀时产生轴向移动，以免轴或轴承产生附加应力，甚至在工作时使轴承咬住。

（5）在装配滚动轴承的过程中应严格保持清洁，防止杂物进入轴承内。

（6）装配后，轴承应运转灵活，无异常噪声，工作时温度不超过50℃。

子课题2　滑动轴承的装配

学习目标

1. 了解滑动轴承的分类和特点。
2. 掌握滑动轴承的装配。

一、滑动轴承的分类

1. 按滑动轴承的摩擦状态分类

（1）动压滑动轴承（见图2—4—11）

利用润滑油的黏性和轴颈的高速旋转，把油液带进轴承的楔形空间建立起压力油膜，使轴颈与轴承被油膜隔开，这种轴承叫作动压滑动轴承。

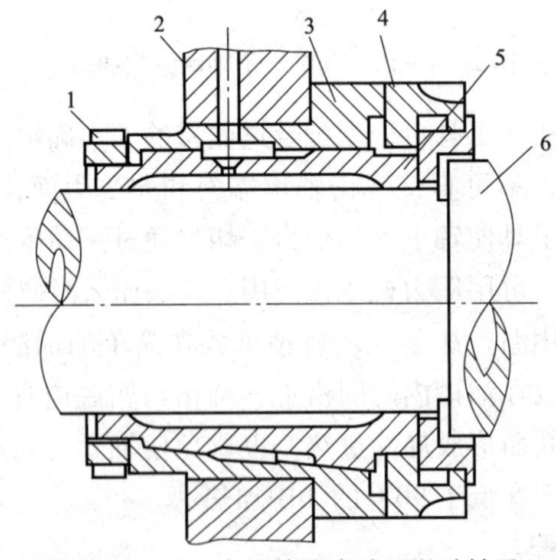

图2—4—11　内柱外锥式动压滑动轴承

1—后螺母　2—箱体　3—轴承外套　4—前螺母　5—轴承　6—轴

（2）静压滑动轴承（见图2—4—12）

将压力油强制送入轴和轴承的配合间隙中，利用液体静压力支承载荷的滑动轴承叫作静压滑动轴承。

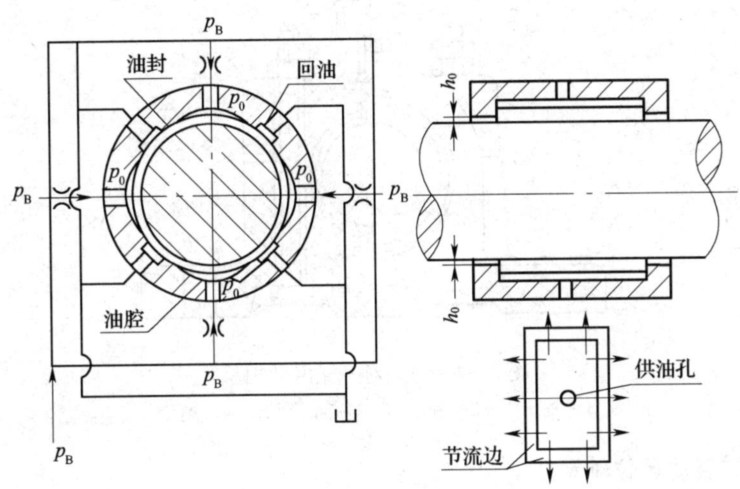

图 2—4—12　静压滑动轴承

2. 按滑动轴承的结构分类

(1) 整体式滑动轴承

如图 2—4—13 所示，整体式滑动轴承的主要结构是在轴承座内压入一个青铜轴套，套内开有油槽、油孔，以便润滑轴承配合面。

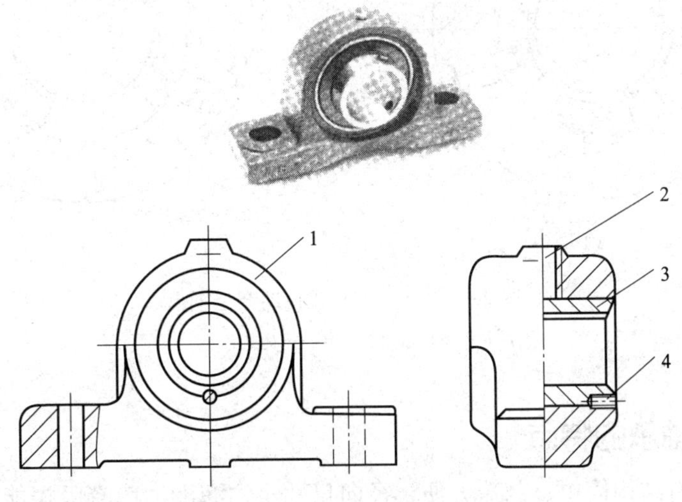

图 2—4—13　整体式滑动轴承

1—轴承座　2—润滑孔　3—轴套　4—紧定螺钉

(2) 对开式滑动轴承

如图 2—4—14 所示，对开式滑动轴承主要由轴承座、轴承盖、两个对开轴瓦、垫片及螺栓组成。

(3) 锥形表面滑动轴承

锥形表面滑动轴承有内锥外柱式和内柱外锥式（见图 2—4—11）两种。

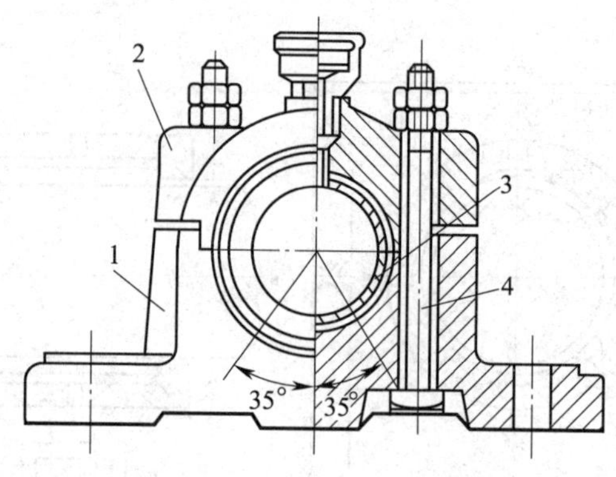

图 2—4—14 对开式滑动轴承

1—轴承座 2—轴承盖 3—剖分轴瓦 4—螺栓

(4) 多瓦式自动调位轴承

如图 2—4—15 所示，多瓦式自动调位轴承有三瓦式和五瓦式两种，而轴瓦又分为长轴瓦和短轴瓦两种。

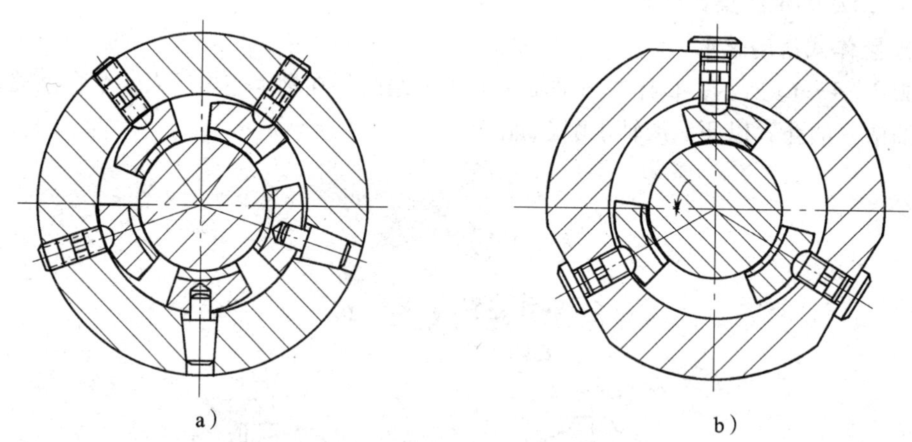

图 2—4—15 多瓦式自动调位轴承

a) 五瓦式 b) 三瓦式

二、滑动轴承的特点

滑动轴承具有结构简单、制造方便、径向尺寸小、润滑油膜有吸振能力、能承受较大的冲击载荷的特点。滑动轴承工作平稳，无噪声，在保证液体摩擦的情况，轴可长期高速运转，因此，目前在许多机床上仍然应用较广泛。

三、滑动轴承的装配

对滑动轴承装配的要求，主要是轴颈与轴承孔之间获得所需要的间隙和良好的接触，使轴在轴承中运转平稳。

滑动轴承的装配方法取决于它们的结构形式。

1. 整体式滑动轴承的装配

整体式向心滑动轴承又称为轴套，其装配工艺要点如下：

(1) 装配前准备

将符合要求的轴套和轴承孔除去毛刺，擦洗干净后，在轴套外径或轴承座孔内涂抹全损耗系统用油。

(2) 压入轴套

压入时可根据轴套的尺寸和配合时过盈量的大小选择压入方法。当尺寸和过盈量较小时，在垫板保护下可用锤子间接敲入；当尺寸和过盈量较大时，宜用压力机压入或用拉紧夹具把轴套压入机体中。压入时，注意轴套上的油孔应与机体上的油孔对准。

(3) 轴套定位

在压入轴套后，对要承受较大负荷的滑动轴承的轴套，还要用紧定螺钉或定位销固定，定位方式如图 2—4—16 所示。

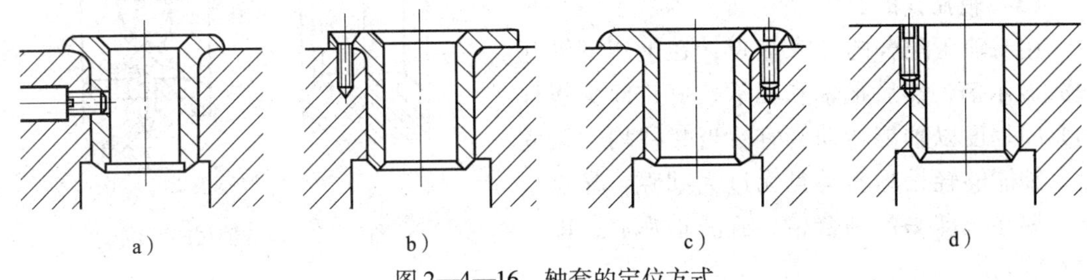

图 2—4—16　轴套的定位方式

a) 径向紧定螺钉固定　b) 端面铆钉固定　c) 端面沉头螺钉固定　d) 骑缝螺钉固定

(4) 轴套的修整

对于整体的薄壁轴套，压装后内孔易发生变形，如内孔缩小或变成椭圆形，可用铰削和刮削等方法对轴套孔进行修整。

2. 对开式滑动轴承的装配

对开式滑动轴承的结构如图 2—4—17 所示，其装配工艺要点如下：

(1) 轴瓦与轴承座、轴承盖的装配

上、下轴瓦与轴承座、轴承盖在装配时，应使轴瓦背与座孔接触良好。如不符合要求，对厚壁轴瓦则以座孔为基准刮削轴瓦背部。同时应注意轴瓦的台肩紧靠座孔的两端面应达到 H7/f7 配合，如太紧也需要进行修刮。对于薄壁轴瓦则无须修刮，只要进行选配即可。为了达到配合要求，轴瓦的剖分面应比轴承体的剖分面高出一些，其值为 $\Delta h = \frac{\pi\delta}{4}$（$\delta$ 为轴瓦与机体孔的配合过盈量），一般 Δh 取 0.05 ~ 0.10 mm，如图 2—4—18 所示。轴瓦装入时，在剖分面上应垫上木板，用锤子轻轻敲入，以避免将剖分面敲毛，影响装配质量。

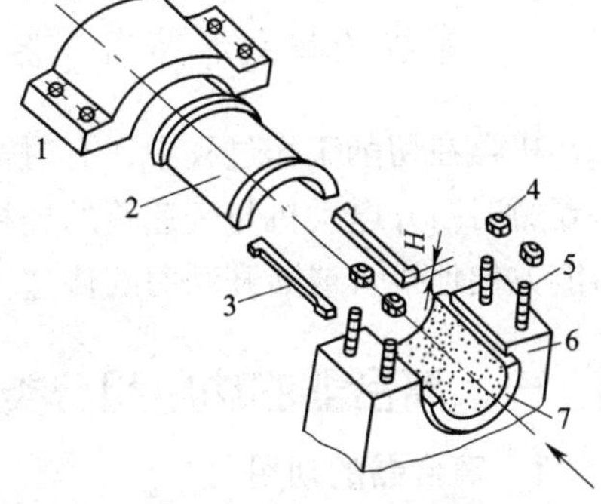

图 2—4—17　对开式滑动轴承的结构

1—轴承盖　2—上轴瓦　3—垫片

4—螺母　5—双头螺柱

6—轴承座　7—下轴瓦

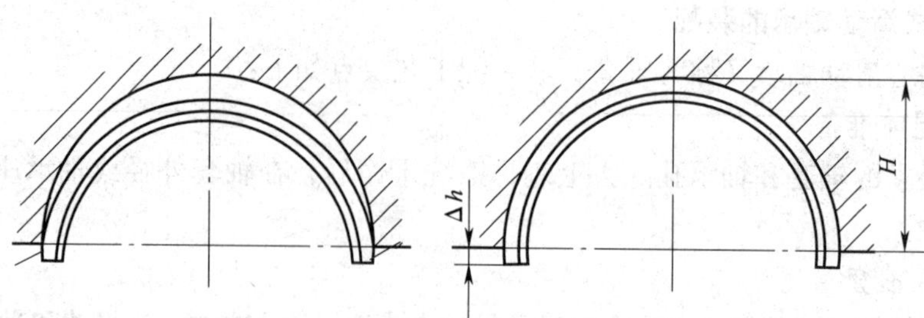

图 2—4—18　薄壁轴瓦的配合

（2）轴瓦的定位

轴瓦安装在机体中，无论在径向和轴向都不允许有位移，通常可用定位销和轴瓦上的凸台来止动，如图 2—4—19 所示。

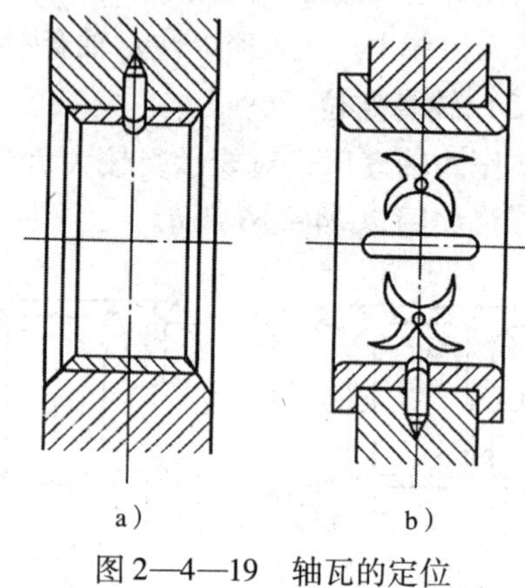

图 2—4—19　轴瓦的定位

（3）轴瓦孔的配刮

用与轴瓦配合的轴来显点，在上、下轴瓦内涂显示剂，然后把轴和轴承装好，双头螺柱的紧固程度以轴能转动为宜。当螺柱均匀紧固后，轴能够轻松地转动且无过大间隙，显点也达到要求，即为配刮合格。清洗轴瓦后，即可重新装入。

子课题 3　离合器的装配与调整

学习目标

1. 了解离合器的功用和分类。
2. 熟悉离合器装配的技术要求。
3. 掌握圆锥式摩擦离合器和多片式摩擦离合器的装配与调整。

机器在切削工作过程中，有时需要换挡变速，为保持换挡时的平稳，减少冲击和振动，需要暂时断开电动机与变速箱的连接，待换挡变速后再逐渐接合，这就需要离合器，离合器能方便地接合或断开动力的传递。

一、离合器的功用和分类

1. 离合器的功用

离合器主要用于连接两轴，使其一起转动并传递转矩，通常用于机械传动系统的启动、停止、换向和变速等操作。

2. 离合器的分类

离合器的类型很多，一般机械式离合器有啮合式和摩擦式两大类。常用离合器的类型、结构特点及应用见表 2—4—1。

表 2—4—1 常用离合器的类型、结构特点及应用

类型	图示	结构特点	应用
啮合式离合器	1 2	由端面带牙的两个半离合器 1、2 组成，通过啮合的齿来传递转矩。工作时利用操纵杆带动滑环使半离合器 2 做轴向移动，从而实现离合器的分离和接合。其结构简单，尺寸小，操作方便，能传递较大的转矩	适用于低速或停机时的接合
齿形离合器		利用内、外齿组成嵌合副的离合器，操作方便	多用在机床变速箱中
摩擦式离合器		操纵滑环使主动盘、从动盘压紧或松开，从而实现两轴的接合和分离。其结构简单，接合平稳，散热性好，冲击和振动小，有过载保护作用；但传递的转矩较小	用于经常启动、制动或频繁改变速度大小和方向的机械，如汽车、拖拉机等
超越式离合器	1 2 3 4 1—星轮 2—空套齿轮 3—滚柱 4—弹簧	图示为滚柱式超越离合器，若星轮为主动件，当它做顺时针方向转动时，因滚柱被楔紧而使离合器处于接合状态；当它做逆时针方向转动时，因滚柱被放松而使离合器处于分离状态。若外圈为主动件，则情况刚好相反。特点是接合和分离平稳，无噪声，可在高速运转中接合	广泛用在金属切削机床、汽车、摩托车和各种起重设备的传动装置中

二、离合器装配的技术要求

离合器装配的主要技术要求：在接合或分开时离合器的动作要灵敏，能够传递足够的转矩，工作平稳、可靠。对于摩擦离合器，应解决发热和磨损补偿等问题。

三、摩擦离合器的装配

1. 圆锥式摩擦离合器

圆锥式摩擦离合器如图 2—4—20 所示，装配时必须采用涂色法检查两圆锥面的接触情况，色斑应该均匀地分布在整个圆锥表面上（见图 2—4—21a）。如果色斑靠锥顶（见图

2—4—21b)，则表示锥体角度不准确，此时必须用研磨、刮削或磨削的方法来修整。装配后，摩擦力的大小可通过转动可调节轴5左端的螺母2进行调节。当中间的弹簧压力增大时，两个锥面3、4之间产生的摩擦力也相应增加。当转动手柄1到离合器“分开”位置时，两锥面必须能顺利地分离。

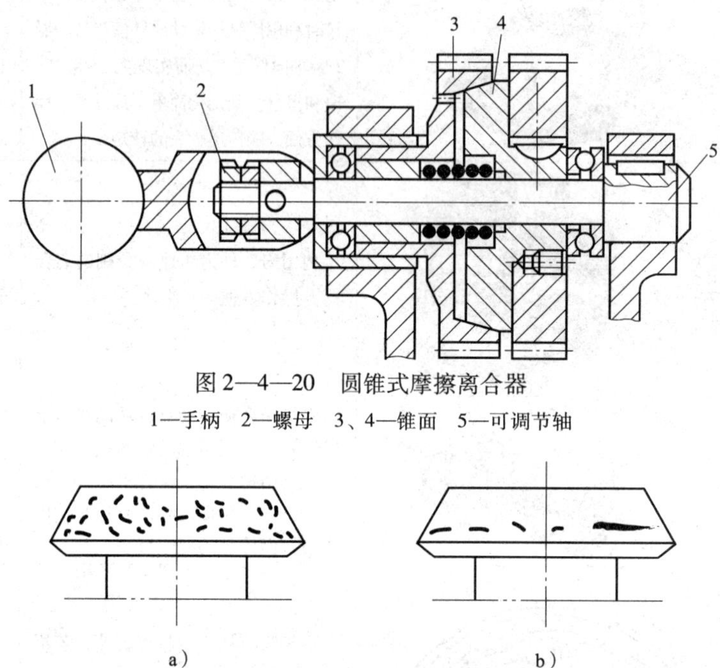

图2—4—20 圆锥式摩擦离合器

1—手柄 2—螺母 3、4—锥面 5—可调节轴

a) b)

图2—4—21 锥面上色斑分布情况

2. 片式摩擦离合器

片式摩擦离合器（见图2—4—22）要求装配后松开的时候间隙要适当。如间隙太大，操作时会压紧不够，内、外摩擦片会打滑，传递转矩不够，摩擦片也容易发热、磨损。如间隙太小，操作时压紧费力，且失去保险作用；停机时，摩擦片不易脱开，严重时可导致摩擦片烧坏。

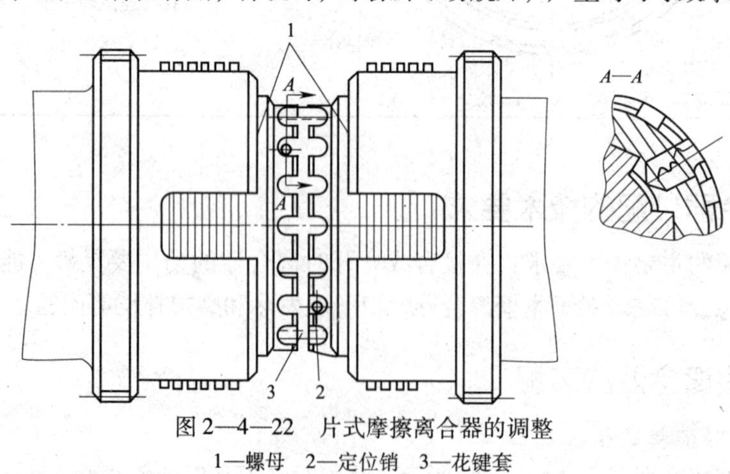

图2—4—22 片式摩擦离合器的调整

1—螺母 2—定位销 3—花键套

调整方法是先将定位销2压入螺母1的缺口下，然后转动螺母1调整间隙。调整后，要使定位销弹出，以防止螺母在工作中松脱。

四、多片式摩擦离合器的调整

1. 多片式摩擦离合器的工作原理

如图 2—4—23 所示，离合器的内摩擦片与轴以花键孔相连接，随轴一起转动。外摩擦片空套在轴上，其外圆有四个凸缘，分别卡在正、反转齿轮的四个缺口中（正、反转齿轮在轴上是空套的）。内、外摩擦片相间排列，正转摩擦片数多一些，反转摩擦片数少一些。

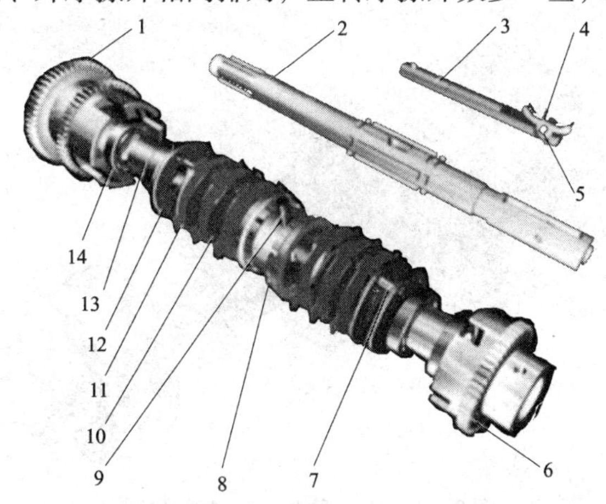

图 2—4—23　多片式摩擦离合器

1—双联齿轮　2—轴　3—拉杠　4—元宝块　5—销轴　6—单联齿轮　7、9—销钉
8—螺母　10—内摩擦片　11—外摩擦片　12—止推环　13—轴承隔套　14—轴承

如图 2—4—24 所示，当操纵手柄处于中间位置（停止位置）时，滑套也处于中间位置，正、反转摩擦片均处于自由状态，主轴停转。当操纵手柄向上抬起时，经连杆使扇形齿轮顺时针转动，带动齿条向右移动，经拨叉带动滑环向右移动，压迫摆杆绕支点销摆动，下端则拨动拉杆向左移动，使正转摩擦片被压紧，主轴正转。当操纵杆向下压时，使反转摩擦片被压紧，主轴反转。

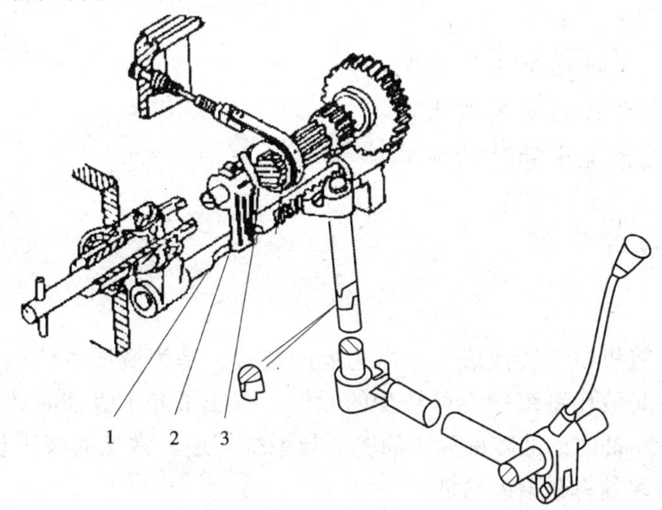

图 2—4—24　操纵机构

1—左端（主轴正转）　2—中间位置（停止）　3—右端（主轴反转）

2. 离合器摩擦片的调整方法

在图 2—4—25 中，先将弹簧销从加压套的缺口中按下，然后转动螺母，使其相对于螺圈做少量的轴向移动，即可改变摩擦片的间隙。摩擦片间隙合理的标准如下：机床停止时内、外摩擦片能完全脱开；主轴在最大切削力情况下能正常转动，而不会有“闷车”现象。调整完毕，使弹簧销从加压套的任一缺口中弹出，以防止螺母在旋转中松脱。

图 2—4—25　摩擦离合器的调整

课题五　液压传动的装配

子课题 1　液压元件的安装

学习目标

1. 了解液压元件的类型及结构。
2. 熟悉液压元件的安装要求。
3. 掌握液压系统中管件的安装。

一、液压元件

1. 液压泵

液压泵是一种将机械能转换成流体压力能的装置，是为液压系统提供动力的动力源，又称驱动元件，它是液压系统中不可缺少的元件。液压泵处于吸油时的油腔称为吸油腔，与油箱连接；处于压油时的油腔称为压油腔，与系统相连。常见的液压泵有齿轮泵、叶片泵和柱塞泵等，本课题将介绍齿轮泵。

齿轮泵如图 2—5—1 所示，它是由一对齿轮以啮合方式进行工作的定量泵，按结构形式可分为外啮合齿轮泵和内啮合齿轮泵。

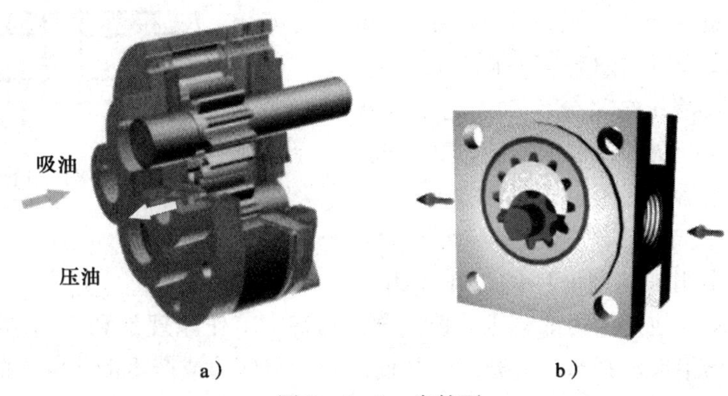

a） b）

图 2—5—1 齿轮泵

a）外啮合齿轮泵 b）内啮合齿轮泵

（1）外啮合齿轮泵（见图 2—5—1a）

在密封壳体内有一对啮合齿轮，齿轮的齿数、宽度相等，两侧有端盖罩住。壳体、端盖和齿轮的各个齿槽组成许多密封工作腔，又被以啮合点沿齿宽方向的接触线将其隔开形成左、右两个密封腔，即吸油腔和压油腔。在齿轮泵旋转工作时，齿轮脱开啮合的一侧形成局部真空，在大气压力的作用下，油箱里的油液经管道进入吸油腔，并进入齿槽，随齿轮转动将油带到左侧压油腔内，而齿轮另一侧进入啮合，此时齿槽容积变小，压油腔压力增大，齿槽内的油液被强行挤出，油从压油口输入系统。

（2）内啮合齿轮泵（见图 2—5—1b）

当主动轮旋转时，从动齿轮随之同方向旋转，在齿轮脱开处形成真空吸油，而齿轮进入啮合处油液被挤出，月形间隔板的作用是隔开吸油腔和压油腔，处于工作状态时将油液输入工作管路中。

2. 液压缸

液压缸是液压传动系统中的执行元件，它的作用是将液压能转换为机械能，驱动工作机构做直线往复运动或往复摆动。

液压缸结构简单，工作可靠，在各种机械的液压系统中应用广泛。

液压缸有多种形式，按其作用方式可分为单作用式和双作用式两大类。

单作用液压缸是指利用液压油推动活塞（柱塞）做一个方向运动，而反向运动则依靠重力或弹簧力等实现。它由缸体 1、活塞 2、活塞杆 3、缸盖 4 等组成，如图 2—5—2 所示。

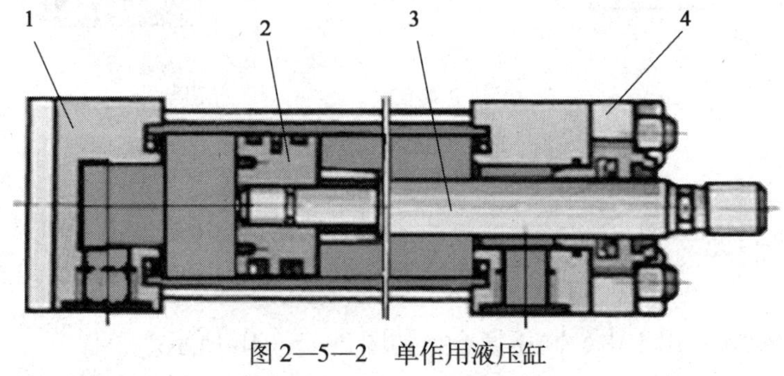

图 2—5—2 单作用液压缸

1—缸体 2—活塞 3—活塞杆 4—缸盖

双作用液压缸是指正、反两个方向的运动都依靠压力油来实现，如图 2—5—3 所示。

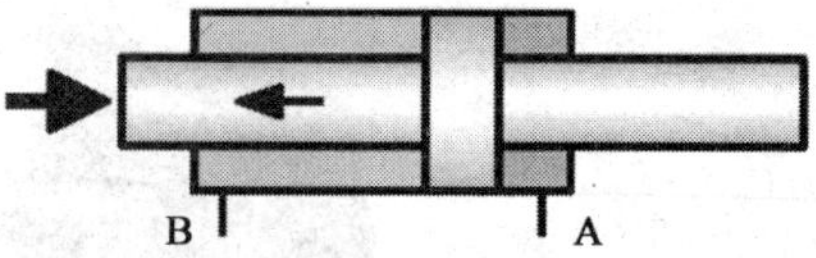

图 2—5—3　双作用液压缸

双作用活塞式液压缸又分为双作用双活塞杆、双作用单活塞杆两种；根据安装方式不同，又有缸筒固定式和活塞杆固定式两种。

3. 压力控制阀

在液压系统中用来控制液体的工作压力和利用压力信号控制其他元件的都是压力控制阀，其基本工作原理是利用阀芯上的液体压力与弹簧力的相互作用来控制阀口的开度，从而达到调节压力或产生动作的目的。

压力控制阀按不同用途分为溢流阀、减压阀和顺序阀。

（1）溢流阀

由于液压泵输出的流量大于液压缸所需的流量，会使溢流阀前的油压升高，因此必须在系统中与泵并联一个溢流阀。

1）作用

①溢流、稳压作用。在溢去系统多余油液的同时使泵的供油压力得到调整并保持基本稳定。

②定压溢流作用。在定量泵节流调速系统中，维持液压泵的出口压力恒定，并将多余油液排回油箱。

③在系统中起过载安全保护作用。

2）类型

①直动型溢流阀。用于低压场合，如图 2—5—4a 所示。

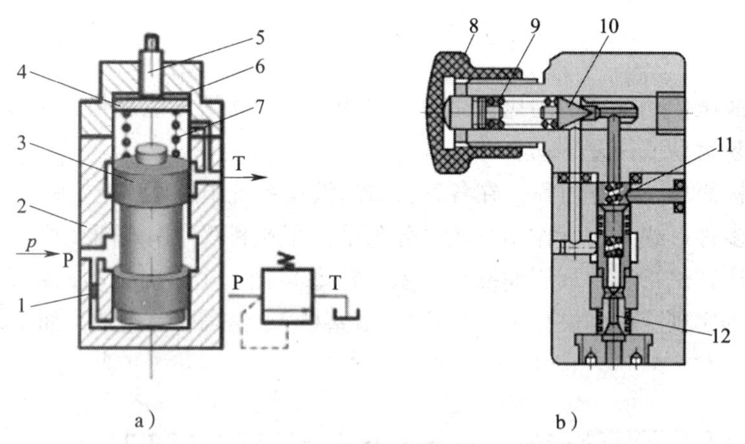

图 2—5—4　溢流阀

a）直动型溢流阀　b）先导型溢流阀

1—阻尼孔　2—阀体　3—阀芯　4—弹簧座　5—调节螺杆　6—阀盖

7—调压弹簧　8—调节螺母　9—调节弹簧　10—先导阀阀芯　11—稳压弹簧　12—主阀阀芯

②先导型溢流阀。用于中、高压场合，如图 2—5—4b 所示。

先导型溢流阀由先导阀和主阀组成；先导阀是一个小流量直动型溢流阀，其阀芯为锥阀。

3）对溢流阀的性能要求

①定压精度高，即流过溢流阀时系统的压力变化要小。

②灵敏度高，工作要平稳。

③当阀关闭时，密封性好，泄漏小。

（2）减压阀

减压阀（见图 2—5—5）是降低液压系统中某一部分的压力，将出口压力调节到低于进口压力，并能自动保持其出口压力恒定的控制阀。

减压阀按调节要求不同，有定值减压阀、定差减压阀、定比减压阀。按结构不同，有直动型减压阀和先导型减压阀两类，一般常用先导型减压阀。

（3）顺序阀

在液压控制系统中，当有两个以上工作系统时，应使用顺序阀（见图 2—5—6），它利用油路本身的压力来控制执行元件顺序动作，以实现油路的自动控制。若顺序阀的出口直接接通油箱可作为卸荷阀使用。单向顺序阀又称平衡阀，可以用于防止执行机构因其自重引起的自行下滑，起到平衡支承作用。若改变顺序阀上、下盖的方位，则可组成七种功能不同的阀。

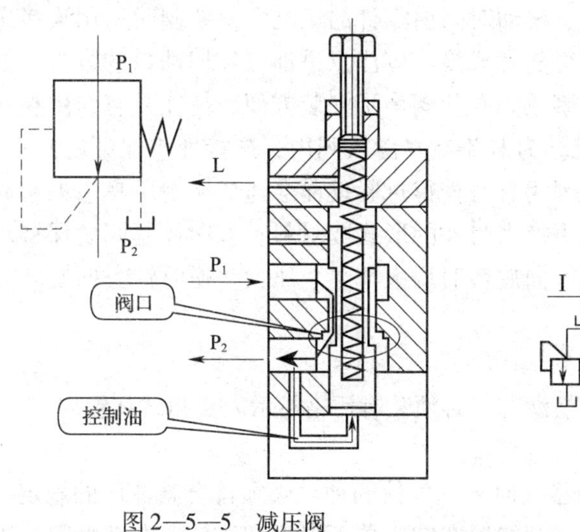

图 2—5—5　减压阀

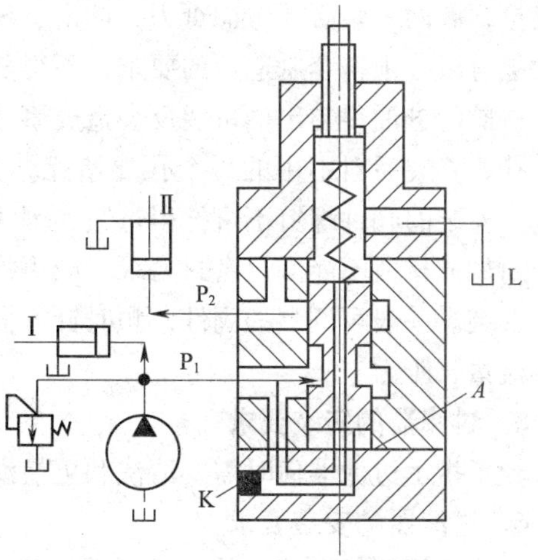

图 2—5—6　顺序阀

二、液压元件的安装要求

1. 安装前的注意事项

安装前应熟悉有关技术文件和资料，对重要元件进行质量检查，若确认元件被污染，需要进行拆卸并测试，应符合国家标准《液压元件　通用技术条件》（GB/T 7935—2005）的规定，合格后才能安装。安装前应对各种自动仪表（如压力计、电接触计、压力继电器、液位计、温度计等）进行校验，这对以后的调整工作极为重要，以避免因不准确而造成事故。

同时还要准备好适用的通用工具和专用工具，在安装前应对装入主机的液压元件和辅件进行严格的清洗，去除有害于工作液的防腐剂和污物。液压元件和管道各油口所有的堵头、塑料塞子等不要全部去除，要随着工程安装的进展逐步拆除，以防止污物从油口等处进入元件内部。

2. 液压泵装置的安装要求

液压泵与原动机之间联轴器的形式及安装要求必须符合制造厂的规定。对外露的旋转轴、联轴器必须安装防护罩。为保证运转时始终同轴，液压泵与原动机的安装底座必须有足够的刚度。避免过分敲击液压泵轴和液压马达轴，以免损伤转子。液压泵的管路应尽量短而直，避免拐弯增多、断面突变。在规定的油液黏度范围内，必须使泵的进油压力和其他条件符合制造厂的规定。同时，注意液压泵的进油管路密封必须可靠，不得吸入空气。对高压、大流量的液压泵装置应按推荐使用。

3. 油箱装置的安装要求

安装前应仔细清洗油箱，用压缩空气干燥后，再用煤油检查焊缝质量。安装时油箱底部应高于安装面 150 mm 以上，以便搬移、放油和散热。注意必须有足够的支承面积，以便在装配及安装时用垫片和楔块进行调整。

4. 液压阀的安装要求

液压阀的安装应符合制造厂的规定，板式阀或插装阀必须有正确的定向措施。为了保证安全，阀的安装必须考虑重力、冲击、振动对阀内零件的影响。安装阀时所用连接螺钉的性能等级必须符合制造厂的要求，不得随意代换。应注意进油口和回油口的方位，如果将某些阀的进油口与出油口装反会造成事故。有些阀为了安装方便，往往开有作用相同的两个孔，安装后对不用的一个孔要堵死。为避免空气渗入阀内，连接处应保证密封良好。用法兰安装的阀件螺钉不可拧得过紧，因为有时拧得过紧反而会造成密封不良。如果原来的密封件或材料不能满足密封要求，应更换密封件的形式或材料。方向控制阀要保持水平位置安装。一般可调整的阀件，顺时针方向旋转时增大流量、压力，逆时针方向旋转时则减小流量、压力。

5. 过滤器的安装要求

为了指示过滤器何时需要清洗和更换滤芯，必须装有污染指示表或测试装置。

6. 蓄能器的安装要求

安装蓄能器（包括气体加载式蓄能器）时充气气体的种类必须符合制造厂的规定，而且还应注意蓄能器的安装必须远离热源，蓄能器在卸压前不得拆卸，禁止在蓄能器上进行焊接、铆接或机械加工。

7. 密封件的安装要求

所用密封件的材料必须与和它相接触的介质相容。密封件的使用压力、温度应符合有关标准的规定。在安装时要注意随机附带的密封件的有效期，在制造厂规定的储存条件下储存一年内的可以使用，否则需要更换后才能安装。

8. 液压缸的安装要求

液压缸的安装必须符合设计图样或制造厂的规定。安装液压缸时，如果结构允许，进、出油口的位置应在最上面，应装成使其能自动放气或安装放气阀。液压缸的安装应牢固可靠，为了防止热膨胀的影响，在行程大和比较热的场合，缸的一端必须保持浮动。配管连接不得松弛，液压缸的安装面和活塞杆的滑动面应满足平行度和垂直度的要求。密封圈不要装得太紧，特别是U形密封圈更应注意。

9. 液压马达的安装要求

液压马达与被驱动装置之间的联轴器形式及安装要求应符合制造厂的规定。外露的旋转轴和联轴器必须有防护罩。

10. 执行元件的安装要求

液压执行元件的安装底座必须具有足够的刚度，以保证执行机构正常工作。

11. 其他辅助元件的安装要求

系统内开闭器的手轮位置及泵、阀、指示表的安装位置应便于元件的使用和维护。

三、液压系统中的管件安装

液压系统中各元件靠油管接头有机地连接在一起，成为一个完整的液压系统。因此，液压系统中管件的安装是否可靠、合理及整齐，对液压系统的工作性能有一定的影响。图2—5—7所示为液压管件。

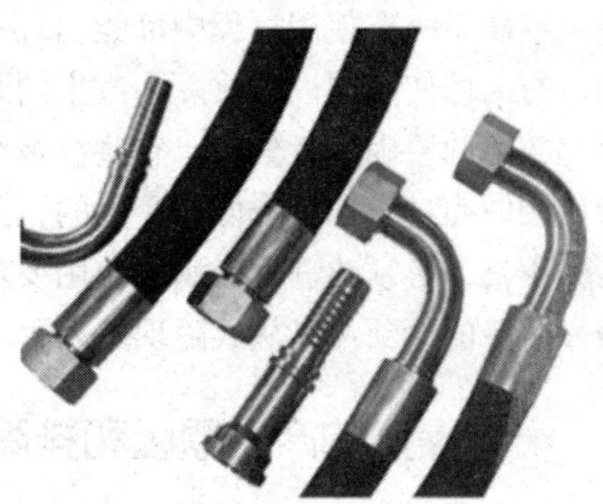

图2—5—7 液压管件

1. 压力管道的安装注意事项

（1）管路应布置成平行和垂直方向，整齐划一，管路交叉应尽可能少。

（2）管路应尽量短，少转弯，平滑过渡，尽量减少上下弯曲和接头数量，确保管路的伸缩变形。

（3）在有活接头的地方，为保证活接头拆装方便，其管路的长度应适中。

（4）系统中主要管路或辅件能自由拆装，而不影响其他元件。

（5）管路必须在平直部分接合，不允许在圆弧部分接合。

（6）法兰盘应安装在管路的直线部分，而且在焊接法兰盘时应确保与管路中心线成直角。

（7）不论是平行管路还是交叉管路，其管道之间的距离都应大于10 mm。

（8）依据压力、管径和材质，管路的连接可分为螺纹连接、法兰连接和焊接三种。

1）螺纹连接适用于直径较小的油管，低压管应在2 in（1 in = 25.4 mm）以下，高压管在1 in以下。

2）管径大于上述数值时应采用法兰连接。

3）在保证安装、拆卸的条件下，应尽量采用对接接头焊接，以减少管配件。

（9）管路的最高部分应设有排气装置。

（10）管道安装应紧固，振动大处可加装橡胶垫等以减小振动。

（11）对细长管道可用管夹排列固定。

（12）对复杂的管路可涂色加以区别。

（13）全部管路应进行两次安装，即试安装和最终安装。

2. 进口、出口管路的连接

（1）吸油高度应小于500 mm，且与泵的接口应严格密封。

（2）回油管应在油面以下，且与吸油管口不能相距太近。

（3）溢流阀回油管与液压泵的吸油管不能相距太近，否则会增高油温。

子课题 2　液压系统的故障分析与排除方法

学习目标

1. 熟悉噪声的产生原因和排除方法。
2. 掌握液压系统中压力、流量或运动不正常的故障分析和排除方法。

液压系统在使用过程中可能出现的故障多种多样，有时是由单一元件发生故障而引起的，有时即使是同一种故障，产生的原因也不一样。在液压系统中一旦发生故障，必须对引起故障的原因进行分析。有些故障产生后可以用调整的方法加以解决，有些故障则是因为使用时间过长性能降低而产生的，此时需要更换或修复元件才能排除故障。有些是由于结构不良，必须改进才能满足使用要求。在故障出现时，通常都是以一定的形式显露出来的，故障的诊断可以从故障现象入手。

一、噪声的产生原因和排除方法

液压系统中的噪声常发生在液压泵和液压控制阀上，有时也会是泵或阀与管件的共振引起的。液压泵或液压马达产生噪声，可能是因其精度差或已损坏，应拆下来进行检查和修复。对于液压控制阀失灵所产生的噪声，可找出产生噪声的部位，针对噪声产生的原因进行修复或更换损坏的零件，并加强液压系统的维护及保养，防止油液污染。对于停止、启动及反向时引起的冲击噪声，可调节换向节流阀，检查液压缸的缓冲装置，使换向过程平稳即可。对于由机械结构引起的噪声，可针对具体问题加以解决和排除。对于因液压系统中混入空气而引起的噪声，可检查管接头或密封件是否松动或失效，以及检查液位是否过低。

二、压力不正常的故障分析和排除方法

压力不正常的故障分析和排除方法见表 2—5—1。

表 2—5—1　　压力不正常的故障分析和排除方法

故障现象	故障分析	排除方法
没有压力	（1）液压泵吸不进油液 （2）油液全部从溢流阀流入油箱 （3）液压泵装配不当，泵不工作 （4）泵的定向控制装置位置错误 （5）液压泵损坏 （6）泵的联轴器故障	（1）加热油箱，换过滤器等 （2）调整溢流阀 （3）修理或更换 （4）检查控制装置电路 （5）更换或修理 （6）更换、调整联轴器

续表

故障现象	故障分析	排除方法
压力偏低	（1）减压阀或溢流阀设定值过低 （2）减压阀或溢流阀损坏 （3）油箱液面过低 （4）泵转速过低 （5）泵、液压马达、液压缸损坏，内泄大 （6）回路或油路的设计有误	（1）重新调整 （2）修理或更换 （3）加油至标定高度 （4）检查电动机及控制线路 （5）修理或更换 （6）重新设计、修改
压力不稳定	（1）油液中有空气 （2）溢流阀内部磨损 （3）蓄能器有缺陷或失掉压力 （4）泵、液压马达、液压缸磨损 （5）油液被污染	（1）排气、堵漏、加油 （2）修理或更换 （3）更换或修理 （4）修理或更换 （5）冲洗、换油
压力过高	（1）溢流阀、减压阀或卸荷阀失调 （2）变量泵的变量机构不工作 （3）溢流阀、减压阀或卸荷阀损坏或堵塞	（1）重新设定调整 （2）修理或更换 （3）更换、修理或清洗

三、流量不正常的故障分析和排除方法

流量不正常的故障分析和排除方法见表2—5—2。

表2—5—2　　流量不正常的故障分析和排除方法

故障现象	故障分析	排除方法
没有流量	（1）换向阀的电磁铁松动，线圈短路 （2）油液被污染，阀芯卡住 （3）M、H型换向阀未换向	（1）修理或更换 （2）更换或修理 （3）冲洗、换油
流量过小	（1）流量控制装置调得太低 （2）流量阀或载荷阀压力调得太低 （3）旁路控制阀关闭不严 （4）泵的容积效率下降 （5）系统内泄严重 （6）变量泵调节无效 （7）管路沿程损失过大 （8）泵、阀、缸及其他元件磨损	（1）调高 （2）调高 （3）更换阀 （4）换新泵，排气 （5）紧固连接，更换密封件 （6）修理或更换 （7）增大管径，提高压力 （8）修理或更换
流量过大	（1）流量控制装置调得过高 （2）变量泵正常调节无效 （3）泵或电动机的转速不正确	（1）调低 （2）修理或更换 （3）修理或更换

四、运动不正常的故障分析和排除方法

液压系统机构运动不正常，不仅仅是由流量、压力等因素引起的，通常是液压系统和机械系统的综合性故障，必须综合分析后排除故障。运动不正常的故障分析和排除方法见表2—5—3。

表2—5—3　　运动不正常的故障分析和排除方法

故障现象	故障分析	排除方法
没有运动	（1）方向阀的电磁铁有故障 （2）机械、电气或液动式的限位装置和顺序装置不工作、调整不当或没有指令信号 （3）液压缸或液压马达损坏 （4）液控单向阀的外控油路有问题 （5）减压阀、顺序阀的压力过低或过高 （6）机械故障	（1）修理或更换 （2）调整、修复或更换 （3）修复或更换 （4）修理、排除 （5）重新调整 （6）查找并修复
运动缓慢	（1）流量不足或系统泄漏太大 （2）油液黏度不够 （3）阀的控制压力不够 （4）放大器失调或调节不对 （5）阀芯卡涩 （6）液压缸或液压马达磨损或损坏 （7）载荷过大	（1）换油液或降低温度 （2）提高油液黏度 （3）提高阀的控制压力 （4）调整、修复或更换 （5）清洗、调整或更换 （6）修理或更换 （7）检查、调整
运动过快	（1）流量过大 （2）放大器失调或调节得不对	（1）减小流量 （2）调整、修复或更换
运动无规律	（1）压力不正常、无规律变化 （2）油液混有空气 （3）信号不稳定、反馈失灵 （4）放大器失调或调节得不对 （5）润滑不良 （6）阀芯卡涩 （7）液压缸或液压马达磨损或损坏	（1）调整、修理或更换 （2）排气、加油 （3）修理或更换 （4）调整、修复或更换 （5）加润滑油 （6）清洗或换油 （7）修理或更换
机构爬行	（1）液压缸和管道中有空气 （2）系统压力过低或不稳定 （3）滑动部件阻力过大 （4）液压缸与滑动部件安装不良	（1）排除系统中的空气 （2）调整、修理或更换 （3）修理、加润滑油 （4）调整、加固

课题六 部件和整机装配

子课题1 旋转体的平衡试验

学习目标

1. 了解旋转体平衡的基础知识。
2. 熟悉旋转体静平衡的方法。
3. 掌握外圆磨床砂轮和普通砂轮的静平衡。

在机器中具有一定转速的零件或部件称为旋转体，如带轮、飞轮、齿轮、叶轮、曲轴、砂轮、电动机转子等。由于内部组织密度不均匀，零件外形的误差（尤其是非加工部分）、装配误差，以及结构、形状局部不对称（如键槽）等原因，旋转体在其径向各截面上或多或少地存在一些不平衡量。此不平衡量由于与旋转中心之间有一定的距离（称为质量偏心距），因此，当旋转体转动时不平衡量便会产生惯性力。

一、旋转体平衡的基础知识

1. 惯性力

旋转体因偏重而引起的惯性力大小为：

$$F=\frac{W}{g}e\left(\frac{\pi n}{30}\right)^2$$

式中 F——惯性力，N；

W——旋转体的偏重，N；

g——重力加速度，$g=9.8\text{m/s}^2$；

e——质量偏心距，m；

n——转速，r/min。

由上式可以看出，对于重型或高转速的旋转体，即使具有不大的偏心距，也会引起很大的惯性力。由于惯性力的大小随转速的平方而变化，当转速增加时，惯性力将迅速增大，这样会加速轴承的磨损，使机器在工作中发生摆动和振动，甚至造成零件的疲劳损坏或断裂。因此，为了保证机器的运转质量，在装配前要对旋转体（尤其是高速运转的情况下）进行平衡调整，消除惯性力，从而达到所要求的平衡精度。

2. 不平衡的种类

零件或部件在其旋转的过程中不平衡量的分布是复杂的，也是无规律的，但其最终产生的影响主要有以下两类：

（1）静不平衡

旋转体的主惯性轴与旋转轴线不重合，但相互平行，如图2—6—1a所示。当旋转体转动时，会产生不平衡惯性力。静不平衡的零件，只有当它的偏重在沿铅垂线下方时才能静止不动。在旋转时，则由于惯性力的作用而使轴产生朝偏重方向的弯曲，并使机器发生振动，如图 2—6—1b 所示。

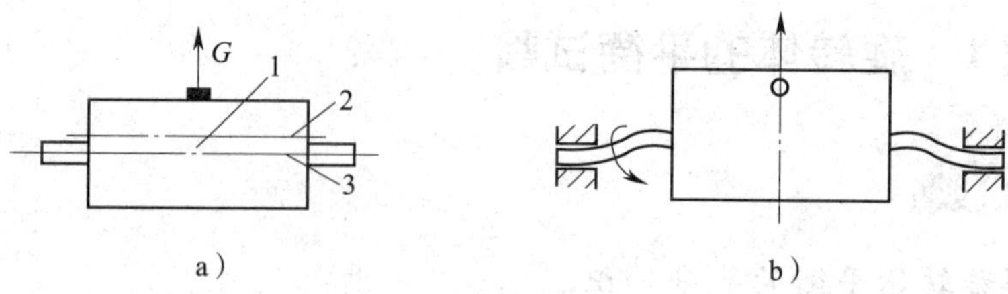

图 2—6—1　旋转零件的静不平衡

1—重心　2—主惯性轴　3—旋转轴线

（2）动不平衡

旋转体的主惯性轴与旋转轴线相交，且交点位于旋转体的重心上，如图 2—6—2a 所示，这时旋转体虽处于静平衡状态，但旋转体旋转时将产生一不衡力矩。当旋转体在旋转时，由于不平衡力矩的作用而使轴产生弯曲，同样会使机器产生振动，如图 2—6—2b 所示。图 2—6—2c 所示为一曲轴，其重心在旋转轴上，但旋转时会产生不平衡力矩。因此，零件或部件在径向位置上有偏重（或相互抵消）而在轴向位置上有两个偏重相隔一定的距离时，称为动不平衡。

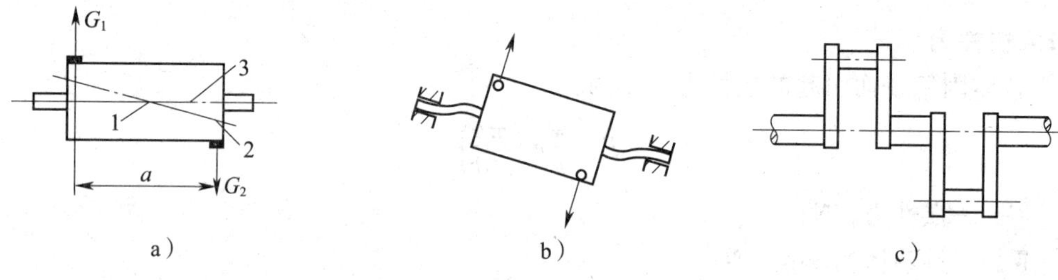

图 2—6—2　旋转零件的动不平衡

1—重心　2—主惯性轴　3—旋转轴线

二、旋转体静平衡的方法

静平衡用以消除零件在径向位置上的偏重，根据零件静止时偏重总是停留在铅垂方向上最低位置的道理，在棱形、圆柱形或滚轮等平衡架上测定偏重的方向和大小，如图 2—6—3 所示。平衡架必须置于水平位置，其结构如图 2—6—4 所示，且具有光滑和良好的耐磨性的表面，以减小阻力和磨损，提高平衡的精度。找出偏重点后，可在偏重的位置上去除材料或在反方向上配重，从而使零件和部件消除偏重，使旋转体达到平衡，这样的方法叫作静平衡。

旋转体静平衡的方法有三种，分别是用平衡杆进行静平衡、用平衡块进行静平衡、用三点平衡法进行静平衡。

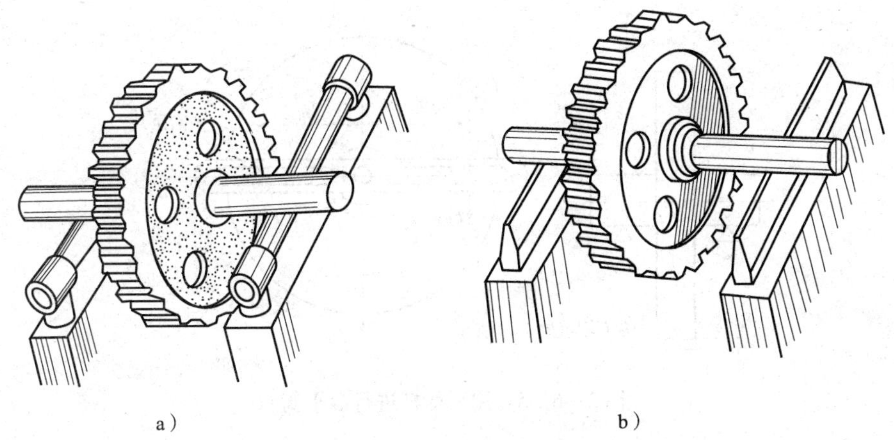

图 2—6—3　静平衡装置

a）圆柱形平衡架　b）棱形刀口平衡架

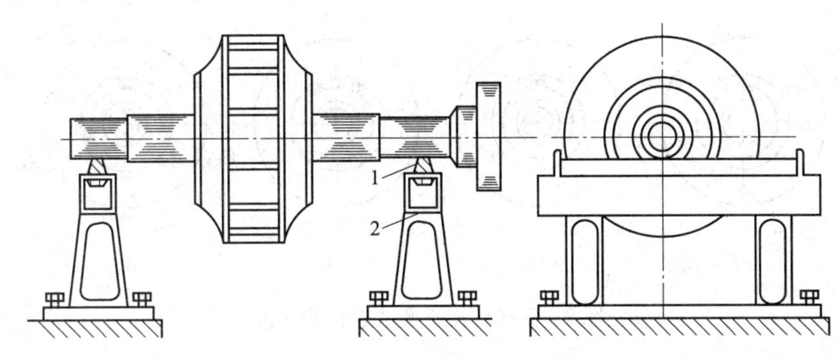

图 2—6—4　静平衡装置的结构

1—支承　2—立柱

1. 用平衡杆进行静平衡

将一需要进行静平衡的齿轮装上心轴后，放在水平的静平衡架上，如图 2—6—5 所示。使齿轮缓慢转动，待静止后在其正下方做一标记 S。重复转动齿轮若干次，若 S 处始终位于最下方，就说明零件有偏重，其方向就指向标记 S 处。沿偏重方向装上平衡杆，调整平衡块，使平衡力矩 L_1F_1（L_1 为平衡块至中心的距离，F_1 为平衡块重）等于重心偏移所形成的力矩，则该齿轮组件处于静平衡。在零件的偏重一边离重心 L_0 处钻去重力为 F_0 的金属，使 $L_0F_0=L_1F_1$，这样就可以消除静不平衡。若 $L_0=L_1=40$ cm，平衡块 $F_1=0.1$ N，则在零件偏重的一边离重心 40 cm 处去除（一般采用钻削）重力为 0. 1 N 的金属，或在平衡块处加上重力为 0. 1 N 的金属就可以消除静不平衡。

2. 用平衡块进行静平衡

将被测盘状工件放在平衡心轴上，然后在平衡架上找出偏重方向，做标记 S，如图 2—6—6a 所示。在偏重的相对位置上紧固第一块平衡块 G_1（这一平衡块以后不要再移动），如图 2—6—6b 所示。再将工件放在静平衡架上调整，如果在任何位置上都能够停止，则一块平衡块就可以达到平衡。如果仍存在偏重，可分别在 G_1 的两侧放平衡块 G_2 和 G_3，

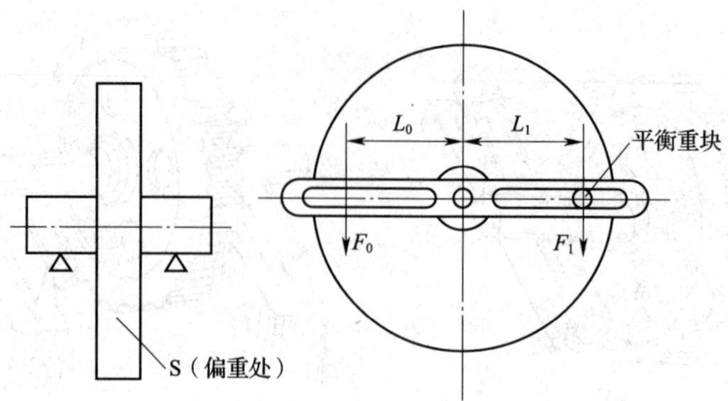

图 2—6—5　用平衡杆进行静平衡

如图 2—6—6c 所示，并根据偏重情况同时移动并紧固两平衡块 G_2 和 G_3，直到工件在任何位置上都能够停留为止，如图 2—6—6d 所示。

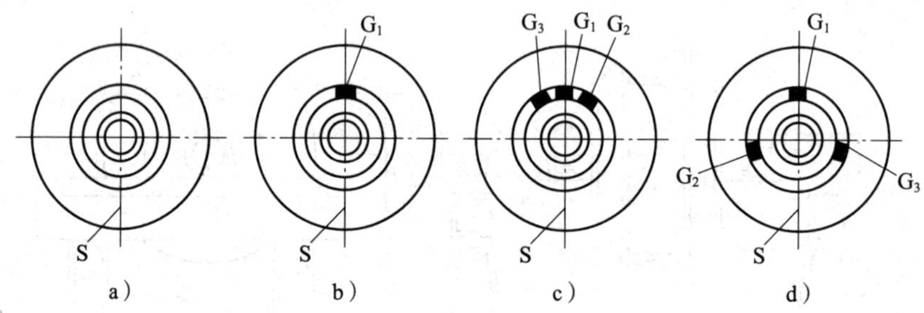

图 2—6—6　用平衡块进行静平衡

3. 三点平衡法进行静平衡

当被平衡零件不能预先找出重心，也不能确定偏重的方向时，可用三点平衡法进行静平衡。用三块质量相同的平衡块均匀配置在工件的侧面，通过转动，找出偏重的大概位置，然后调节平衡块的位置，这样使工件逐渐接近平衡，经过这样反复多次调节平衡块的位置，最终达到静平衡。

三、旋转件静平衡

1. 外圆磨床砂轮的静平衡

如图 2—6—7 所示的磨床砂轮在试运行和磨削前必须调整其静平衡，操作步骤如下：

（1）将平衡架纵向和横向都调整到水平位置。

（2）卸下全部平衡块，在法兰盘孔中插入平衡心轴，然后放在平衡架上缓慢转动。待静止后在砂轮正下方 S 处做上标记，如图 2—6—7a 所示，此点则为重力中心位置。

（3）相对于重力中心位置 S，紧固第一块平衡块 G，这个平衡块以后不得再移动，如图 2—6—7b 所示。

（4）与平衡块 G 相对应紧固另外两块平衡块 K，如图 2—6—7c 所示。

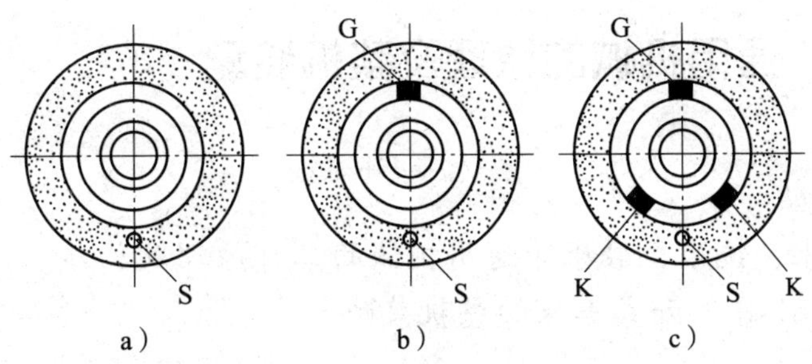

图 2—6—7　砂轮平衡块的调整

（5）再将砂轮放在平衡架上慢慢转动，如仍不平衡，可移动两个平衡块 K 的位置，一直调整到砂轮能在任何位置都能停留为止。

2. 普通砂轮的静平衡

有一砂轮需进行静平衡，现采用三点平衡法，操作步骤如下：

（1）将质量相等的三个平衡块（重力为 G）分别固定在砂轮的圆槽上，使三块平衡块的距离（周向）相等，如图 2—6—8a 所示。取其中任何一块 n_1 放在垂线上时，则砂轮就有可能静止不摆动。如果砂轮按顺时针方向转动，说明其重心在右边的某一位置上（假设砂轮的重心在 S 处，如图 2—6—8b 所示，偏重为 G_0），需将平衡块 n_1 向左移动，使砂轮处于暂时的平衡状态，如图 2—6—8b 所示。用力矩表示即为：

$$GL_1 + GL_2 = GL_3 + G_0L_0$$

（2）转动砂轮，使平衡块 n_2 处于垂线的上方，砂轮有可能处于不平衡状态。若砂轮按逆时针方向转动，则将平衡块 n_2 向右移动，使砂轮再次处于暂时的平衡状态，如图 2—6—8c 所示。

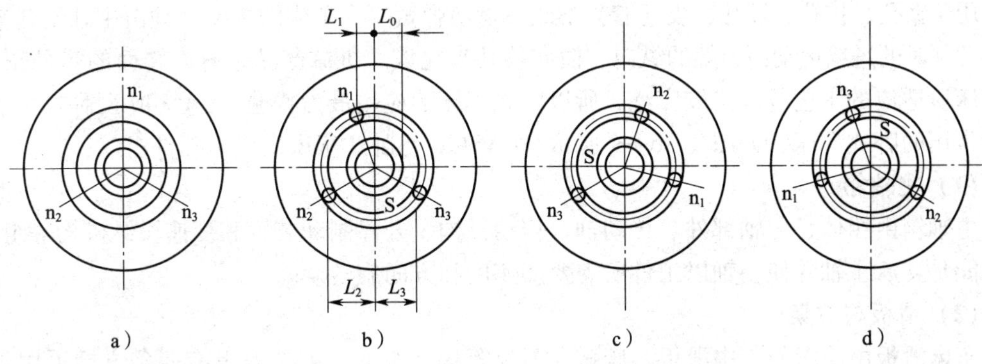

图 2—6—8　用三点平衡法进行静平衡

（3）转动砂轮，使平衡块 n_3 处于垂线上方，用上述方法进行砂轮的第三次静平衡，如图 2—6—8d 所示。

通过这样调整三块平衡块的位置，砂轮往往不可能在任何位置上都能静止不动，而只是近于平衡。因为移动平衡块 n_3 后影响了 n_1 的平衡，必须再重新调整 n_1，继而调整 n_2、n_3，这样重复几次，才能使砂轮在转动到任何位置时均能静止不动，达到静平衡。

子课题 2　通用机械的原理及整机装配

学习目标

1. 了解车床、铣床、磨床等通用机械的工作原理及构造。
2. 掌握 CA6140 型卧式车床的整机装配。

通用机械的设备非常广泛，本课题重点介绍金属切削机床的工作原理及构造。金属切削机床是制造机器的机器，也称为工作母机或工具机，是机械加工的主要设备。机床的基本功能是为被切削的工件和使用的刀具提供必要的运动、动力和相对位置。在现代机械制造中，对于不同的用途和目的，所要求的机床种类和规格有很多。

机械加工设备按加工性质和所使用的刀具不同，可分为车床、铣床、磨床、镗床、钻床、刨床、插床、齿轮加工机床、螺纹加工机床、拉床、锯床等。按照机械加工设备的加工范围不同，可将机床分为通用机床、专门化机床和专用机床。

之所以称为通用机床，是由于这类机床结构复杂，加工范围广，可以加工多种零件，如卧式车床、立式车床、万能升降台立式铣床、卧式铣床、内圆磨床、外圆磨床、平面磨床、工具磨床、螺纹磨床等。

一、通用机械的工作原理及构造

1. 车床

车床是机械加工中应用最为广泛和普遍的一种典型的切削加工设备，可以实现多种转速的输出，主要用于加工各种回转体的圆柱面、圆锥面、环形槽、成形面及各种螺纹和蜗杆，还可用于钻孔、扩孔、铰孔、攻（套）螺纹、盘绕弹簧等。车床的主要运动由主轴旋转来实现，切削时的进给运动由刀架的纵向、横向移动来完成。机械产品中有回转面的零件很多，而车床所适应的工艺范围又较广泛，所以卧式车床的应用最为普遍。CA6140 型卧式车床是较为常用的卧式车床，如图 2—6—9 所示。CA6140 型卧式车床由以下部件组成：

（1）主轴箱

主轴箱由箱体、主轴部件、传动轴、传动机构、开停制动装置和变速操纵机构等组成，其功能是支承主轴并使主轴以工件所需要的速度和方向旋转。

（2）滑板与刀架

车床滑板由小滑板、中滑板、床鞍和刀架等部件组成。刀架 6 上有四条方槽可用于装夹四把车刀；床鞍用于实现纵向进给运动；中滑板可实现横向进给运动，用于车削外圆（或孔），控制背吃刀量，还可用于车削端面；小滑板用来纵向调节刀具位置和实现手动纵向进给运动，小滑板还可以相对于中滑板偏转一定的角度，用于手动加工圆锥面。

（3）进给箱

进给箱 2 内装有进给运动的传动和操作装置，用来改变机动进给时的进给量或在加工螺纹时确定螺距（或导程）。

图 2—6—9　CA6140 型卧式车床

1、11—床腿　2—进给箱　3—主轴箱　4—床鞍　5—中滑板　6—刀架
7—回转盘　8—小滑板　9—尾座　10—床身　12—光杠　13—丝杠　14—溜板箱

(4) 溜板箱

溜板箱 14 安装在刀架部件底部，可以通过光杠或丝杠传递进给箱传来的运动，并将运动传给刀架，从而使车刀实现纵向、横向进给或车削螺纹的运动。

(5) 尾座

尾座 9 安装在床身尾部的导轨上，可沿其导轨纵向调整位置。尾座上可安装顶尖来支承较长或较重的工件。

(6) 床身

床身 10 固定在左床腿 1 和右床腿 11 上，用来支承其他部件，如主轴箱、溜板箱、滑板、尾座等，使它们保持准确的工作位置。

2. 铣床

铣床是用铣刀进行切削加工的机床，主要用于加工各种水平面、垂直面、T 形槽、燕尾槽、键槽、螺旋槽、各种分齿零件（齿轮、链轮、棘轮和花键）和成形面。铣床的主运动由主轴的旋转来实现；切削时的进给运动则根据零件加工的需要，由工作台的纵向、横向或升降移动来完成。

铣床按功能和作用不同，可分为万能卧式铣床、立式铣床、龙门铣床和工具铣床等；按主轴的位置状态不同，又可分为卧式铣床和立式铣床。X6132A 型万能升降台铣床是常用的典型铣床，如图 2—6—10 所示。

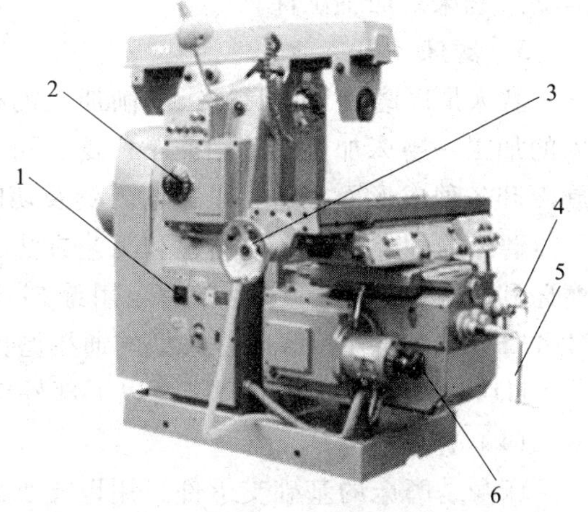

图 2—6—10　X6132A 型万能升降台铣床

1—机床总电源开关　2—主轴变速开关
3—纵向手动进给手轮　4—横向手动进给手轮
5—升降手动进给手柄　6—进给变速转盘手柄

(1) 底座

底座是铣床安装的基座，底座的上面安

装机身、升降工作台等部件，底座内部可储存切削液。

（2）主轴部件

主轴为阶梯空心轴，主轴前端锥度为7:24的精密锥孔用于安装铣刀刀杆或铣刀，使其能准确定心，以保证刀杆有较高的回转精度。在主轴的中心孔内可穿入拉杆，以锁紧刀杆或铣刀。主轴前端面定位键用于主轴或刀具的定位，并传递转矩。为使主轴前端具有较大的抵抗变形的能力，前端的直径应大于后端的直径。

（3）变速操纵机构

X6132A型铣床的主运动和进给运动都采用孔盘变速操纵机构进行控制。通过变速，主轴可获得18种速度，进给运动可获得15种速度。进给变速盘上所显示的数值是纵向工作台的进给速度，横向工作台的进给速度是此速度的2/3，升降工作台的进给速度是此速度的1/3。

（4）工作台的进给操纵机构

X6132A型铣床进给运动的接通与断开是通过离合器来控制的，其中纵向进给运动的控制是通过端面离合器来实现的，控制垂直及横向进给运动的是电磁离合器。进给运动方向的改变是由进给电动机改变转向来实现的。为了操作方便，X6132A型铣床具有复式操作系统。在机动状态时这三种运动不可联动。

（5）万能升降工作台机构

万能升降工作台机构是由纵向工作台、横向工作台和升降工作台三部分组成的。纵向工作台可沿横向工作台的燕尾导轨做纵向运动，横向工作台可沿升降工作台的矩形导轨做横向运动，升降工作台可沿床身的燕尾导轨做升降运动。在横向工作台中有圆周T形槽，根据加工零件的需要，纵向工作台可围绕圆周中心做±45°的旋转，用于加工螺旋状零件。

X6132A型铣床是卧式铣床，在需要的时候可将横梁向后推，装上立铣头即可作为立式铣床来加工工件。

3. 磨床

磨床是以磨具为工具进行磨削加工的机床，主要用于零件表面的精加工和较硬表面的加工。磨床加工的范围非常广泛，可以磨削内外圆柱面、内外圆锥面、平面、螺旋面和各种成形面，还可以刃磨刀具及切断等。

磨床的种类很多，按用途和工艺方法不同，可以分为外圆磨床、内圆磨床、平面磨床和工具磨床等。在生产中运用最多的是内圆磨床、外圆磨床和平面磨床，其中M1432A型万能外圆磨床是典型的通用磨床，如图2—6—11所示。

M1432A型万能外圆磨床由以下部件组成：

（1）床身

床身是磨床的基础支承件，用以支承和定位机床的各个部件。

（2）头架

头架用于装夹、定位工件，并带动工件做旋转运动。当头架旋转一个角度时，可以磨削短圆锥面。

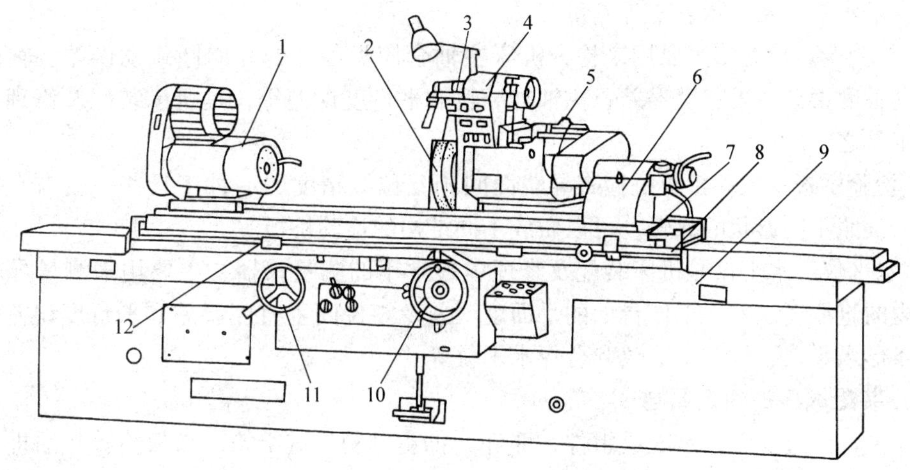

图 2—6—11　M1432A 型万能外圆磨床

1—头架　2—砂轮　3—内圆磨具　4—磨架　5—砂轮架（滑鞍）　6—尾座　7—上工作台
8—下工作台　9—床身　10—横向进给手轮　11—纵向进给手轮　12—换向挡块

（3）工作台

工作台由上、下两部分组成，上工作台可根据工件加工的需要调整至某个角度，用来磨削较小锥度的长圆锥面。工作台面上安装的头架和尾座随工作台一起沿床身做纵向往复运动。

（4）内圆磨具

当进行内圆磨削时，可将内圆磨具放下并固定。内圆磨具的主轴由独立的内圆砂轮电动机驱动。

（5）砂轮架

砂轮架安装在滑鞍上，用于支承砂轮，并使砂轮做高速旋转。砂轮可根据加工需要做 ±30°的旋转，用来磨削短圆锥面工件。

（6）滑鞍及横向进给机构

转动横向进给手轮，可通过横向进给机构带动滑鞍和砂轮架做横向移动；也可利用液压装置通过脚踏板使滑鞍和砂轮架做快速进退或周期性自动切换进给。

（7）尾座

当磨削较长工件时，尾座上的后顶尖与头架上的前顶尖一起支承工件。

二、卧式车床整机装配

1. 总装前的准备工作

（1）工具和量具的准备

1）平尺。平尺主要用作导轨的刮研和测量的基准，主要有桥形平尺、平行平尺及角形平尺三种。

2）方箱和直角尺。方箱和直角尺是用来检查机床部件之间垂直度误差的重要量具。

3）垫铁。在机床制造和修理工作中，垫铁是一种检验导轨精度的通用工具。垫铁主要用作支承水平仪及指示表架等测量工具。

4）检验棒。检验棒主要用来检查机床主轴套筒类零件的径向圆跳动误差、轴向窜动误差、同轴度误差、平行度误差、主轴与导轨的平行度误差等，是机床装配及修理工作中常备的工具之一。

5）检验桥板。检验桥板是检查导轨面间相互位置精度的一种工具，一般与水平仪结合使用。按照不同形状的导轨，可以做成不同结构的检验桥板。

6）水平仪。水平仪是机床装配及修理中最常用的测量仪器，主要用来测量导轨在垂直平面内的直线度误差、工作台面的平面度误差及零件间垂直度误差和平行度误差等。水平仪有条形水平仪、框式水平仪和合像水平仪等。

（2）装配顺序的确定原则

车床零件经过加工，装配成组件、部件（如主轴箱、进给箱、溜板箱等）后即进入总装配，其装配顺序一般可按下列原则进行：

1）选择正确的装配基面。装配基面大多是床身导轨面，因为床身是车床的基准支承件，上面安装着车床的各主要部件，且床身导轨面是检验机床各项精度的检验基准。因此，机床装配时应保证所选基准的直线度、平行度及垂直度等。

2）在解决没有相互影响的装配精度问题时，其装配顺序以简单、方便为准，一般可按先下后上、先内后外的原则进行。例如，在装配车床时，是先解决车床主轴和尾座两顶尖的等高度误差，还是先解决丝杠与床身导轨的平行度误差，这与装配顺序是没有多大关系的，只要能简单、方便地顺利进行装配即可。

3）在解决有相互影响的装配精度问题时，应先装配并确定好一个公共的装配基准，然后再按次序达到各有关精度要求。

4）对于导轨部件，可以通过刮削来达到其装配精度，其装配顺序可按导轨的装配顺序来进行。

2. 卧式车床的总装

（1）在床腿上装置床身

1）将床身装到床腿上时，必须先做好结合面的去毛刺、倒角工作，以保证零件的平整接合，避免在紧固时产生床身变形的可能，同时在整个结合面上垫以纸垫防漏。

2）当床身导轨由磨削来达到精度要求时，将床身置于可调的机床垫铁处（垫铁应安放在机床地脚螺孔附近），用水平仪指示读数来调整各垫铁，使床身处于自然水平位置，并使溜板用导轨的扭曲误差至最小值。各垫铁应均匀受力，使整个床身稳定。

（2）床身导轨的精度要求

床身导轨是确立车床主要部件位置和刀架运动的基准，也是总装配的基准部件，应予以重视。

1）溜板用导轨的直线度公差在垂直平面内全长为0.02 mm，在任意250 mm测量长度上的局部公差为0.007 5 mm，只许凸。

2）溜板用横向导轨应在同一平面内水平仪的变化公差全长为0.04 mm/1 000 mm。

3）尾座移动对溜板移动的平行度公差在垂直和水平面内全长均为0.03 mm，在任意

500 mm 测量长度上的局部公差均为 0. 02 mm。

4）床身导轨在水平平面内的直线度公差全长为 0. 02 mm。

5）溜板用导轨与下滑面的平行度公差全长为 0. 03 mm，在任意 500 mm 测量长度上的局部公差为 0. 02 mm，只许床头处厚。

6）导轨面的表面粗糙度值，磨削时不高于 *Ra*1. 6μm，刮削时每 25 mm × 25 mm 面积内不少于 10 点。

（3）床鞍的配刮及安装前、后压板

床鞍部件是保证刀架直线运动的关键。床鞍上、下导轨面分别与刀架下滑座和床身导轨配刮完成，床鞍配刮步骤如下：

1）将床鞍放在床身导轨上，以刀架下滑座的表面 2、3 为基准，配刮床鞍横向燕尾导轨表面 5、6，如图 2—6—12 所示。

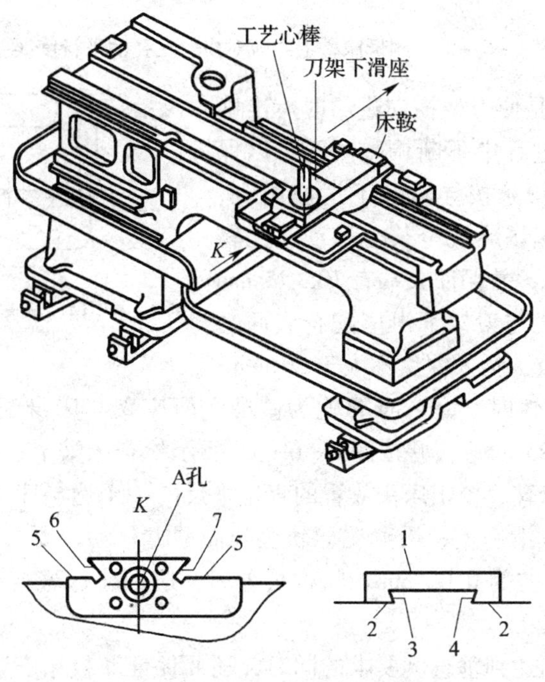

图 2—6—12　刮研床鞍上导轨

1、2、3、4、5、6、7—导轨面

表面 5、6 刮后应满足对横丝杠孔 A 的平行度要求，其误差在全长上不大于 0. 02 mm。测量方法如图 2—6—13 所示，在 A 孔中插入检验心轴，指示表吸附在角度平尺上，分别在心轴上母线及侧母线上测量其平行度误差。

2）修刮燕尾导轨面 7，保证其与表面 6 的平行度要求，以保证刀架横向移动顺利。可以用角度平尺或下滑座为研具刮研。用图 2—6—14 所示的方法检查：将测量圆柱放在燕尾导轨两端，用千分尺分别在两端测量，两次测得的读数差就是平行度误差，要求在全长上不大于 0. 02 mm。

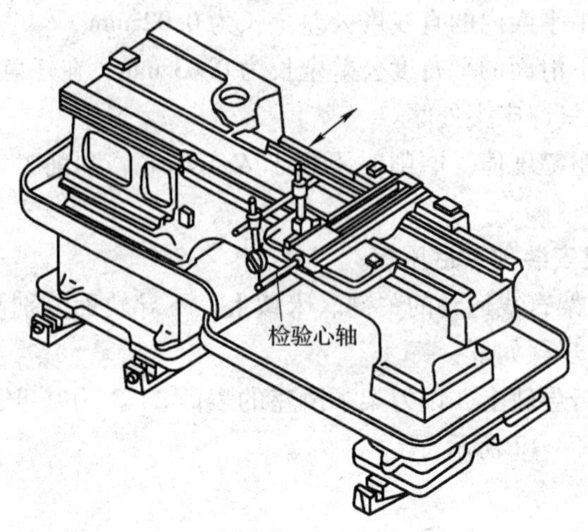

图 2—6—13　测量床鞍上导轨对横丝杠孔的平行度误差

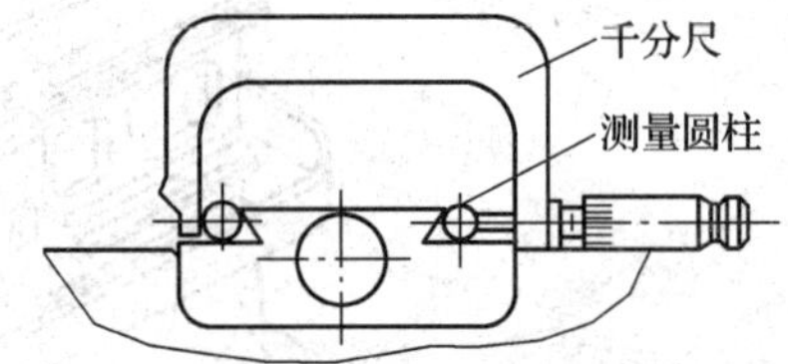

图 2—6—14　测量燕尾导轨的平行度误差

3）配镶条的目的是使刀架横向进给时有准确的间隙，并能在使用过程中不断调整间隙，以保证足够的使用寿命。镶条按导轨和下滑座配刮，使刀架下滑座在床鞍燕尾导轨全长上移动时无轻重和松紧不均匀的现象，并保证大端有 10 ~ 15 mm 的调整余量。燕尾导轨与刀架下滑座配合表面之间用 0. 03 mm 塞尺检查，插入深度不大于 20 mm。

4）配刮床鞍下导轨时，以床身导轨为基准刮研床鞍与床身配合的表面至接触点为 10 ~ 12 点/（25 mm × 25 mm），并按图 2—6—15 所示检查床鞍上、下导轨的垂直度误差。测量时，先纵向移动床鞍，校正床头放置的直角平尺的一个边与床鞍移动方向平行。然后将指示表移放在刀架下滑座上，沿燕尾导轨全长向后方移动，要求指示表读数由小到大，即在 300 mm 长度上公差为 0. 02 mm。超过公差时，应刮研床鞍与床身结合的下导轨面，直至合格。

刮研床鞍下导轨面达到垂直度要求的同时，还要保证溜板箱安装面的两项要求：在横向与进给箱、托架安装面垂直，要求公差为每 100 mm 长度上为 0. 03 mm；在纵向与床身导轨面平行，要求在溜板箱安装面全长上指示表最大读数不得超过 0. 06 mm。

（4）安装齿条

1）用夹具把溜板箱试装在装配位置，塞入齿条，检验溜板箱纵向进给，用小齿轮与齿条的啮合侧隙大小来检验，正常的啮合侧隙应在 0. 08 mm 内。

2）在侧隙大小符合要求后，即可将齿条用夹具夹持在床身上，钻、攻床身螺纹孔，钻、铰定位销孔，对齿条进行固定。此时要注意两点：齿条在床身上的左右位置应保证溜板箱在全部行程上能与齿条啮合；由于齿条加工工艺的限制，车床整个齿条大多数是由几根短齿条拼接装配而成的，为保证相邻齿条接合处的齿距精度，必须用标准齿条进行跨接校正，校正后在两根相接齿条的接合端面处应有 0. 1 mm 左右的间隙。

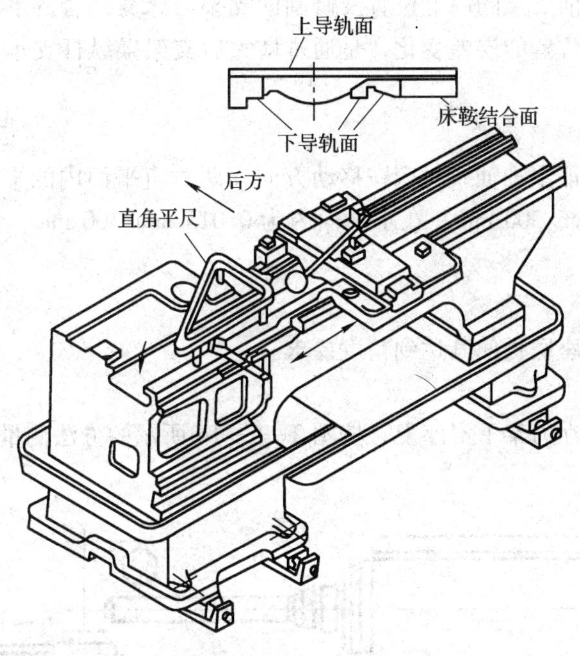

图 2—6—15　测量床鞍上、下导轨的垂直度误差

（5）安装进给箱、溜板箱、丝杠、光杠及后支架

装配的相对位置要求，应使丝杠两端支承孔中心线和开合螺母中心线对床身导轨的等距误差小于 0.15 mm。用丝杠直接装配、校正，工艺要点如下：

1）初装方法。首先用装配夹具在床鞍下初装溜板箱，并使溜板箱移至进给箱附近，插入丝杠，闭合开合螺母，以丝杠中心线为基准来确定进给箱初装位置的高低。然后使溜板箱移至后支架附近，以后支架位置来确定溜板箱进出的初装位置。

2）进给箱的丝杠支承中心线和开合螺母中心线与床身导轨面的平行度误差可通过校正各自的工艺基面与床身导轨面的平行度误差来取得。

3）确定溜板箱左右位置时，应保证溜板箱齿轮与横丝杠齿轮具有正确的啮合侧隙，其最大侧隙量应使横向进给手柄的空转量不超过 1/3 转为宜。

4）安装丝杠、光杠时，其左端必须与进给箱轴套端面紧贴，右端与支架端面露出轴的倒角部位贴紧。当用手转动光杠时，能灵活转动并有忽轻忽重现象，然后再开始用指示表检验、调整。

5）装配时的误差应尽量压缩在精度所规定公差的 2/3 以内。

6）在垂直平面内是以开合螺母孔中心线为基准，通过调整进给箱和后支架丝杠支承孔的高低位置来达到精度要求。在水平面内是以进给箱的丝杠支承孔中心线为基准，通过前后调整溜板箱的进出位置来达到精度要求。

7）当达到要求后，即可进行钻孔、攻螺纹，并用螺钉连接固定。然后对其各项精度再复校一次。最后即可钻、铰定位销孔，用锥销定位。

（6）安装操纵杆前支架、操纵杆及操纵杆手柄

为保证操纵杆对床身导轨在两垂直平面内的平行度要求，是以溜板箱中的操纵杆支承孔为基准，通过调整前支架的高低位置及修刮前支架与床身结合的平面来达到的。至于在后支架中操纵杆中心位置的误差变化，是通过增大后支架操纵杆支承孔与操纵杆直径的间隙来补偿。

（7）安装主轴箱

安装主轴箱后保证主轴轴线对床鞍移动方向在两垂直平面内的平行度误差。要求：在垂直平面内为 0.02 mm/300 mm，在水平面内为 0.015 mm/300 mm，且只许向上偏和向前偏。

（8）尾座的安装

主要通过刮研尾座底板使其达到精度要求。

（9）安装刀架

小滑板部件装配在刀架下滑座上，按图 2—6—16 所示的方法测量小滑板移动对主轴中心线的平行度误差。

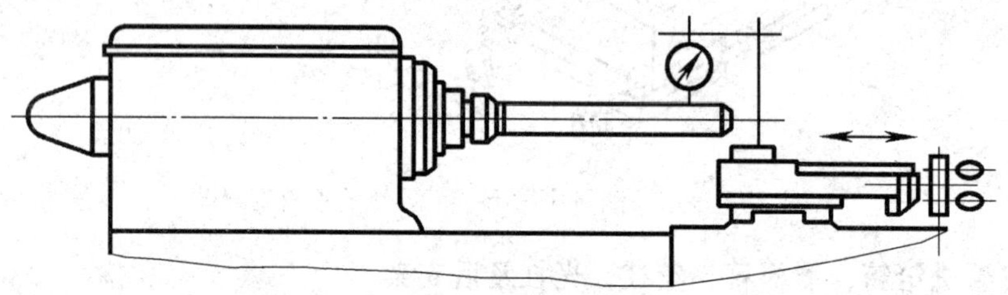

图 2—6—16　小滑板移动对主轴中心线平行度误差的测量

测量时，先横向移动中滑板，使指示表测头触及主轴锥孔中插入的检验心轴上母线最高点。再纵向移动小滑板进行测量，误差在 300 mm 测量长度上为 0.04 mm。若超差，通过刮研小滑板与刀架下滑座结合面来修整。

（10）安装电动机

安装电动机后调整好两带轮中心平面的位置精度及 V 带的松紧程度。

（11）安装交换齿轮架及安全防护装置。

（12）完成操纵杆与主轴箱的传动连接。

模块三 设备检验与调试

课题一　精度检验

子课题 1　量块的保养与检定

学习目标

1. 了解量块的基本情况、标称长度、使用方法和使用注意事项。
2. 掌握量块的保养与检定。

一、量块

量块又称块规，是使用量具的长度基准，是在长度计量工作中经常使用的计量器具。量块对长度计量单位的统一和量值传递的准确、可靠起着重要作用。量块通过两个测量面之间的长度来复现长度量值，以不同的组合尺寸满足测量要求，是单值实物量具。量块主要用于检定及校准量具和量仪的基准；在相对测量时，可用于调整测量器具的零位；也可用于精密测量和机床的调整。

1. 量块的基本情况

量块的基本情况见表 3—1—1。

表 3—1—1　　量块的基本情况

结构和形状	长方形	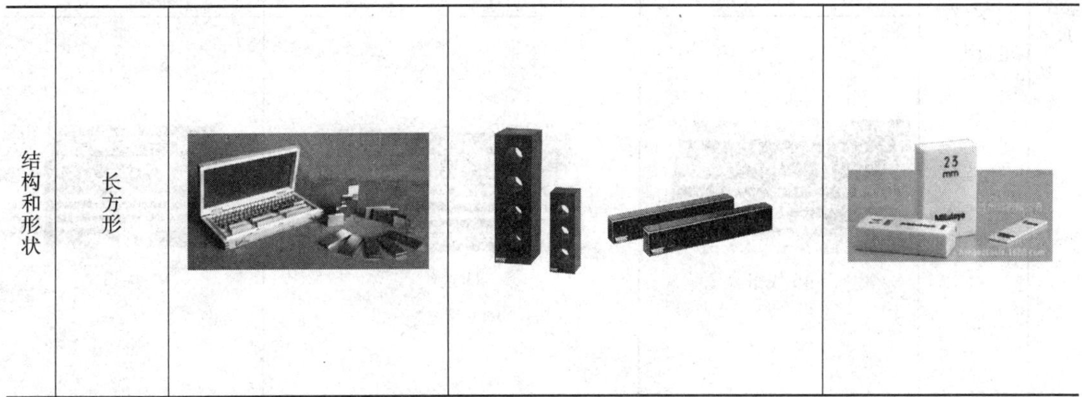		

续表

结构和形状	圆柱形			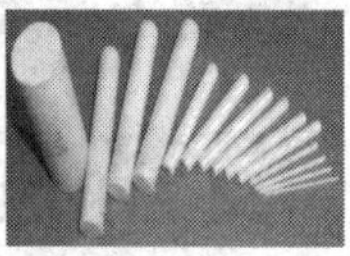
	三角形	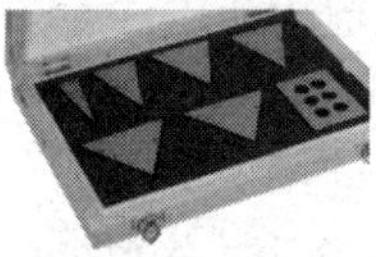		
材质		轴承钢、铬钢、铬锰钢、钨钢、优质高碳钢（一般要经过淬火及低温回火）	硬质合金	陶瓷
分布尺寸	100 mm以下的成套量块	 10 块组	 20 块组	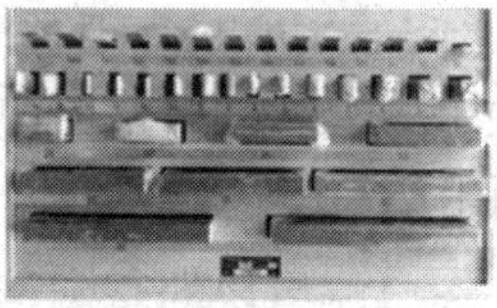 38 块组
		 46 块组	 83 块组	 91 块组

续表

附件	用以扩大量块的使用范围，测量内、外径尺寸和划线	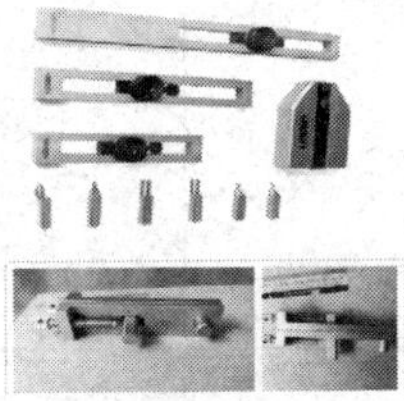 各种量爪、夹持器	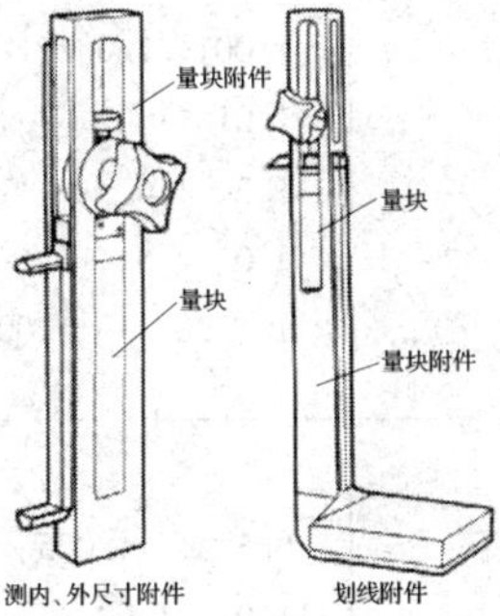 测内、外尺寸附件　划线附件	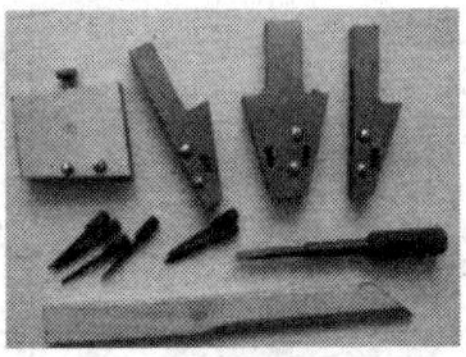 角度专用
量块的等级	量块的级	以量块的标称长度为工作尺寸，该尺寸包含了量块的制造误差，它们将被引入测量结果中，由于不需要加修正值，故使用较方便。按制造精度分为 5 级，即 K、0、1、2、3 级，其中 K 级精度最高，3 级最低，K 级为校准级		
	量块的等	量块按“等”使用时，不再以标称长度作为工作尺寸，而是用量块经检定后所给出的实测中心长度作为工作尺寸，该尺寸排除了量块的制造误差，仅包含检定时较小的测量误差；量块按其检定精度分为 5 等，即 1、2、3、4、5 等，其中 1 等精度最高，5 等精度最低		

2. 量块的标称长度

长方体的量块有 6 个面，有 2 个测量面和 4 个非测量面，如图 3—1—1 所示。测量面极为光滑、平整，其表面粗糙度 $Ra \leqslant 0.012\ \mu m$，两测量面之间的距离即为量块的工作长度（标称长度）。

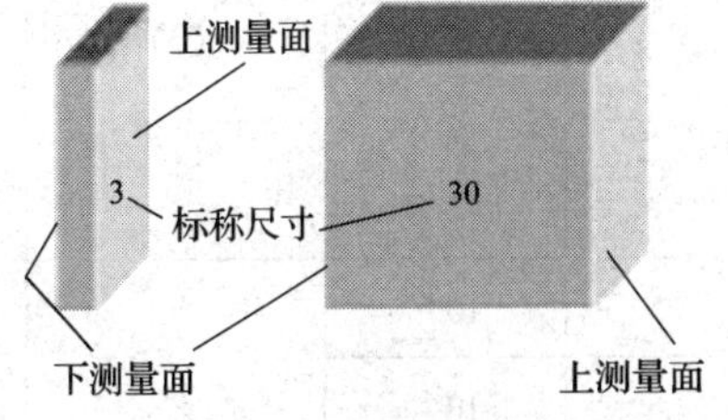

图 3—1—1　量块的测量面

量块的最小和最大标称长度分别为 0. 5 mm 和 1 m。

3. 量块的使用方法

制作量块的材料要求刚度高、表面耐磨损、长度稳定、组织均匀、结构紧密及容易加工后得到较小的表面粗糙度值。因量块与量块之间具有良好的研合性，故利用这一特性，将两块甚至多块量块研合在一起组成各种长度尺寸供测量时使用。尺寸不同的量块组合应选择不同的量块进行研合，以提高利用率。量块是成套使用的，具体使用方法如下：

（1）根据所需要的测量尺寸，自量块盒中挑选出最少块数的量块。成套量块的编组见表 3—1—2。

表 3—1—2　　成套量块的编组

<table>
<tr><th>套别</th><th>总块数</th><th>精度级别</th><th>尺寸系列/mm</th><th>间隔/mm</th><th>块数</th></tr>
<tr><td rowspan="6">1</td><td rowspan="6">91</td><td rowspan="6">K、0、1</td><td>0.5、1</td><td>—</td><td>2</td></tr>
<tr><td>1.001、1.002、…、1.009</td><td>0.001</td><td>9</td></tr>
<tr><td>1.01、1.02、…、1.49</td><td>0.01</td><td>49</td></tr>
<tr><td>1.5、1.6、…、1.9</td><td>0.1</td><td>5</td></tr>
<tr><td>2.0、2.5、…、9.5</td><td>0.5</td><td>16</td></tr>
<tr><td>10、20、…、100</td><td>10</td><td>10</td></tr>
<tr><td rowspan="5">2</td><td rowspan="5">83</td><td rowspan="5">K、0、1
2、(3)</td><td>0.5、1、1.005</td><td>—</td><td>3</td></tr>
<tr><td>1.01、1.02、…、1.49</td><td>0.01</td><td>49</td></tr>
<tr><td>1.5、1.6、…、1.9</td><td>0.1</td><td>5</td></tr>
<tr><td>2.0、2.5、…、9.5</td><td>0.5</td><td>16</td></tr>
<tr><td>10、20、…、100</td><td>10</td><td>10</td></tr>
<tr><td rowspan="6">3</td><td rowspan="6">46</td><td rowspan="6">0、1、2</td><td>1</td><td>—</td><td>1</td></tr>
<tr><td>1.001、1.002、…、1.009</td><td>0.001</td><td>9</td></tr>
<tr><td>1.01、1.02、…、1.09</td><td>0.01</td><td>9</td></tr>
<tr><td>1.1、1.2、…、1.9</td><td>0.1</td><td>9</td></tr>
<tr><td>2、3、…、9</td><td>1</td><td>8</td></tr>
<tr><td>10、20、…、100</td><td>10</td><td>10</td></tr>
<tr><td rowspan="5">4</td><td rowspan="5">38</td><td rowspan="5">0、1、2、
(3)</td><td>1、1.005</td><td>—</td><td>2</td></tr>
<tr><td>1.01、1.02、…、1.09</td><td>0.01</td><td>9</td></tr>
<tr><td>1.1、1.2、…、1.9</td><td>0.1</td><td>9</td></tr>
<tr><td>2、3、…、9</td><td>1</td><td>8</td></tr>
<tr><td>10、20、…、100</td><td>10</td><td>10</td></tr>
<tr><td>5</td><td>10⁻</td><td rowspan="4">K、0、1</td><td>0.991、0.992、…、1</td><td rowspan="4">0.001</td><td rowspan="4">10</td></tr>
<tr><td>6</td><td>10⁺</td><td>1、1.001、…、1.009</td></tr>
<tr><td>7</td><td>10⁻</td><td>1.991、1.992、…、2</td></tr>
<tr><td>8</td><td>10⁺</td><td>2、2.001、…、2.009</td></tr>
<tr><td>9</td><td>8</td><td rowspan="2">K、0、1、
2、(3)</td><td>125、150、175、200、250、
300、400、500</td><td>—</td><td>8</td></tr>
<tr><td>10</td><td>5</td><td>600、700、800、900、1 000</td><td>—</td><td>5</td></tr>
</table>

（2）每一个尺寸所拼凑的量块数目不得超过 5 块，因为量块本身也具有一定程度的误差，量块的块数越多，便会积累成较大的误差。

（3）工作场地要洁净，空气中应无腐蚀性气体、灰尘和潮气。在工作台上应垫衬干净的布。将所选取的量块依次用无水酒精擦拭，以清除量块上的防锈油脂或可能黏着的不洁物。

（4）量块使用时应研合，将量块沿着它的测量面的长度反向，先将端缘部分测量面接触，使其初步产生黏合力，然后将任一量块沿着另一个量块的测量面按平行方向推滑前进，最后使两测量面彼此全部研合在一起，如图 3—1—2 所示。

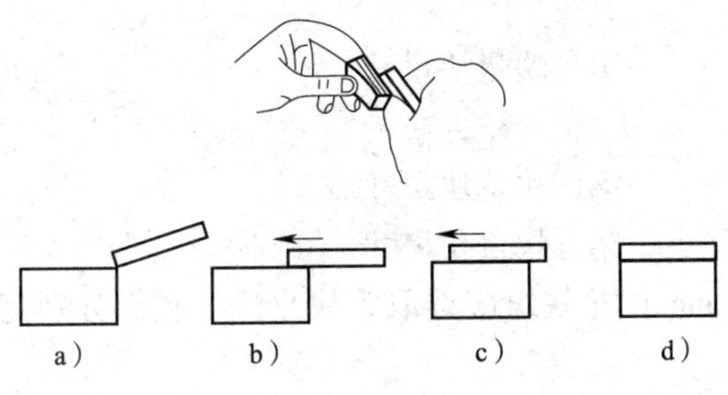

图 3—1—2　量块的研合

（5）正常情况下，在研合过程中手指能感觉到研合力，两量块不必用力就能贴附在一起。如研合力不大，可在推进研合时稍加一些力使其研合。推合时用力要适当，不得使用强力，特别在使用小尺寸的量块时更应注意，以免使量块扭弯和变形。

（6）如果量块的研合性不好，以致研合有困难时，可以在任意一量块的测量面上滴一点汽油，使量块测量面上有一层油膜，以加强它的黏合力，但不可用手擦拭量块测量面。量块使用完毕应立即用煤油清洗。

（7）量块研合的顺序：先将小尺寸量块研合，再将研合好的量块与中等尺寸量块研合，最后与大尺寸量块研合，如图 3—1—3 所示。

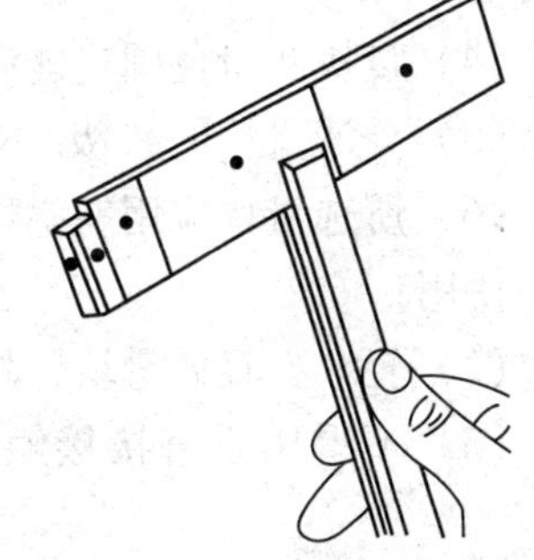

图 3—1—3　量块研合的顺序

（8）选用量块时，应从所需组合尺寸的最后一位数开始，每选一块至少应减去所需尺寸的一位尾数。

例 3—1—1　试从 83 块一套的量块中选取尺寸为 45. 635 mm 的量块组，应该选取哪几块量块？

解：

```
   45. 635…………所需尺寸
 –  1. 005…………第一块量块尺寸
 ———————
   44. 630
 –  1. 13 …………第二块量块尺寸
 ———————
   43. 50
 –  3. 5  …………第三块量块尺寸
 ———————
   40. 0  …………第四块量块尺寸
```

答：尺寸为45.635 mm的量块组应选取4块量块，它们分别是1.005 mm、1.13 mm、3.5 mm、40 mm。

例3—1—2 试从46块一套的量块中选取尺寸为45.635 mm的量块组，应该选取哪几块量块？

解：

	45.635	…………所需尺寸
−	1.005	…………第一块量块尺寸
	44.630	
−	1.03	…………第二块量块尺寸
	43.60	
−	1.6	…………第三块量块尺寸
	42.0	
−	2	…………第四块量块尺寸
	40.0	…………第五块量块尺寸

答：尺寸为45.635 mm的量块组应选取5块量块，它们分别是1.005 mm、1.03 mm、1.6 mm、2 mm、40 mm。

4. 量块使用的注意事项

（1）量块必须在使用有效期内，否则应及时送专业部门检定。

（2）使用环境良好，防止各种腐蚀性物质及灰尘对测量面的损伤，影响其黏合性。

（3）必须符合温度规范。检定量具或在车间使用量块时，应使量块与量具或工件温度尽可能一致。

（4）量块测量范围应能满足所检量具的需要。

（5）分清量块的“级”与“等”，注意使用规则。

（6）所选量块应用航空煤油清洗，再用洁净软布擦干，待量块温度与环境温度相同后方可使用。

（7）轻拿、轻放量块，杜绝磕碰、跌落等情况的发生。

（8）不得用手直接接触量块，以免造成汗液对量块的腐蚀及手温对测量精度的影响。

（9）使用完毕，应用航空煤油清洗所用量块，擦干后涂上防锈脂存于干燥处。

二、量块的保养与检定

量块是高精度的计量器具，在使用过程中应对量块进行精心的使用，防止量块使用不当产生划伤、碰伤和锈蚀，降低量块的使用精度。因此，对量块防划伤、防碰伤、防锈和检定是非常重要的。

1. 量块的保养

量块的保养见表3—1—3和图3—1—4。

表 3—1—3 量块的保养

序号	项目	内容
1	防锈	（1）量块在每次测量完后，应立即用航空煤油或无水酒精和洁净的干布将量块表面加以清理，除掉可能沾染的灰尘、金属屑、油污等。量块不用时要涂上防锈涂料，一般用凡士林油或者防锈油。包装后放入量块专用盒中，不能放在外面。南方气候湿润，最好在三月、九月各清洗一次 （2）量块应避免接触化学物质，如洗涤液等。包装纸、木盒、擦布都不能含有腐蚀性物质，如酸、碱和水分等 （3）量块应存放在干燥、无腐蚀性气体、通风良好、无灰尘的地方，房间温度为 18～25℃，湿度不大于 50%
2	防划痕	（1）使用量块的场所必须清洁，以防量块在研合时由于测量面存在灰尘而划伤 （2）与量块测量面接触的平晶、平板、仪器、工作台等不允许有锈蚀、碰伤、毛刺等缺陷 （3）量块不准存放在磁场附近
3	防碰伤	（1）量块应平整、平行地放在盛器中。夹持 10 mm 以上的量块要用大镊子 注意：一定要避免用手直接抓取量块，特别是使用后清洗放置阶段，否则很容易生成锈斑。不要直接拿量块的测量面，对于比较大的量块，使用时可以戴手套后拿非工作面，测量过程不可以用手（即使戴着手套）握着量块，这是出于温度的影响考虑。量块几天不用清洗放置时要注意戴手套。握过的部位要清洗并涂油 （2）尽量避免自然光直接照射量块

注：按量块国家标准规定的系列新制造的量块必须齐全成套。

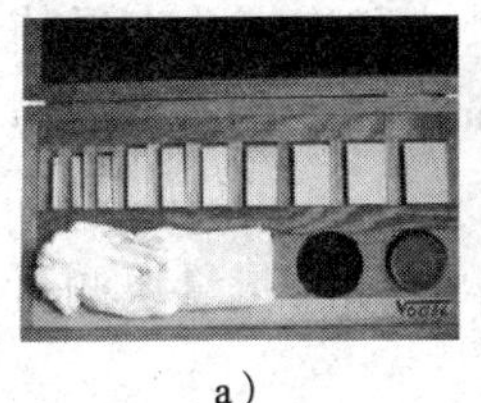
a）
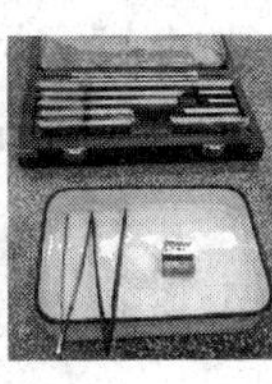
b）
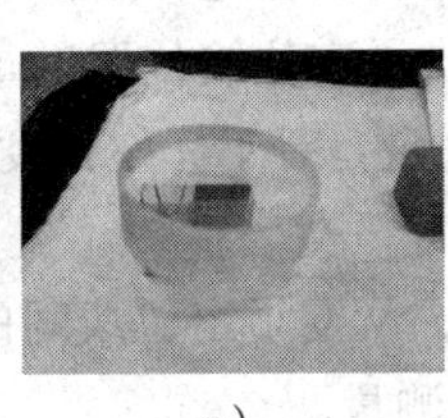
c）

d）

图 3—1—4 量块的保养
a）、b）放入量块的专用盒中 c）涂防锈油 d）防划痕

2. 量块的检定

目前，我国量块的检定主要依据计量检定规程《量块》（JJG 146—2011）进行。计量器具控制包括首次检定和后续检定。

（1）检定条件

1）标准条件。检定证书给出的量块长度测量结果应是标准条件下的值。标准条件如下：量块温度为 20℃，大气压力为 101.325 kPa。

2）标准姿态。长度≤100 mm 的量块，测量或使用其长度时，量块的轴线可垂直或水平放置。长度>100 mm 的量块，测量或使用其长度时，量块的轴线应水平放置。

3）检定项目和检定用设备见表 3—1—4。

表 3—1—4　　　　**检定项目和检定用设备**

<table>
<tr><th>序号</th><th colspan="2">检定项目</th><th>主要检定设备</th><th>首次检定</th><th>后续检定</th></tr>
<tr><td>1</td><td colspan="2">外观</td><td>目测</td><td>+</td><td>+</td></tr>
<tr><td>2</td><td colspan="2">截面尺寸、连接孔、支承标记</td><td>游标卡尺</td><td>+</td><td>-</td></tr>
<tr><td>3</td><td colspan="2">侧面的平面度，侧面与测量面之间的垂直度、平行度和倒棱</td><td>平尺、样板直尺、直角尺、塞尺、工具显微镜、千分尺、万能角度尺</td><td>+</td><td>-</td></tr>
<tr><td rowspan="2">4</td><td rowspan="2">表面粗糙度</td><td>侧面和倒棱测量面的倒棱边</td><td>表面粗糙度比较样板、轮廓仪</td><td rowspan="2">+</td><td rowspan="2">-</td></tr>
<tr><td>测量面</td><td>干涉显微镜等</td></tr>
<tr><td>5</td><td colspan="2">测量面的平面度</td><td>平晶</td><td>+</td><td>-</td></tr>
<tr><td>6</td><td colspan="2">测量面的研合性</td><td>平晶和量块</td><td>+</td><td>+</td></tr>
<tr><td>7</td><td colspan="2">测量面的硬度</td><td>维氏（或其他）硬度计</td><td>+</td><td>-</td></tr>
<tr><td>8</td><td colspan="2">量块的长度</td><td rowspan="3">各种量块干涉仪，光学、电感和电容等形式的比较仪，测长机，各等标准量块组</td><td>+</td><td>+</td></tr>
<tr><td>9</td><td colspan="2">量块的长度变动量</td><td>+</td><td>+</td></tr>
<tr><td>10</td><td colspan="2">长度稳定度</td><td>-</td><td>+</td></tr>
</table>

注：表中需检定的项目用“+”表示，可以不检定的项目用“-”表示。

（2）检定方法

1）外观。量块的外观通过目测检定，必要时借助放大镜。

2）截面尺寸、连接孔和支承定位线位置。量块的截面尺寸和连接孔直径使用分度值不大于 0.05 mm 的游标卡尺测量。对于标称长度大于 100 mm 的量块的截面，应在量块全长范围内均布测量，位置不少于 3 处。

长度大于 100 mm 的量块，两支承定位线间的距离和支承定位线与量块测量面之间的距离可以用游标卡尺或钢直尺测量。

3）侧面的平面度，侧面与测量面之间的垂直度、平行度和倒棱。测量量块侧面的平面度时，用样板直尺靠近侧面，观察其间的间隙或用塞尺测量其间的间隙，测得的值应不超过表 3—1—5 中的规定。

表 3—1—5　　　　**侧面平面度、侧面对测量面之间的垂直度、平行度**

<table>
<tr><th rowspan="2">标称长度
l_n/mm</th><th colspan="3">最大允许值</th></tr>
<tr><th>平面度/μm</th><th>垂直度/μm</th><th>平行度/μm</th></tr>
<tr><td>$l_n < 10$</td><td rowspan="4">40</td><td>—</td><td rowspan="4">80</td></tr>
<tr><td>$10 \leqslant l_n \leqslant 25$</td><td>50</td></tr>
<tr><td>$25 < l_n \leqslant 60$</td><td>70</td></tr>
<tr><td>$60 < l_n \leqslant 100$</td><td>100</td></tr>
</table>

续表

标称长度 l_n/mm	最大允许值		
	平面度/μm	垂直度/μm	平行度/μm
$100 < l_n \leqslant 150$	$40 + 40 \times 10^{-6} l_n$	100	$80 + 80 \times 10^{-6} l_n$
$150 < l_n \leqslant 400$		140	
$400 < l_n \leqslant 1\ 000$		180	

测量量块侧面与测量面之间的垂直度时，把量块的一个侧面和0级直角尺的宽面一起放在同一块平板上，移动直角尺，使其垂直边靠近量块的一个测量面，用光隙法或塞尺测量出量块测量面与直角尺之间开口部位的间隙。

量块侧面与侧面之间的垂直度用分度值为2′的万能角度尺测量，其测得的结果对90°的偏差应不超过10′。

量块侧面与侧面之间的平行度用千分尺测量。对于标称长度较长的量块，在量块较窄的侧面之间至少均布3个位置，在量块较宽的侧面之间至少均布6个位置测量它们之间的厚度。

量块倒棱边宽度采用工具显微镜测量，其测得的结果应不超过规定的值，并且在棱边全长上的宽度应均匀。

4）表面粗糙度。量块测量面的表面粗糙度用干涉显微镜或其他仪器测量，其余部位采用样板比较法或轮廓仪等测量。

量块测量面表面粗糙度至少均布3个位置测量，对于加工痕迹为乱纹的，还应注意选取几个不同方向测量。所有表面粗糙度测量值均应不超过规定值。

5）测量面的研合性。检定1、2等和K、0级量块测量面的研合性时，应使用平面度误差不超过0.03 μm的玻璃（或石英）平晶。

检定3、4等和1、2级量块测量面的研合性时，应使用平面度误差不超过0.1 μm的玻璃（或石英）平晶。

检定5等和3级量块测量面的研合性时，应使用平面度误差不超过0.1 μm的玻璃（或石英）平晶，或使用标称长度不小于5.5 mm的研合性已经检定合格的量块测量面。

使用量块测量面检定量块研合性时，将作为研合性检定的标准量块测量面与被测量块测量面轻轻接触，并沿测量面切向轻轻移动，当手感研合面之间异物已经排除时，稍向研合面法向和切向加力移动，使其相互研合，其结果应符合规定。

6）测量面的硬度。新制造的量块测量面的表面硬度采用维氏（或其他）硬度计做定期的抽样检定。当其硬度的测量结果低于相关规定时，对被抽样的一批量块应扩大抽样数量，再有不合格的，则该批量应按作废处理。

7）量块的长度。以上各项经检定满足规定要求时，方可进行量块长度的测量。

K、0、1、2、3级量块长度测量的不确定度至少不超过相应的1、2、3、4、5等量块长度测量的不确定度。

对于K级和1级量块的长度，应采用光干涉方法直接测量。1、2、3级和3、4、5等量块的长度可采用比较法测量。

按等检定的量块的初始级别应不低于表 3—1—6 的规定。

表 3—1—6　　按等检定的量块的初始级别

首次拟检定量块的等	量块最低应具备的初始级别
1	K
2	0
3	1
4	2
5	3

子课题 2　车床导轨的测量

学习目标

1. 熟悉正弦规的结构和工作原理。
2. 熟悉框式水平仪的结构和应用。
3. 掌握用框式水平仪测量车床导轨直线度误差的方法。

一、正弦规

正弦规是利用三角函数中正弦关系来度量被测对象的，故称为正弦规。正弦规是用于准确测量及检验内、外角度和锥度的精密量具，也可在机床上加工带角度的工件。正弦规需要与量块、指示表等配合使用。

1. 正弦规的结构

由图 3—1—5 可见，正弦规主要由带有精密工作平面的钢制长方形主体和两个精密圆柱组成，工作平面四周可以装挡板（使用时只装互相垂直的两块），测量时用于放置定位板。两圆柱体的直径相等，其中心连线与工作平面互相平行。

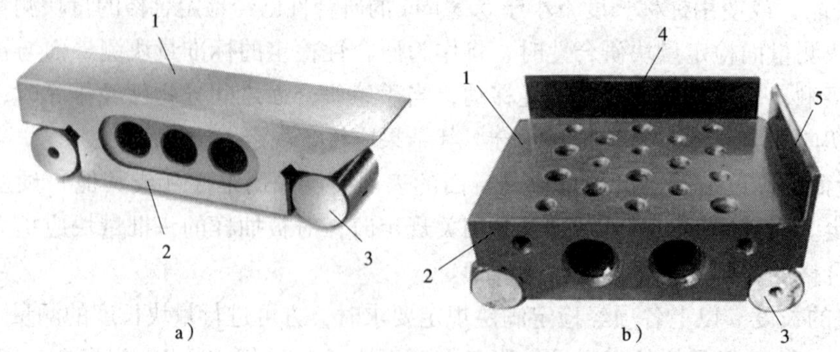

图 3—1—5　正弦规的结构

a）窄型　b）宽型

1—主体（工作平面）　2—主体（侧面）　3—圆柱　4—侧挡板　5—前挡板

根据两精密圆柱的中心距和工作平面宽度的不同，正弦规有宽型和窄型两种，其主要尺寸见表3—1—7。

表3—1—7 正弦规的主要尺寸 mm

型号	两圆柱中心距 L	工作平面宽度 B	圆柱直径 d	高度 H
窄型	100	25	20	30
	200	40	30	55
宽型	100	80	20	40
	200		30	55

正弦规的精度等级有0级和1级，窄型正弦规的中心距200 mm的误差不大于0.003 mm，宽型的不大于0.005 mm。同时，主体上工作平面的平面度以及它与两个圆柱之间的相互位置精度都很高，因此可以用于精密测量。利用正弦规测量角度和锥度时，测量精度可达±1"～±3"，但仅适用于测量小于45°的角度。

2. 正弦规的工作原理

如图3—1—6b所示，在直角三角形中，$\sin\alpha = H/L$，式中 H 为量块组尺寸，可根据被测零件的锥角通过计算获得。

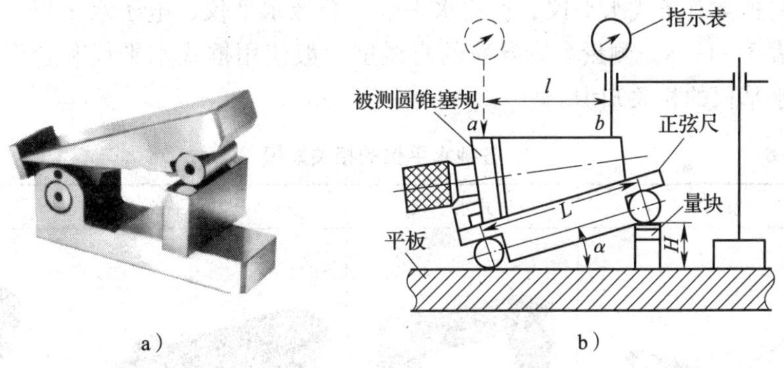

图3—1—6 正弦规的工作原理

a）正弦规的工作状态 b）测量圆锥塞规

正弦公式为：

$$\sin\alpha = \frac{H}{L}$$

式中 α——圆锥的锥角，(°)；

H——量块的高度，mm；

L——正弦规两圆柱的中心距，mm。

例如，测量圆锥塞规的锥角时，使用的是窄型正弦规，两圆柱中心距 $L = 200$ mm，在一个圆柱下垫入的量块高度 $H = 10.06$ mm时，才使百分表在圆锥塞规的全长上读数相等。此时圆锥塞规的圆锥角计算如下：

$$\sin\alpha = \frac{H}{L} = \frac{10.06}{200} = 0.0503$$

查正弦函数表得 $\alpha \approx 2°53'$，即圆锥塞规的实际锥角为 $2°53'$。

图 3—1—7 所示为用正弦规检验锥齿轮的根锥角。由于节锥是一个假想的圆锥，直接测量节锥角有困难，通常以测量根锥角 δ_f值来代替。简单的测量方法是用全角样板测量根锥顶角，或用半角样板测量根锥角。此外，也可用正弦规测量，测量时将锥齿轮套在心轴上，心轴置于正弦规上，将正弦规垫起一个根锥角 δ_f，然后用百分表测量齿轮大、小端的齿根部即可。根据根锥角 δ_f值计算应垫起的量块高度 H：

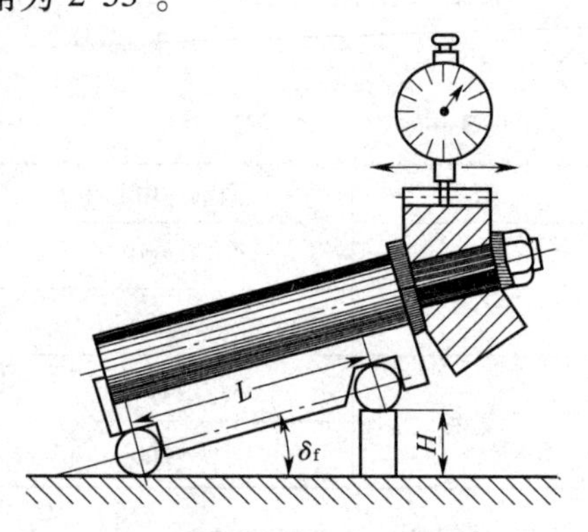

图 3—1—7　用正弦规检验锥齿轮的根锥角

$$H = L\sin\delta_f$$

式中　H——量块高度，mm；

L——正弦规两圆柱的中心距，mm；

δ_f——锥齿轮的根锥角，(°)。

二、水平仪

水平仪主要用于检测机械设备工作台面、导轨面的平面度和直线度，机件相互位置的垂直度和平行度，以及设备安装的相对水平位置和垂直位置。

水平仪的种类有条式水平仪、框式水平仪、合像水平仪、电子水平仪，各种水平仪的相关知识见表 3—1—8。测量车床导轨的直线度一般使用框式水平仪和合像水平仪，本书只讲解框式水平仪的相关知识。

表 3—1—8　　各种水平仪的相关知识

水平仪名称	条式水平仪	框式水平仪	合像水平仪	电子水平仪
实物图				
结构组成	V 形工作底面和水准器（水泡）	框架及水准器	测微螺杆、杠杆系统、水准器、光学合像棱镜、底座	传感器、显示器、底座，外加光学测微器
工作精度/(mm/m)	0.02（4″）	0.02、0.05	0.01（2″）	0.001、0.002 5、0.01、0.05

续表

水平仪名称	条式水平仪	框式水平仪	合像水平仪	电子水平仪
工作平面	V 形工作底面	四个互相垂直的平面	底座（V 形工作面）	底座
工作原理	当水平仪底平面处于水平位置时，水准器的气泡正好处于中间位置；被测平面稍有倾斜，水准器的气泡就向高的一方移动，在水准器的刻度上可读出两端高低相差值		合像水平仪是利用棱镜将水准器中的气泡像合像，从而提高读数的精确度，利用杠杆、微动螺杆等传动机构来提高读数的灵敏度。所以被测量件倾斜 0.01 mm/m 时，就可精确地在合像水平仪中读出	以杠杆的平衡原理测量被测面相对水平面微小倾角的测量器具
读数	正、反转 180°各测量一次，求出气泡偏移格数和的一半		粗读数（目镜上读出偏移格数）1 mm/1 000 mm，细读数（测微旋钮）0.01 mm/1 000 mm	直接在显示器上读出
工作范围	直线度、平面度	直线度、平面度、垂直度	校正基准件的安装水平，检测各种设备导轨的平行度和垂直度误差等	测量高精度工件
特点	结构简单，精度低	测量范围大	对准精度高，读数精度高，测量读数范围大，读数直观且不受测量温度变化影响等	精度高，读数客观，效率高

1. 框式水平仪的结构

框式水平仪的四个面都是工作面，其中带 V 形槽又有水准器的是主工作面，无水准器的是侧工作面。水准器的精度高，供测量与读数用。它是一个密封的玻璃管，轴向剖面上的内表面是具有一定曲率半径的圆弧面。玻璃管内装有乙醚或酒精，有一个气泡，称为水准气泡。

框式水平仪放在水平面上，水准器内的液体总是呈水平状态，水准气泡停留在玻璃管内圆弧面的最高处，即玻璃管外有刻度间距为 2 mm 的刻线的中央。

若框式水平仪放在倾斜面上，管内的液体向低处流，达到一个新的水平状态。水准气泡向高处移动，从移动的方向和格数（即刻线数）可以读出倾斜角度值。

2. 框式水平仪的应用

(1) 零位的调整

将水平仪放在水平面上，若气泡不居中，则操作零位调整装置，使气泡居中。

框式水平仪放在倾斜面上第一次取得读数，调转 180°后第二次取得读数，取两次读数的代数差的一半，操作零位调整装置，使气泡居中。

（2）倾斜角 φ 与倾斜面高度差 h

框式水平仪的刻度值为0.02 mm/1 000 mm，其含义是水准气泡移动一格所反映的倾斜角 φ（见图3—1—8），即：

$$\varphi = \arcsin\frac{0.02}{1\ 000} = 4.125'' \approx 4''$$

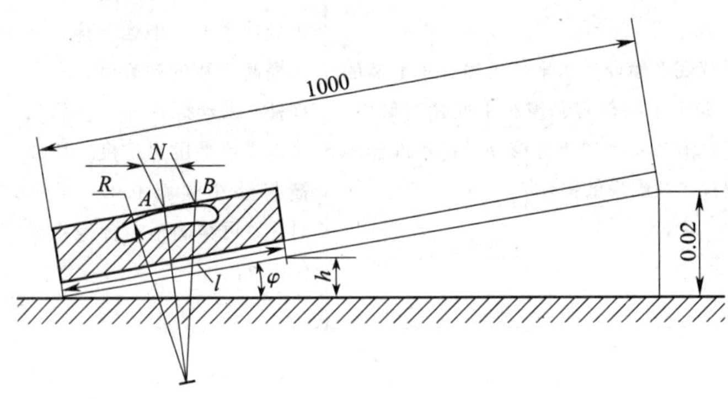

图3—1—8　用框式水平仪测倾斜角

若框式水平仪工作面（俗称垫铁）的长度为 l，由图3—1—8得倾斜面（即框式水平仪两端）的高度差 h：

$$h = KNl$$

式中　K——刻度值是以1 m长时倾斜的高度为0.02（或其他数值）mm表示的；

N——水准气泡移动的格数；

l——水平仪工作面的长度。

一般框式水平仪工作面的长度为200 mm，水准气泡移动1格时框式水平仪两端的高度差为：

$$h = KNl = \frac{0.02}{1\ 000}\times 1\times 200 = 0.004(\text{mm})$$

3. 框式水平仪测量的注意事项

测量前，应检查框式水平仪的零位是否正确。测量表面必须清洁、无尘，以免影响测量精度。测量过程中，保持横向水准器的水准气泡居中，将框式水平仪的工作面紧贴被测量的表面，减少温度变化的影响。

4. 用框式水平仪测量垂直度误差

用框式水平仪测量垂直度误差时，将主工作面放在待测垂直度误差的基准面上，若基准面有倾斜，则用主水准器测出倾斜角的值，并以此值作为测量垂直度误差的零点。把侧工作面贴紧被测面，从主水准器上读出垂直度的误差值。

三、用框式水平仪测量车床导轨直线度误差

1. 用框式水平仪测量车床导轨直线度误差

（1）选择合适精度的水平仪与合适步距的专用桥架。

（2）将水平仪调零后放在专用桥架上，把专用桥架放在被测导轨的一端开始进行测量，如图 3—1—9 所示。

图 3—1—9　测量导轨的直线度误差

（3）记录相应段的水平仪读数，并按其正负记录下来。

（4）首尾相接地移动垫铁，分段沿长度方向逐次进行测量，使前一次垫铁的末点与后一次的始点相重合，在框式水平仪上读出每个测量位置的读数，并依次记录这些读数，通过这些数据确定导轨直线度误差格数，最后通过误差值公式求出导轨直线度误差值并判断误差形状。

（5）根据所测点数据作误差曲线图，使用最小包容平行线法即可求出其直线度误差。导轨直线度误差公式为：

$$\Delta = ncl$$

式中　Δ——导轨直线度误差，mm；

n——误差值格数；

c——水平仪精度，mm；

l——水平垫铁长度，mm。

2. 确定导轨直线度误差

确定导轨直线度误差和误差形状可采用图解法和计算法。

（1）图解法

采用图解法时，以横轴代表被测长度，纵轴代表各分段得出的测量数值，连接各坐标点，绘出被测表面的误差曲线。由于纵、横坐标所取比例不同，因而图中直线度误差曲线被大大地夸张了，所以，坐标图上得到的误差曲线图不是实际线的实际图形，它仅反映出实际线的误差大小。按照精度规定的端点连线法或按照符合直线度定义的最小区域法，确定被测表面的直线度误差和误差曲线形状。

1）以两端点连线法确定误差时，误差曲线必须处于两端点连线的同一侧，误差以误差曲线与端点连线之间的最大纵坐标值来计算。规定：误差曲线在端点连线之上时，形状为凸；误差曲线在端点连线之下时，形状为凹。如曲线有凸、凹的形状时称为波折，一般要采用最小区域法来确定误差。

2）以最小区域法确定误差时，在误差曲线上作两条包容平行线 l_1 和 l_2，分别称为上包容线和下包容线。这两条平行线中有一条与误差曲线上的一个最高点（或最低点）相切，另一条与两个最低点（或最高点）相切，且最高点（或最低点）在误差曲线的方向上应位于两个最低点（或最高点）之间，则此包容误差曲线的两条平行直线之间的距离为最小，该纵坐标距离即为被测表面的直线度误差。

（2）计算法

计算法的实质是将各段读数的坐标位置进行变换，使两端点最终能与横坐标轴重合（或平行）。此时，导轨的误差值就等于其中最大纵坐标值与最小纵坐标值代数差的绝对值。用计算法时，不需要作图。变换各段读数终点累积值必然为零，否则计算有误。变换后各段端点坐标值均为正值时，误差曲线形状为凸；均为负值时，误差曲线形状为凹；若有正有负时，误差曲线形状为波折。该方法简便、实用，能满足一般精度要求，故在生产实践中被广泛采用。对于高精度的零件，如直线度误差曲线出现波折时，可按最小区域法确定其直线度误差。

端点连线计算法可按以下步骤进行：记录原值→求平均值→求相对值→求累积值→误差值（格数）→计算误差。

例 3—1—3 用精度为 0.02 mm/1 000 mm 的框式水平仪测量车床导轨的直线度误差，已知导轨长为 1 200 mm，垫铁长为 200 mm。从左至右依次测得示值读数分别为 +3.5、+5.5、−3.2、0、−3、+3.2（单位为格），试用图解法确定该导轨的直线度误差和误差形状。

解法 1：采用两端点连线法求解，步骤如下：

（1）绘制误差曲线图，如图 3—1—10 所示。

（2）作端点连线 $0P$。

（3）量出误差 n。直接从图中量出 $n_1=7$ 格和 $n_2=2.2$ 格，则最大纵坐标值即为导轨直线度误差 n：

$$n=n_1+n_2=7+2.2=9.2\text{ 格}$$

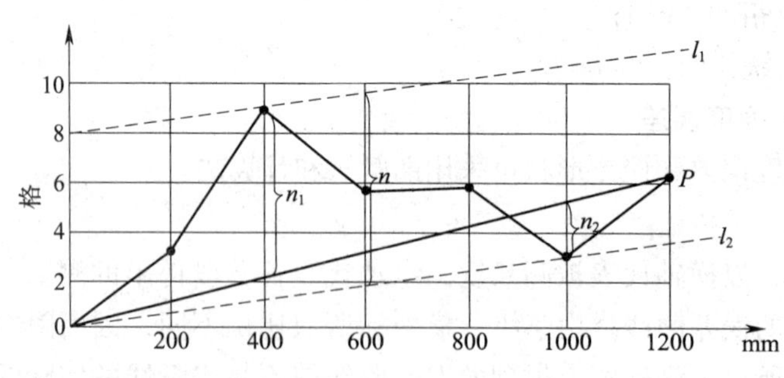

图 3—1—10　误差曲线图

（4）求直线度误差值为：

$$\Delta=ncl=9.2\times\frac{0.02}{1\ 000}\times 200=0.036\ 8\approx 0.037\text{ mm}$$

（5）判断误差形状：误差形状为波折。

答：该导轨直线度误差值为 0.037 mm，误差形状为波折。

解法 2：采用最小区域法求解，步骤如下：

（1）绘制误差曲线图。

（2）作包容平行线 l_1 和 l_2，过两个最低点作下包容线 l_2，过一个最高点作上包容线 l_1，l_1 平行于 l_2，且最高点在误差曲线的方向上位于两个最低点之间，符合最小条件，如图 3—1—10 所示。

（3）量出误差 n 为：

$$n = 7.88 \text{ 格}$$

（4）求直线度误差值为：

$$\Delta = ncl = 7.88 \times \frac{0.02}{1\ 000} \times 200 \approx 0.032 \text{ mm}$$

（5）判断误差形状：误差形状为波折（误差曲线在 l_1 和 l_2 之间上下两边都有凸起分布）。

答：该导轨直线度误差值为 0.032 mm，误差形状为波折。

通过两种解法的比较，该导轨直线度误差不完全相同，是因为图解法在作图过程中难免会出现误差，这种误差是允许存在的。由此可见，采用端点连线法确定的误差偏于保守，相对而言计算法的精度要高些。

课题二　装配质量检验

子课题 1　试件的测量与检验

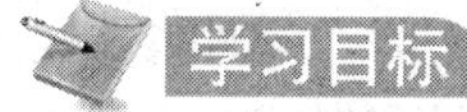

1. 了解装配的相关概念。
2. 熟悉特殊孔的精度检验。
3. 掌握螺纹及等分奇数槽零件的测量方法。
4. 掌握齿轮测量方法。
5. 掌握用样板比较法测量表面粗糙度的方法。

一、装配的相关概念

1. 装配精度

装配质量包括的内容很多，有装配精度、操作性能、使用性能等指标。装配质量是否合格，需要对装配的各个环节进行检测，最终用数据说话。

影响装配质量的因素很多，讨论装配质量，是在所有装配零件均为合格品的前提条件下进行的。

2. 装配精度的获得方法

最终获得的装配精度不但取决于各零部件的制造精度，而且还与装配方法的选择有极大的关系，装配中一般有以下五种装配方法。

（1）完全互换法

完全互换法的配合零件公差之和小于或等于装配允许的偏差，这样可以获得规定的精度，从而确保装配质量。

采用这种装配方法的零件完全互换，操作简单、方便，易于掌握，生产效率高，便于组织流水作业。但这种方法对零件的加工精度要求很高，适用于配合零件数较少、批量较大、零件采用经济加工精度的装配，如汽车、缝纫机及小型电动机的部分零部件。

（2）不完全互换法

不完全互换法中配合零件公差平方和的平方根小于或等于装配允许的偏差，可不加选择进行装配，零件可以互换，也具有操作方便、易于掌握、生产效率高、便于组织流水作业的优点。同时，因公差比完全互换法放宽，较为经济合理，但有极少数零件需返修或更换。这种方法适用于零件数稍多、批量大和零件加工精度需放宽时的装配，如机床、仪器仪表中的一些部件。

（3）分组选配法

对配合副中零件的加工公差按装配允许的偏差放大若干倍，对加工的零件进行测量分组，按对应组进行装配，同组可以互换。零件能按经济精度制造，配合精度高，但增加了分组的工作量。由于各组配合零件不可能相同，容易造成部分零件积压。适用于成批大量生产、配合零件数少、配合精度较高而又不便于采用调整装配时，如滚动轴承内外圈与滚子、活塞与活塞销、活塞与缸套等。

（4）调整法

选定配合副中一个零件，制造成多种尺寸，装配时利用它来调整到装配允许偏差；或采用可调装置改变有关零件的相互位置来达到装配允许偏差；或采用误差抵消法。零件可按经济精度制造，能获得较高的装配精度，但装配质量在一定程度上依赖操作者的技术水平。调整法可用于多种装配场合，如锥齿轮调整间隙的垫片、滚动轴承调整间隙的间隔套等。

（5）修配法

在零件上预留修配量，或在装配过程中再进行一次精加工，综合消除其累积误差。修配法可获得很高的装配精度，但很大程度上依赖操作者的技术水平。修配法适用于单件、小批量生产或装配精度要求高的场合，如车床尾座垫板、平面磨床砂轮架对工作台面自磨等。

现仅以常见的金属切削机床为例，讨论装配过程的质量控制和精度检验。

二、机床装配精度检验时的要求

机床装配精度主要包括三个方面：机床的安装水平、基础件导轨的精度和与之有关部分的机床几何精度。不同机床在进行装配精度检验时，有的需要检验上述三个方面的内容，有的则只需检验其中的两项或一项内容，这主要取决于机床的类型、结构特点与机床的刚度。精度检验的一般要求如下：

1. 温度要求

普通机床及中、小型精密机床在进行装配精度检验时没有严格的温度限制，但对大型、重型机床及高精度机床必须重视环境温度对检验结果的影响。例如，对有恒温要求的机床须在恒温建立后才能进行检验，大型及重型机床应选择一天中温差较小的时期进行检验等。

无论哪一种机床，检验时都要避免阳光直射、热辐射及空气流动的影响。

2．运动部件的位置与状态

进行装配精度检验时，运动部件在机床上所处的位置与状态（夹紧或松开）对测量结果有着明显的影响，必须严格按照精度检验标准的规定进行检验。运动部件处在不同位置时其本身将会因装配间隙的变化与接触方式的改变而产生微量的位移。由于这些因素的影响，将会给误差判断带来困难。因此，不同的机床根据不同结构特点和使用条件，对精度检验时运动部件所处的位置与状态有明确的规定。

3．机床的拆卸与调整

检验时一般不对影响机床精度或性能的零部件进行拆卸与调整。必须拆卸才能进行检验的零部件，应按有关规定拆卸检验；必须重新调整的零部件，应在调整后重新检验受到调整影响的精度项目。

4．检验顺序与操作

装配精度在机床调整时须按规定的顺序逐次检验，但验收时不必按此顺序，有的精度项目在验收时检验会有很大困难，需在安装及调整合适后先行检验。

5．检验工具

检验工具的精度必须高于被测对象的精度。对有恒温要求的机床进行检验时，检验工具须预先在机床安装现场放置一段时间，待其达到恒温要求后方可使用。

检验机床装配精度时常用的检验工具种类繁多，现根据用途不同分以下三类进行介绍。

（1）测量直线度、平面度误差的常用工具

常用的有平尺（含桥尺）、刀口尺、平板（平台）、角铁（弯板）、方箱等。

（2）测量相互位置精度的常用工具

常用的工具有百分表、千分表、直角尺、塞尺、游标高度尺、表座等。

（3）测量辅助工具

除以上两类常用工具外，在生产中为便于被测工件的定位和检测操作，还经常用到一些辅助工具，如等高垫铁、角度垫铁（见图3—2—1和图3—2—2）、V形块、等高对定键、检验心轴（见图3—2—3）、专用检验工具等。

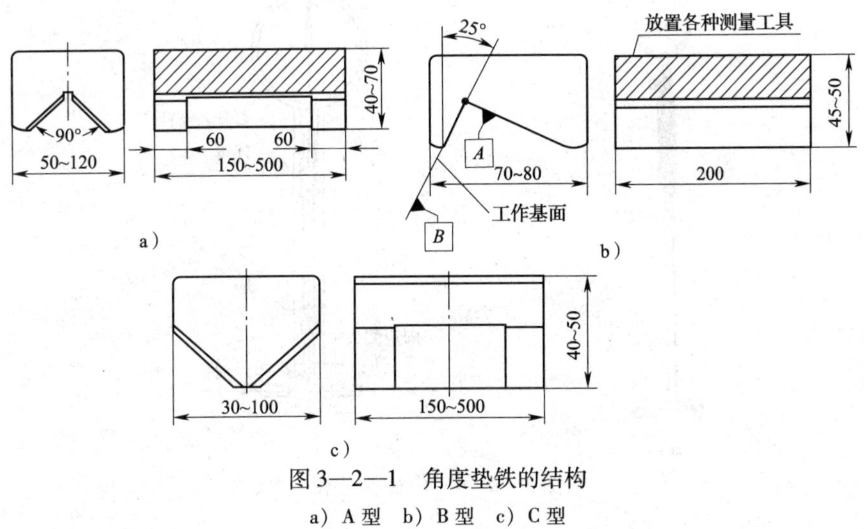

图3—2—1　角度垫铁的结构

a）A型　b）B型　c）C型

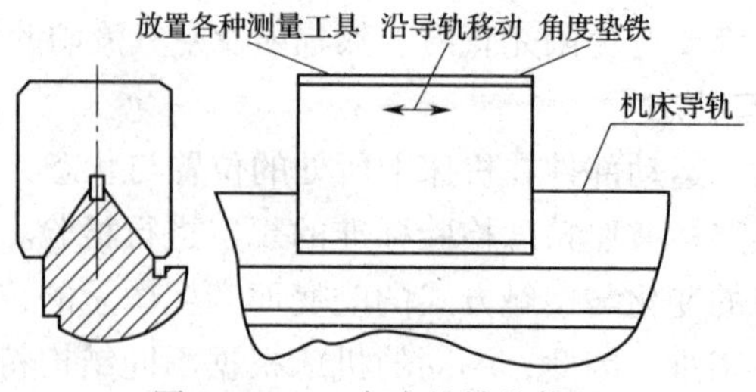

图 3—2—2　角度垫铁的使用

注：角度垫铁精加工完成后，其基准面应与被测导轨对研符合要求后才能用于测试，更换另一台机床时，应重新刮研工作基面，即工作基面只能使用一次。

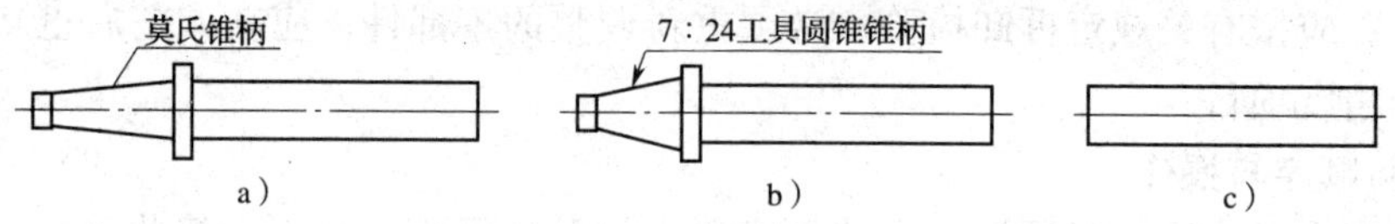

图 3—2—3　各种检测用心轴

a）用于带莫氏锥孔的机床，如车床、钻床、磨床等　b）用于带 7：24 工具圆锥锥孔的机床，如铣床等
c）光轴，用于零件的检测

三、特殊孔精度的检测

1. 孔的尺寸精度的检测

孔的尺寸精度的检验主要是指检验孔的直径和深度，孔的尺寸精度不同，选择的量具有所差别，检测方法也有区别。

（1）孔的直径尺寸的检测

对于普通精度（0. 10 mm < 公差≤0. 20 mm）的孔可采用常规量具，如游标卡尺、内径千分尺等来测量；如精度要求较高（公差≤0. 10 mm）时，可采用图 3—2—4 所示的内径百分表进行检测。

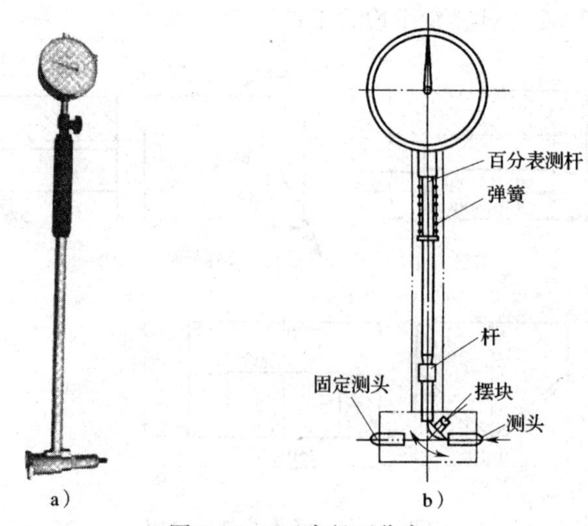

图 3—2—4　内径百分表

孔径较小（≤3 mm）时，由于受孔径的限制，采用量具直接测量难度很大，准确度低。根据孔的精度要求，可预先制作精度等级比孔高一级的塞规进行检测，如图 3—2—5 所示。

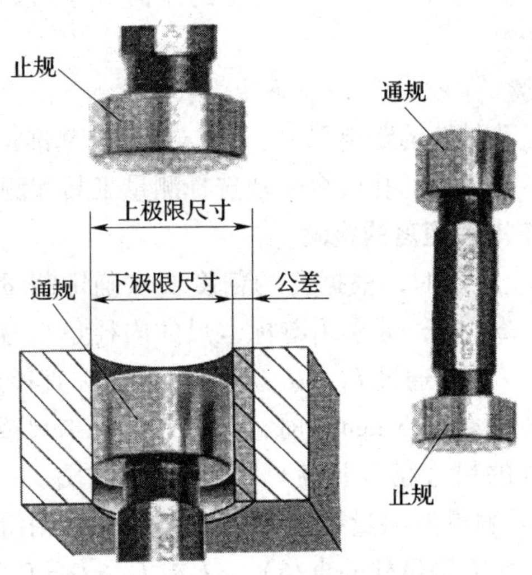

图 3—2—5　塞规

检测要点如下：

1）去除孔口毛刺，并清理孔内的切屑、切削液和机油。

2）使用游标卡尺或千分尺测量时，应使尺的两个量爪在孔内沿圆周稍作摆动，以使其落脚点在孔的最大直径处，得到孔径较准确的示值。

3）采用内径百分表检测时应合理选用其规格，内径百分表的测量范围分为 6 ~ 10 mm、10 ~ 18 mm、18 ~ 35 mm、35 ~ 50 mm、50 ~ 100 mm、100 ~ 160 mm、160 ~ 250 mm 等。

测量时，应使百分表在孔的轴向截面内充分摆动，使测量能获得较高的准确度。

（2）孔的深度尺寸的检测

不同精度的孔要采用不同的量具，对于精度较低的孔一般采用游标卡尺、游标深度尺，对于精度相对较高的孔可采用深度千分尺（见图 3—2—6）。

深度千分尺用于测量孔、键槽的深度或台阶的高度，分度值为 0.01 mm，测量范围为 0 ~ 50 mm 与 0 ~ 100 mm 两种。图 3—2—6 中尺座 2 和被测孔的端面（与孔的轴线垂直）是测量基准，所以测量深度时必须紧密接触，然后旋转微分筒 1、测力装置 4 使测杆 3 的前端面与孔的底面接触，同时发出“嗒嗒”声响，此时深度千分尺的示值正好是孔的深度。

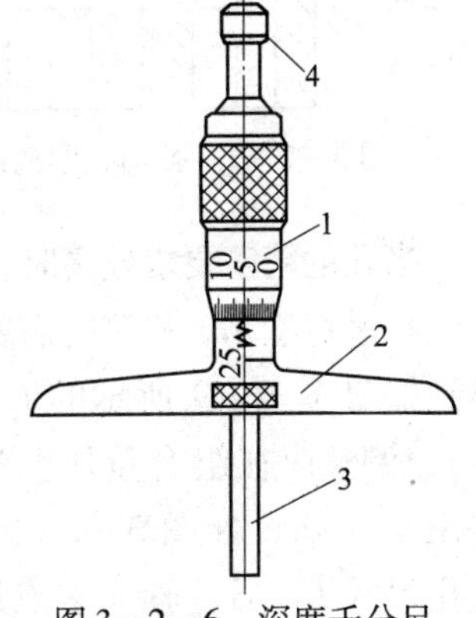

图 3—2—6　深度千分尺
1—微分筒　2—尺座
3—测杆　4—测力装置

检测要点如下：

1）测量前应把孔表面的毛刺、油污及孔内的切屑和切削液清除干净。

2）如采用游标卡尺或者游标深度尺测量，应使尺座在孔表面放置平稳贴合后，缓慢向下移动测深杆，达到顶点时读数。为了保证测量的准确性，应进行多次测量取其平均值。

3）采用深度千分尺测量时应合理选择其测量范围，深度千分尺的测量范围为 0～50 mm、0～100 mm。测量时，千分尺的尺座与孔的端面应紧密贴合，当测杆与孔底面接触，棘轮发出声响时进行读数。

2．孔的位置精度的检验

孔的位置精度大体包括孔与孔的距离尺寸，孔与工件上基准面的距离尺寸，孔的垂直度、平行度、倾斜度等。不同要求的孔应合理地选择测量工具和测量方法。

（1）孔与孔以及孔与基准面距离的检测

1）孔与孔距离的检测。检测时，根据孔的精度要求确定测量方法。对于孔距精度要求较低（尺寸公差≤0. 20 mm）时，可采用游标卡尺的内径量爪直接检测两孔最外端的距离（见图 3—2—7 中的尺寸 L_2），通过 L_2-D（D 为孔的实际直径尺寸）获得两孔中心距。当孔距的精度要求较高（公差≤0. 15 mm）时，可选用游标卡尺或外径千分尺，同时要借用测量柱进行检测（测量柱的尺寸精度要高）。测量方法如图 3—2—7 所示。要获得尺寸 L，用游标卡尺或外径千分尺测得两测量柱最外端距离 L_2 或者用游标卡尺的内径量爪测得尺寸 L_1，然后通过 L_2-D（D 为测量柱的直径）$=L$ 或 $L_1+D=L$ 来获得尺寸 L。采用此方法，通过多点尺寸的检测也可得到两孔的平行度误差。

2）孔与基准面距离的检测。根据精度要求，当精度要求较低（公差≤0. 30 mm）时，可直接采用游标卡尺检测如图 3—2—8 所示的尺寸 L，通过计算可得出孔中心到基准面的距离（D 为孔的实际直径）。

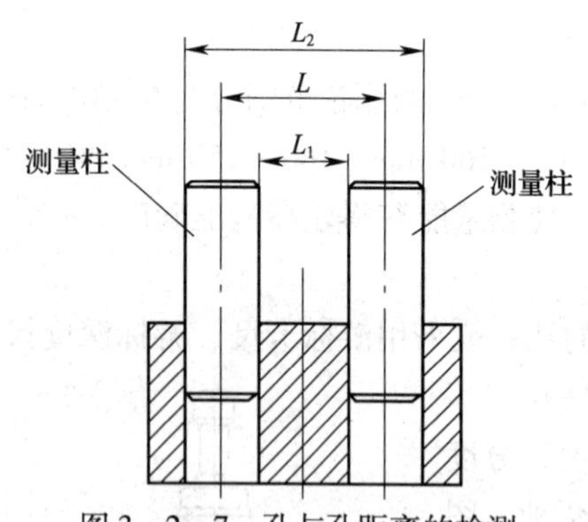

图 3—2—7　孔与孔距离的检测

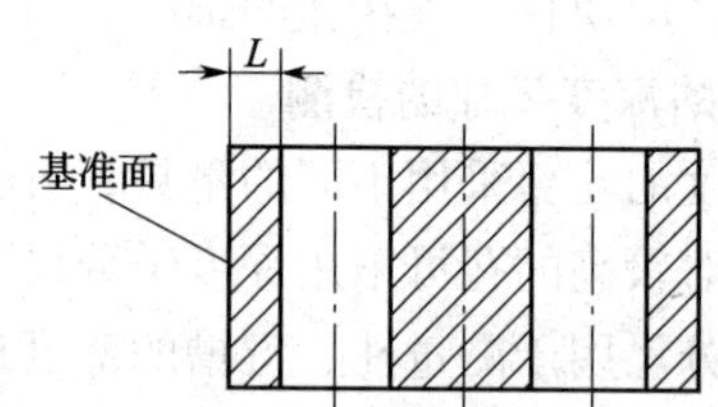

图 3—2—8　采用游标卡尺检测孔与基准面距离

当孔的精度要求较高时，可采用测量柱及百分表（杠杆表）进行检测，检测时需要提前把百分表测头的高度调整到如图 3—2—9 所示的 $L+D/2$ 处（D 是测量柱的直径），调整应在组合量块上进行。然后通过百分表示值得出尺寸 L_1，如图 3—2—9 所示，再通过 $L_1-D/2=L$ 获得尺寸 L。通过轴向多点尺寸的检测也可得到孔与基准面的平行度误差。

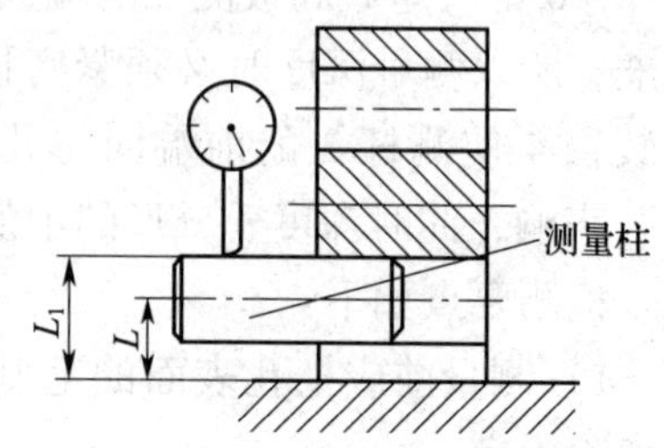

图 3—2—9　采用测量柱及百分表检测孔与基准面距离

检测要点如下：

①测量前应把孔表面的毛刺、油污及孔内的切屑和切削液清除干净。

②使用游标卡尺直接检测时，卡尺的两个量爪在孔内沿圆周稍作摆动，使其落脚点在准确的位置上，以得到孔径较精确的数值。

③使用测量柱检测时，检测点应在测量柱靠近孔口处的地方，以免因孔的歪斜而影响尺寸的准确性。

④在平板上使用百分表检测时，百分表测头的移动要平稳，同时测头要在测量柱的径向位置上来回摆动，以测得最大示值。

（2）孔的垂直度的检测

孔的垂直度应根据实际情况，一般采用测量柱和直角尺、测量柱和百分表检测等方法。

使用测量柱和直角尺检测垂直度的方法如图 3—2—10 所示。

使用测量柱和百分表检测垂直度的方法如图 3—2—11 所示。

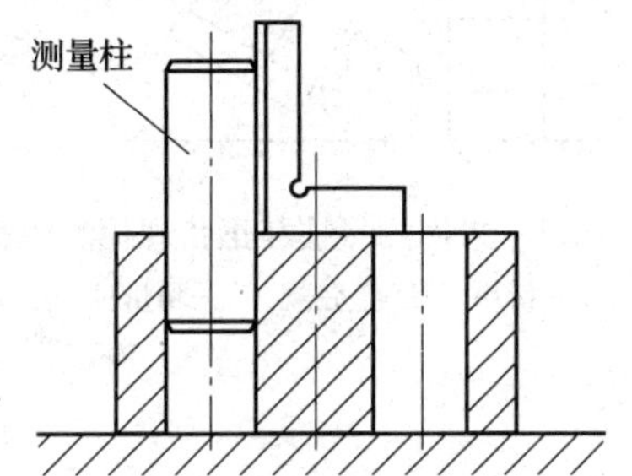

图 3—2—10 使用测量柱和直角尺检测垂直度

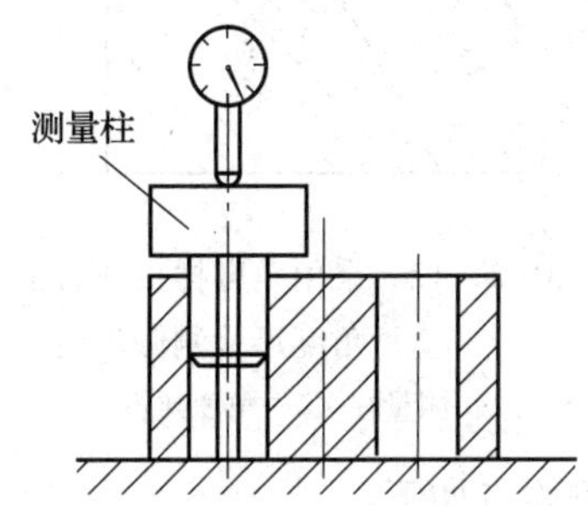

图 3—2—11 使用测量柱和百分表检测垂直度

检测要点如下：

1）测量前应把孔表面的毛刺、油污及孔内的切屑和切削液清除干净。

2）使用直角尺检测时，应沿圆周方向进行多点测量，准确得出孔轴线与工件表面的垂直度误差。某一方向上偏差最大的缝隙即为孔与工件端面的垂直度误差。

3）使用特制的测量柱检测孔的垂直度时，百分表的测头应在圆周方向上多点测量。某一方向上在测量柱上端面边缘处的最大示值即为孔与工件端面的垂直度误差。

（3）孔的平行度的检测

孔的平行度的检测一般常采用直接测量、加测量柱测量及打表法测量等方法，对于精度要求不高的孔，可采用游标卡尺直接测量孔与孔或孔与基准面两端的相应尺寸，两尺寸的差值即为平行度误差。当精度要求相对较高时，孔与孔平行度误差的检测可采用测量柱，利用游标卡尺或外径千分尺上下进行多点检测，最大值与最小值的差值即为平行度误差。孔与基准面的平行度误差采用测量柱和百分表进行轴向多点检测，最大示值与最小示值的差值即为平行度误差。

检测要点如下：

1）测量前应把孔表面的毛刺、油污及孔内的切屑和切削液清除干净。

2）使用游标卡尺直接检测时，量爪应沿圆周方向进行微小摆动，以得到准确的测量数值。

3）使用百分表检测时，百分表的测头在测量柱上移动要平稳，同时测头要在测量柱的径向位置上来回摆动，以测得该点的最大示值。

（4）孔的倾斜度的检测

工件上有斜孔时，对孔的轴线与基准面夹角的检测一般采用测量柱，通过角度样板或采用万能角度尺进行检测，如图 3—2—12 所示。简单的制件精度要求较高时，可采用测量柱与正弦规进行检测，如图 3—2—13 所示。高精度的孔也可采用角度量块与测量柱进行检测。

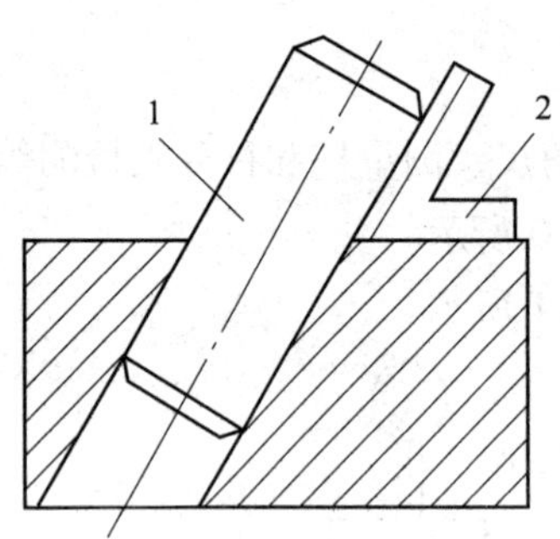

图 3—2—12　采用角度样板或万能角度尺检测倾斜度

1—测量柱　2—角度样板

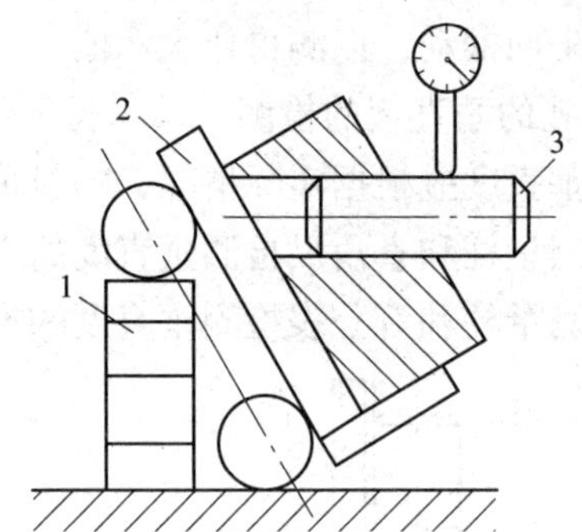

图 3—2—13　采用测量柱与正弦规检测倾斜度

1—量块　2—正弦规　3—测量柱

检测要点如下：

1）测量前应把孔表面的毛刺、油污及孔内的切屑和切削液清除干净。

2）在正弦规上使用百分表检测时，应在测量柱的轴向进行多点检测，最大示值与最小示值的差值即为孔的倾斜度误差。同时，检测每点时，百分表的测头应在测量柱的径向上做微小的来回摆动，以求得该处的最大值。

四、螺纹的测量

螺纹的合格条件见表 3—2—1。螺纹的测量方法有综合测量法和单项测量法两种。

表 3—2—1　　螺纹的合格条件

	外螺纹	内螺纹
大径的合格条件	$d_{min} \leqslant d \leqslant d_{max}$	$D_{1min} \leqslant D_1 \leqslant D_{1max}$
中径的合格条件	$d_{2m} \leqslant d_{2max}$	$D_{2m} \geqslant D_{2min}$
	$d_{2a} \geqslant d_{2min}$	$D_{2a} \leqslant D_{2max}$
小径的合格条件	$D_1 \leqslant d_{1max}$	$D \geqslant D_{min}$

1. 综合测量法

如图 3—2—14 和图 3—2—15 所示，光滑卡规、光滑塞规检验大径的合格条件，螺纹环规、螺纹塞规的通端检验作用中径与小径的合格条件，止端检验实际中径的合格条件。

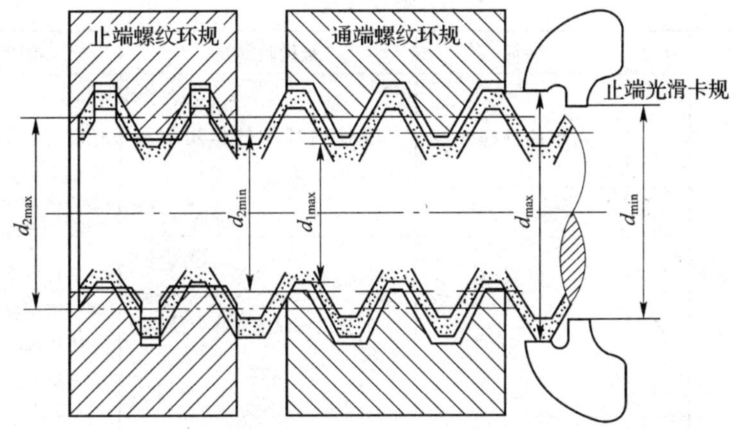

图 3—2—14　用环规检验外螺纹

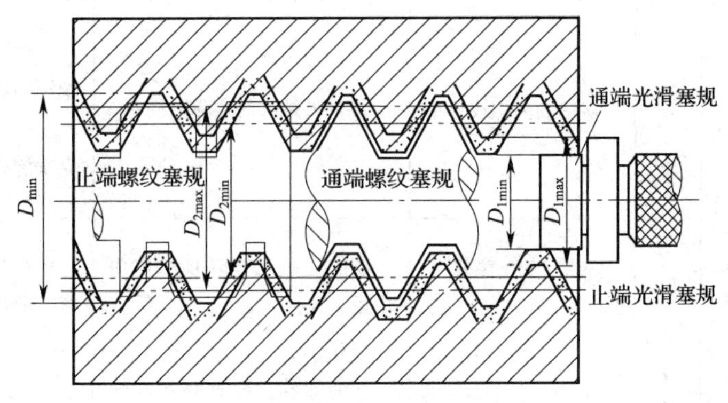

图 3—2—15　用塞规检验内螺纹

螺纹量规的通端能与被测螺纹旋合、通过，止端与被测螺纹不能旋合、通过，则被测螺纹是合格的。

螺纹量规是综合测量仪器，如环规的通端同时检验了外螺纹的 d_2、P、$a/2$（即作用中径）、d_1 等参数的综合误差。综合测量法的操作简单、可靠，效率高，适用于检验大批量生产、精度要求不太高的螺纹。

螺纹量规按工作用途分为工作量规、验收量规、校对量规。

螺纹零件加工时用来检验零件螺纹是否合格的螺纹量规称为工作量规。工作量规有塞规和环规两种，分别用于检验内、外螺纹。

螺纹零件制造完毕，由质量检查部门用于验收零件螺纹是否合格的螺纹量规称为验收量规。验收量规有塞规和环规两种，其检验要求比工作量规宽松。

检验工作环规和验收环规是否合格的螺纹塞规称为校对量规。工作塞规和验收塞规则用通用量仪检验是否合格。

螺纹量规的名称、代号、特征、被检验参数、检验合格的标志见表 3—2—2。

表 3—2—2 螺纹量规

<table>
<tr><th colspan="2">名称</th><th>代号</th><th>特征</th><th>被检验参数</th><th>检验合格的标志</th></tr>
<tr><td colspan="2">通端工作塞规</td><td>T</td><td rowspan="2">完整的外螺纹牙型</td><td rowspan="2">零件内螺纹的作用中径 D_{2m}、大径 D</td><td rowspan="2">应与零件内螺纹完全旋合、通过</td></tr>
<tr><td colspan="2">通端验收塞规</td><td>TY</td></tr>
<tr><td colspan="2">止端工作塞规</td><td>Z</td><td>—</td><td>零件内螺纹的实际中径 d_2</td><td>工件内螺纹≥4 牙时，与内螺纹的旋合量≤2 牙
工件内螺纹 <4 牙时，不应完全旋合、通过</td></tr>
<tr><td colspan="2">通端工作环规</td><td>T</td><td rowspan="2">完整的内螺纹牙型</td><td rowspan="2">零件外螺纹的作用中径 d_{2m}、小径 d_1</td><td rowspan="2">应与零件外螺纹完全旋合、通过</td></tr>
<tr><td colspan="2">通端验收环规</td><td>TY</td></tr>
<tr><td colspan="2">止端工作环规</td><td>Z</td><td>截短的内螺纹牙型</td><td>零件外螺纹的实际中径 d_{2a}</td><td>工件外螺纹≥4 牙时，与外螺纹的旋合量≤2 牙
工件外螺纹 <4 牙时，不应完全旋合通过</td></tr>
<tr><td rowspan="3">通端工作环规的校对塞规</td><td>校通一通</td><td>TT</td><td>完整的外螺纹牙型</td><td>新的通端工作环规的作用中径、大径</td><td>应与通端工作环规完全旋合、通过</td></tr>
<tr><td>校通一止</td><td>TZ</td><td rowspan="2">截短的内螺纹牙型</td><td>新的通端工作环规的实际中径</td><td rowspan="2">应与通端工作环规一端旋合量≤1 牙</td></tr>
<tr><td>校通一损</td><td>TS</td><td>车间使用中的通端工作环规的实际中径（已磨损）</td></tr>
<tr><td>通端验收环规的校对塞规</td><td>校通一通</td><td>YT</td><td></td><td>通端验收环规的实际中径</td><td>应与通端验收环规完全旋合、通过</td></tr>
<tr><td rowspan="3">止端工作环规的校对塞规</td><td>校止一通</td><td>ZT</td><td rowspan="3">完整的内螺纹牙型</td><td rowspan="2">新的止端工作环规的实际中径</td><td>应与止端工作环规完全旋合、通过</td></tr>
<tr><td>校止一止</td><td>ZZ</td><td>应与新的止端工作环规一端旋合量≤1 牙</td></tr>
<tr><td>校止一损</td><td>ZS</td><td>车间使用中的止端工作环规的实际中径（已磨损）</td><td>应与止端工作环规一端旋合量≤1 牙</td></tr>
</table>

2. 单项测量法

根据使用要求，每次只测量螺纹的一项参数，并以测量结果来判别其合格性，这就是单项测量法。单项测量法主要用于检验精密螺纹、螺纹量具、丝锥、机床丝杠等。

(1) 外螺纹千分尺测量中径

外螺纹千分尺与外径千分尺不同的是测量头做成 V 形槽，与螺纹牙型的牙齿啮合；活动测量头做成圆锥形，与螺纹牙型的沟槽啮合。外螺纹千分尺的两个测量头必须与被测螺纹的螺距 P、牙型半角 $\alpha/2$ 相对应，否则会增加测量误差。从备用的一套中选择合适的测量头，安装后必须校正零位：测量 0～25 mm 螺纹中径时，使两个测量头直接贴合，调整零位；若螺纹中径大于 25 mm 时，使用校对样板调整零位。测量时，测量头与螺纹牙型啮合，如图 3—2—16 所示，且使两个测量头的公共轴线和被测螺纹的轴线相互垂直又相交。

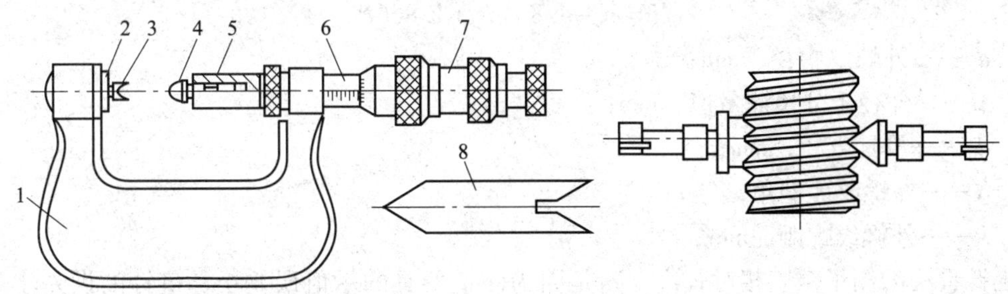

图 3—2—16　外螺纹千分尺

1—弓架　2—架砧　3—V 形测量头　4—圆锥形测量头　5—主量杆　6—内套筒　7—外套筒　8—校对样板

外螺纹千分尺测量头的 P、$\alpha/2$ 是标准的，而被测螺纹的 P、$\alpha/2$ 却是有误差的，故测量得到的螺纹中径是有误差的，只能用于低精度螺纹的测量。

外螺纹千分尺的测量范围为 0～25 mm、25～50 mm 直至 325～350 mm（即以 25 mm 分挡），刻度值为 0.01 mm。

(2) 内螺纹千分尺测量中径

内螺纹千分尺的结构如图 3—2—17 所示，其读数方法与内径千分尺的读数方法相同。内螺纹千分尺测量头的形状及选择、校正零位方法、测量方法都与外螺纹千分尺相同。只是注意，要用外螺纹千分尺来校正零位。

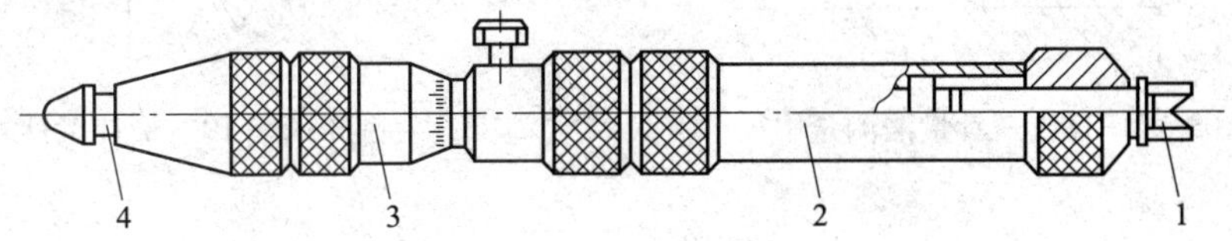

图 3—2—17　内螺纹千分尺

1—活动测头　2—接长杆　3—微分筒　4—固定测头

内螺纹千分尺测量内螺纹中径的范围分 50～300 mm、50～600 mm 两种，刻度值为 0.01 mm。

(3) 量针法测量中径

量针法有单针量法（适用于直径大于 50 mm 的大尺寸螺纹）、两针量法（用于牙数很少或无法用三针量法时）和三针量法，一般采用三针量法。

三针量法（又称三线量法）中三根量针是高精度的直径相等的小圆柱体。测量时，把三根量针放在被测螺纹相应的牙槽中，如图 3—2—18 所示，用接触式的测量器具（如外径千分尺）测得尺寸 M，然后计算出被测螺纹的中径 d_2：

$$d_2 = M - d_0\left(1 + \frac{1}{\sin\frac{\alpha}{2}}\right) + \frac{P}{2}\cot\frac{\alpha}{2}$$

当 $\alpha = 60°$ 时，有：

$$d_2 = M - 3d_0 + 0.866P$$

当 $\alpha = 30°$ 时，有：

$$d_2 = M - 4.864d_0 + 1.866P$$

式中 d_2——外螺纹中径，mm；

M——外径千分尺测量值，mm；

d_0——量针直径，mm；

α——外螺纹牙型角，（°）；

P——外螺纹螺距，mm。

三针量法的测量精度相对较高，这是因为测量器具的示值误差小、量针的误差小，同时，测量精度的高低还与被测螺纹的螺距误差和牙型半角误差大小有一定的联系。消除牙型半角误差影响的方法是保证量针与被测螺纹牙型侧面的接触点正好落在螺纹中径线上，如图 3—2—19 所示，此时的量针称为最佳量针，其直径称为最佳直径：

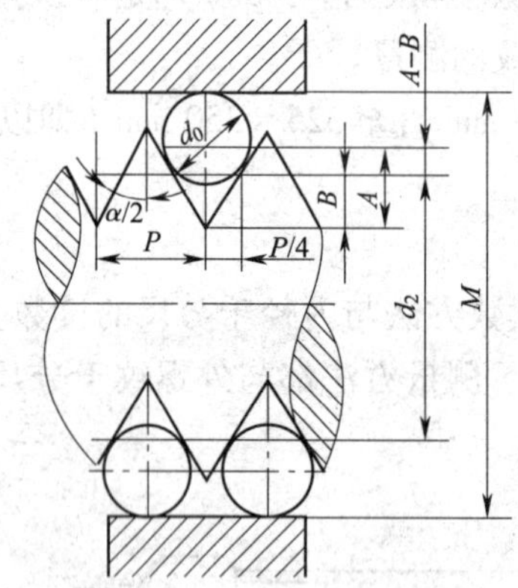

图 3—2—18 三针量法测量中径

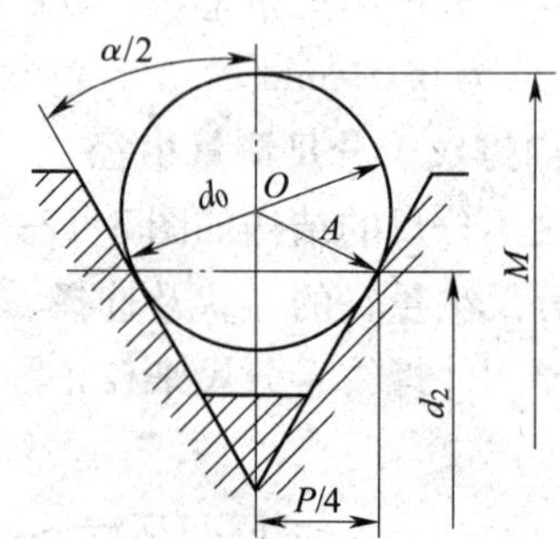

图 3—2—19 最佳量针

$$d_{0最佳} = \frac{P}{2\cos\frac{\alpha}{2}}$$

式中 P——被测螺纹的螺距，mm；

α——被测螺纹的牙型角，（°）。对于米制螺纹 $\alpha = 60°$，$d_{0最佳} = 0.577P$；对于梯形螺纹 $\alpha = 30°$，$d_{0最佳} = 0.518P$。

量针的精度等级分为 0 级（螺纹中径公差值为 4 ~ 8 μm 时适用）和 1 级（螺纹中径公差值 >8 μm 时适用）。

五、等分奇数槽零件的测量

等分奇数槽零件（如三槽丝锥）的外径用千分尺不能测量，要用特殊量具即 V 形测砧千分尺才能测量。这是因为三槽丝锥的槽间夹角为 60°，所以 V 形测量面夹角必须是 $\alpha = 60°$，且对称于测微螺杆轴线，如图 3—2—20a 所示。

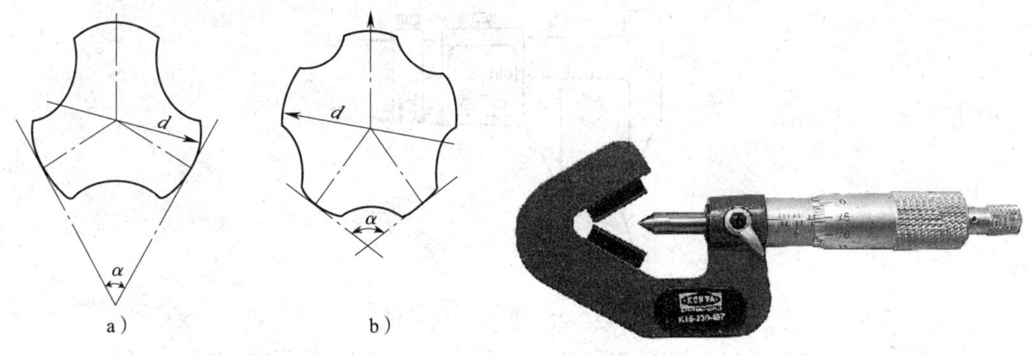

图 3—2—20　三点测量　　图 3—2—21　V 形测砧千分尺

对于五槽刀具，如图 3—2—20b 所示对应的必定是 $\alpha = 108°$，它们都形成三点测量，通过函数运算，可得到测量精度较高的外径尺寸 d。而 V 形测砧千分尺（见图 3—2—21）上能够更换成与奇数槽相对应的 V 形测砧，其结构原理、读数原理与千分尺完全相同，但使用方法不同。测量前，用校对量具校对零位（相对测量法）。测量时 V 形测砧的两个测量面与被测零件相邻的两个齿顶接触，再转动测力装置使测微螺杆的端面与这两齿相对的另一个齿接触，当测力装置发出“嗒嗒”声响时，即可读数。V 形测砧千分尺的测量范围分为：三槽为 1 ~ 15 mm、1 ~ 20 mm、5 ~ 20 mm；五槽为 5 ~ 25 mm、25 ~ 45 mm；七槽为 25 ~ 50 mm。它们的刻度值均为 0. 01 mm。

六、齿轮测量

1. 用齿厚游标卡尺测量

齿厚游标卡尺的结构如图 3—2—22 所示，好似由两把游标卡尺相互垂直地组装而成。水平主尺 1 上有水平游标框架 2，垂直主尺 5 上有垂直游标框架 3，都与垂直微调装置 4 相连；高度定位尺 6 用于定位；量爪用于测量齿厚。

测量时，将分度圆弦齿高 h 值在垂直主尺 5 上调整好，且用游框上的螺钉固定。把高度定位尺 6 紧贴被测齿轮的齿顶，保持齿厚游标卡尺与被测齿轮轴线的垂直状态，右手移动水平游标框架 2 到量爪接近轮齿侧面时，拧紧微调装置上方的螺钉，旋水平微调装置 7 使两个量爪轻轻接触轮齿侧面，这时水平主尺上的示值就是实际的分度圆弦齿厚。

齿厚游标卡尺的测量精度不高，因为测量时以齿顶圆定位，齿顶圆直径误差及径向圆跳动误差等会直接影响测量结果。

齿厚游标卡尺的测量范围分为 1 ~ 16 mm、2 ~ 16 mm、5 ~ 36 mm 三种，刻度值为 0. 02 mm。

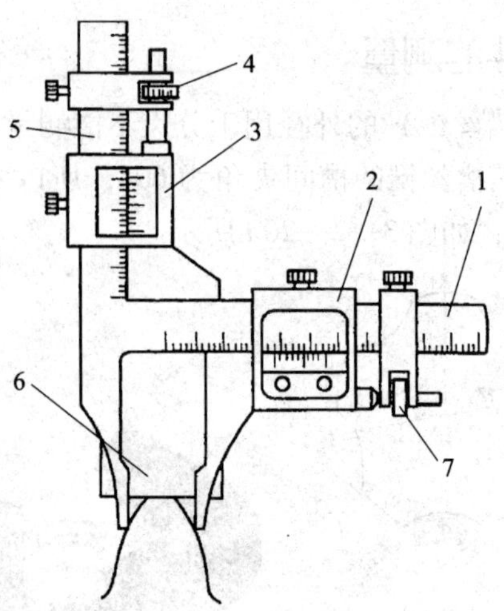

图 3—2—22 齿厚游标卡尺

1—水平主尺 2—水平游标框架 3—垂直游标框架 4—垂直微调装置
5—垂直主尺 6—高度定位尺 7—水平微调装置

2. 用光学测齿卡尺测量

光学测齿卡尺（见图 3—2—23）与齿厚游标卡尺不同的是以光学刻度尺代替了游标卡尺，而测齿厚方法及使用方法都相同。

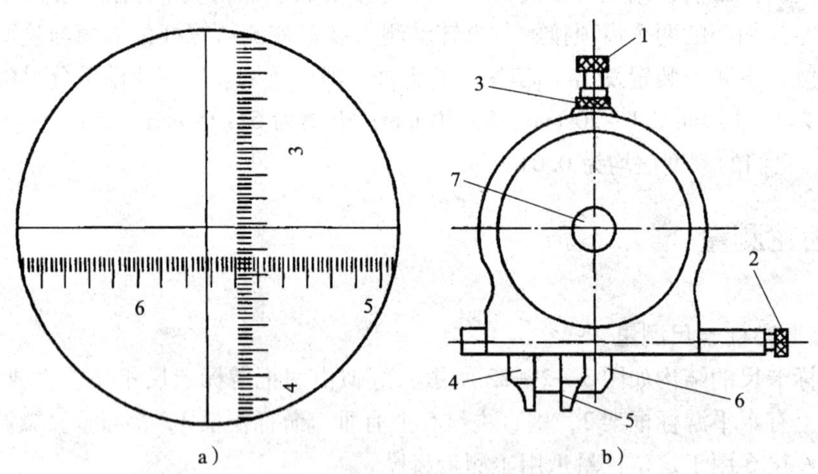

图 3—2—23 光学测齿卡尺

a）读数 b）外形图

1—高度尺移动旋钮 2—宽度尺移动旋钮 3—高度尺锁紧螺母
4—固定测量爪 5—活动测量爪 6—高度定位尺 7—读数小孔

光学测齿卡尺的读数方法如下：转动高度尺移动旋钮 1，就是移动高度定位尺 6 及纵向刻度尺，从读数小孔 7 可看到指示线指示的分度圆弦齿高度值为 3. 32 mm；转动宽度尺移动旋钮 2，就是移动活动测量爪 5 及横向刻度尺，从读数小孔 7 中可看到指示线所指示的分度圆弦齿厚为 5. 72 mm。光学测齿卡尺的测量范围为 1. 5 ~ 18 mm，刻度值为 0. 02 mm。

3. 用公法线千分尺测量

公法线千分尺的结构如图 3—2—24 所示，它与外径千分尺不同的是把测量头换成两个相互平行的圆盘，而读数方法和使用方法都是相同的。测量时，按要求的跨测齿数，将两个圆盘的中部与被测齿轮分度圆附近的轮齿表面轻轻接触，示值就是公法线长度。

公法线千分尺的测量精度高，因为测量不用定位，所以没有定位误差；其次，测量圆盘的中部不易损坏。

公法线千分尺测量范围为大于 0.5 mm，长度为 0 ~ 25 mm、25 ~ 50 mm、50 ~ 75 mm、75 ~ 100 mm，刻度值为 0.01 mm。

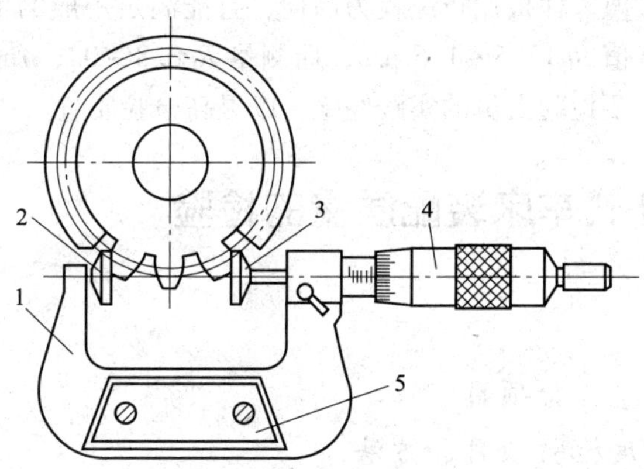

图 3—2—24　公法线千分尺

1—尺架　2、3—测头　4—微分筒　5—隔热板簧

4. 用公法线指示卡尺测量

公法线指示卡尺的结构如图 3—2—25 所示。成为一体的固定测头 3、套筒 2 能沿圆柱 1 轴向移动或固定在某一位置上，活动测头 7 通过片弹簧 4、杠杆 6 与测微表 5 相连，活动测头 7 相对圆柱 1 能做小范围的弹性移动。

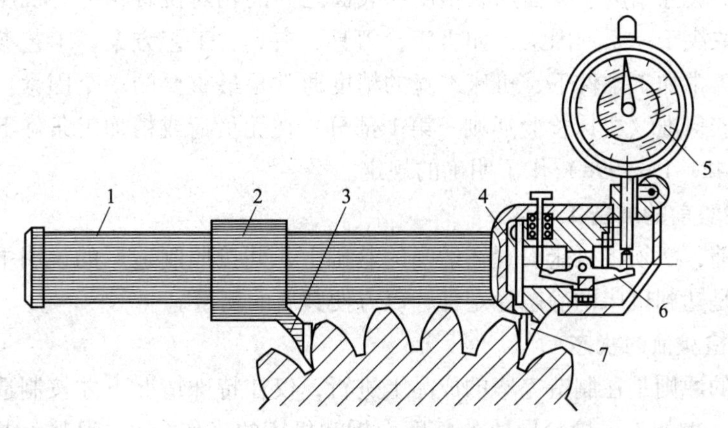

图 3—2—25　公法线指示卡尺

1—圆柱　2—套筒　3—固定测头　4—片弹簧　5—测微表　6—杠杆　7—活动测头

测量前，先用与公称公法线长度值相等的专用量块调整零位。测量时，将固定测头3、活动测头7插入相应的齿槽内，使两测头的测量面与被测轮齿表面接触，然后摆动卡尺，测微表上的转折点是实际的公法线长度与公称公法线长度之差，即为公法线长度偏差。

七、用样板比较法测量表面粗糙度

表面粗糙度是零件表面微观几何形状的误差。

样板比较法需要有一套标准样板作为比较的标准。标准样板上标明评定参数的表面粗糙度数值；而样板的材料、形状、加工方法应尽可能接近被测零件，这样可减少因视觉差异造成的测量误差。测量时，把被测表面与标准样板靠在一起，用眼睛比较判断，确定被测零件的表面粗糙度数值。样板比较法较为简便，且能满足一般的生产要求，能在车间生产现场测定表面粗糙度值 $Ra12.5\sim1.6$ μm，而测量 $Ra0.8\sim0.1$ μm 一般要用放大镜等帮助比较。样板比较法需要检验人员的实践经验，以提高检验质量。

子课题2　卧式车床装配质量的检验

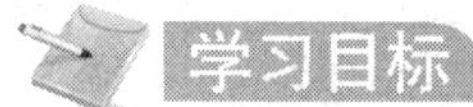

学习目标

1. 了解机床质量检验项目。
2. 熟悉机床精度检验项目和方法。
3. 熟悉车床的静态检查。
4. 掌握卧式车床装配质量的检验。

一、机床质量检验项目

各种机械加工零件，不仅需要保证一定的几何形状，而且还必须保证一定的精度要求，其中包括零件的尺寸精度、表面形状精度和表面之间的相对位置精度。机床上加工工件所能达到的精度取决于一系列因素，如机床、刀具、夹具、工艺方案、工艺参数以及工人技术水平等，在正常加工条件下，机床本身的精度通常是最重要的一个因素。对机床设备精度的检验，国家标准《机床检验通则　第1部分：在无负荷或精加工条件下机床的几何精度》（GB/T 17421.1—1998）作了明确的规定。

1. 机床检验前的准备工作

检验机床前，必须将机床安置在适当的基础上，并按照制造厂的说明书调平机床。调平机床的目的是达到机床的静态稳定性，以方便其后的测量。

(1) 机床检验前的状态

机床检验的原则是在制造完毕的成品上进行，仅在特殊情况下才按制造厂的说明书拆卸某些零部件（例如为了检验导轨的精度而拆卸机床的工作台）。为避免温度变化给机床精度测量带来影响，应尽可能使润滑和温升在正常状态下评定机床精度，在进行几何精度和工作精度检验时，应根据使用条件和制造厂的规定，使机床零部件达到恰当的温度，否则会因为主轴或某些零部件的发热而引起位置和形状的变化。

（2）运转和负载

几何精度的检验可在机床处于静态时进行，或在机床空运转时进行。当制造厂有加载规定时，机床应装载一个或多个试件。

2. 工作精度的检验

工作精度的检验应在标准试件或由用户提供的试件上进行。与在机床上加工零件不同，实际工作精度的检验不需要多种工序。检验工作精度时应采用精加工工序。除有关标准已有规定外，用于工作精度检验的试件的原始状态应予确定。对于试件材料、试件尺寸、要达到的公差等级以及切削条件应在制造厂与用户之间达成一致。

工作精度检验中试件的检验应按测量类别选择所需等级的测量工具。在某些情况下，工作精度的检验可以用相应标准中所规定的特殊检验方法来代替或补充。

3. 几何精度的检验

几何精度是指机床运动部件的运动精度，以及反映部件之间及其运动轨迹之间的相对位置精度。国家标准对机床几何精度的检验规定了定义、测量方法和确定公差的方法。对每一项检验至少提供了一种检验方法，并指出了使用的仪器和原理。如用其他检验方法，其精度应至少等于国家标准规定的检验方法测得的精度。

为了简便起见，虽然普通测量方法中已系统地选择了最常用的测量工具，如平尺、直角尺、检验棒、圆柱角尺、精密水平仪和指示表等；但还应注意其他一些测量方法，特别是已广泛在机床制造部门和检验部门中实际使用的光学仪器测量方法；有时还需要使用一些专用的检测工具。

机床几何精度的检验必须在机床精调后一次性完成，不允许调整一次检验一次，这是因为几何精度有些项目是相互联系、相互影响的。同时，还要注意检测工具和测量方法造成的误差。

二、机床精度检验的项目和方法

1. 直线度

在平面内一条给定长度的线，当其上所有的点均包含在平行于该线的总方向且相对距离与公差相等的两条直线内时，则该线被认为是直线。在空间内一条给定长度的线，当其在给定的平行于该线总方向的两个相互垂直平面上的投影满足直线度要求时，则认为该空间线为直线。确定直线的总方向时，应确保该直线的直线度偏差为最小。

部件直线度条件和一条线的直线度条件相同，测量方法也相同。在机床上通常体现在工作台的基准面或基准槽，以及导轨、V 形面、圆柱面、单个垂直面和倾斜布局的床身。机床部件直线度的检验不仅是为了保证机床加工出直线或者平面度高的工件，而且还因为工件上一点的位置精度与直线运动有关。一个运动部件上的直线运动总是包含着六个偏差因素：在运动方向上的位置偏差、在运动部件上的一点轨迹的两个线性偏差以及运动部件的三个角度偏差。

直线度的检验，包括一条线在平面或空间内的直线度和运动的直线度的检验。直线度的检验可采用平尺法、钢丝和显微镜法、准直望远镜法、准直激光法、角度测量法、自准直仪法、激光干涉仪法等。

2. 平面度

在规定的测量范围内，当所有点被包含在与该平面的总方向平行并相距给定值的两个平面内时，则认为该面是平的。确定平面或代表面的总方向，是为了获得平面度的最小偏差。

检验平面度常用的方法有：用平板和指示表测量、用平尺测量、用平尺加精密水平仪和指示表测量。还可用光学方法测量平面度，其中常用的方法有自准直仪测量、光学扫描仪测量、准直激光器测量、激光测量系统测量和坐标测量机测量等。

3. 平行度

当测量一条线上若干点到一个面与通过该线的法向平面相交的代表线的距离时，如果在规定的范围内所求得的最大偏差不超过规定值，则认为这条线平行于该平面。

在测量一个平面的代表平面（至少在两个方向上）到另一个平面的距离时，如果在规定长度内该距离的最大范围不超过规定值，则认为这两个平面是平行的。需要注意的是：平行度定义为一条线（或面）的代表线（或面），到另一条线（或面）距离的差值，如果选择不同的线（或面）作为基准线（或面），其结果可能是不同的。

在平面度的检测项目中主要有线对面的平行度、两个面的平行度（见图 3—2—26）、两轴线的平行度（见图 3—2—27）、轴线对平面的平行度（见图 3—2—28）、轴线对两平面交线的平行度、两平面交线对第三平面的平行度、由两平面交线形成的两直线间的平行度（见图 3—2—29）等。

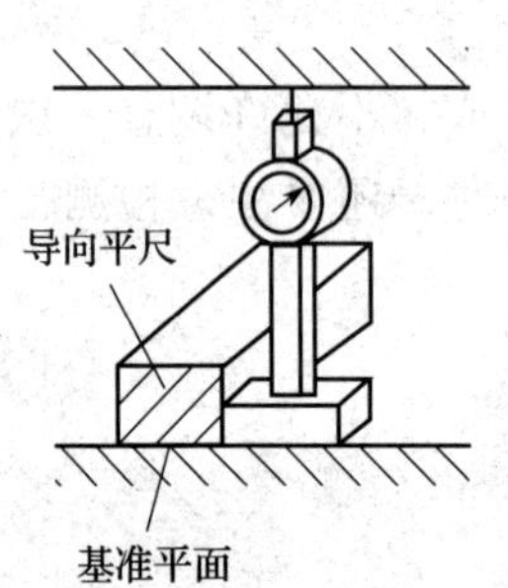

图 3—2—26　线对面、两个面的平行度

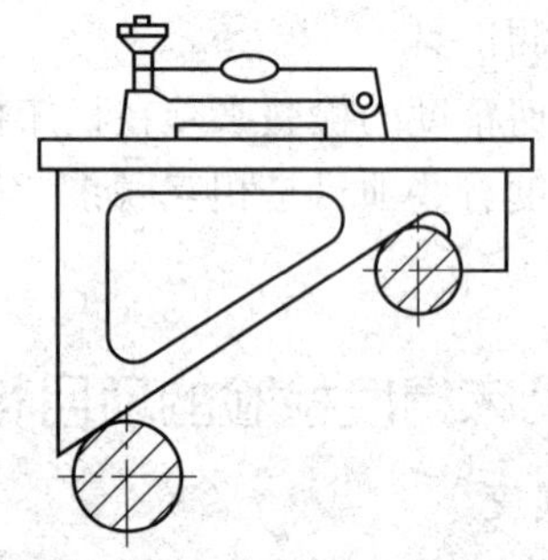

图 3—2—27　两轴线的平行度

平行度的公差包括相应的线和面的几何公差，以及测量的结果受测头表面的影响，需要时应对其加以说明。运动平行度的测量方法与测量线和面平行度的方法相同。

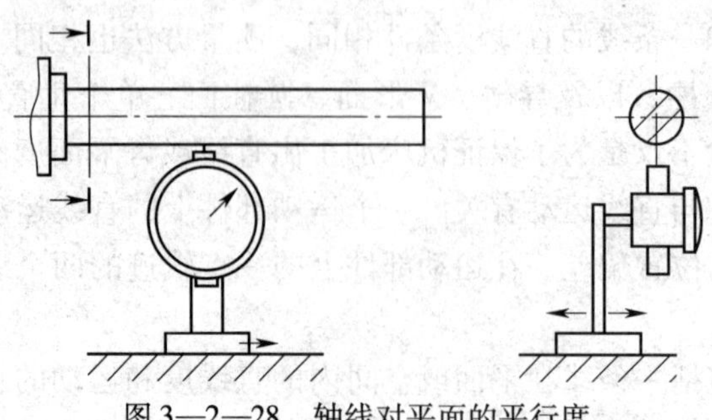

图 3—2—28　轴线对平面的平行度

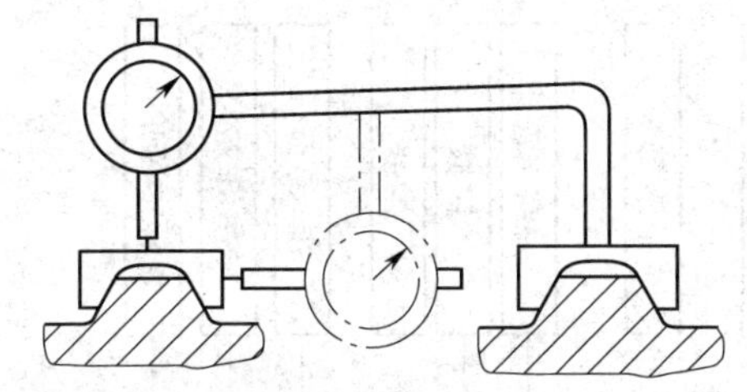

图 3—2—29　两平面交线形成的两直线间的平行度

平行度的检测常采用平尺和指示表法、精密水平仪法等。

三、卧式车床的装配

1. 卧式车床安装要点

卧式机床的总装工艺，包括部件与部件的连接、零件与部件的连接，以及在连接过程中部件与总装配基准之间相对位置的调整或校正、各部件之间相互位置的调整等。各部件的相对位置确定后，还要钻孔、车螺纹及铰削定位销孔等。总装结束后，必须进行试车和验收。

卧式机床总装配顺序一般可按下列原则进行：

（1）首先选出正确的装配基准。这种基准大部分是床身的导轨面，因为床身是机床的基本支承件，其上安装着机床的各主要部件，而且床身导轨面是检验机床各项精度的检验基准。因此，机床的装配应从所选基准的直线度、平行度及垂直度等项精度着手。

（2）在解决没有相互影响的装配精度时，其装配先后以简单方便来定。一般可按先下后上、先内后外的原则进行。例如在装配机床时，是先解决机床的主轴箱和尾座两顶尖的等高度精度还是先解决丝杠与床身导轨的平行度精度，在装配顺序的先后上是没有多大关系的，问题在于能简单方便地顺利进行装配即可。

（3）在解决有相互影响的装配精度时，应该先装配好公共的装配基准，然后再按次序达到各有关精度。

2. 卧式车床总装配单元系统

以 CA6140 型卧式车床总装顺序为例，图 3—2—30 所示为其装配单元系统图。

四、车床的静态检查

静态检查是车床进行性能试验之前的检查，主要检查车床各部件是否安全、可靠，以保证试车时不出事故。静态检查主要包括以下几方面：

1. 用手转动各传动件，应运转灵活。

2. 变速手柄和换向手柄应操纵灵活、定位准确、安全可靠。手轮或手柄转动时，用拉力器测量转动力，不应超过 80 N。

3. 移动机构的反向空行程量应尽量小。

4. 床鞍、刀架等在行程范围内移动时，应均匀平稳。

5. 顶尖套在尾座孔中作全长伸缩时，应运动灵活而无阻滞；手轮转动轻快；锁紧机构灵敏且无卡死现象。

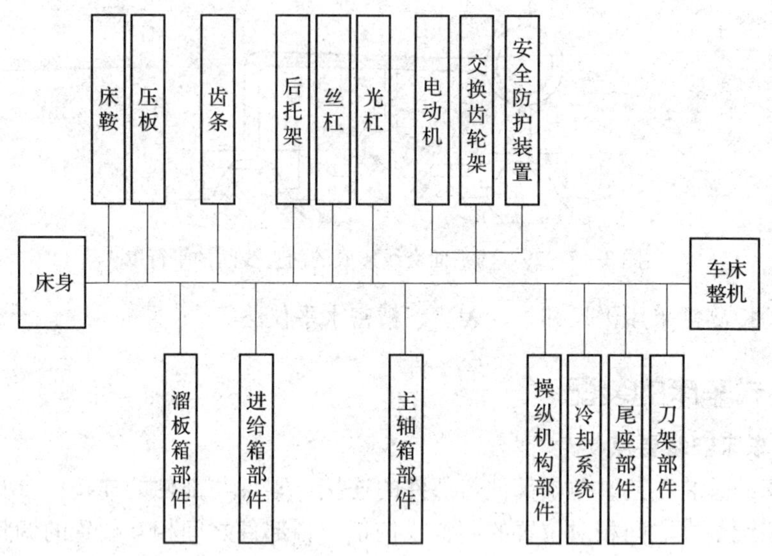

图 3—2—30　CA6140 型卧式车床总装配单元系统图

6. 开合螺母机构开合准确可靠，无阻滞或过松的感觉。

7. 安全离合器应灵活可靠，在超负荷时，能及时切断运动。

8. 挂轮架交换齿轮间的侧隙适当，固定装置可靠。

9. 各部分的润滑加油孔有明显的标记，并保证清洁畅通。油尺清洁，插入深度与松紧度合适。

10. 电器设备的启动和停止应安全可靠。

五、卧式车床装配质量的检验

1. 工作精度检验

机床进行空运转试验和负荷试验之后，确认所有机构正常且主轴等部件已达到稳定温度即可进行工作精度检验。

机床进行工作精度检验前应重新检查机床安装水平并将机床固紧。按精度检验标准要求的试件形状、尺寸、材料准备切件，按试切要求准备刀具、卡盘，按检验要求准备检验试件精度、表面粗糙度的量具或量仪。下面以卧式车床的工作精度检查为例说明其检验方法。

卧式车床工作精度检验内容包括精车外圆试验、精车端面试验和精车螺纹试验，必要时也可增加车槽试验。

（1）精车外圆试验

1）目的。检查主轴的旋转精度和主轴轴线对床鞍移动方向的平行度。

2）试件。外圆试件如图 3—2—31 所示。材料为中碳钢，外径 D 要大于或等于车床最大切削直径（400 mm）的 1/8，且不小于 ϕ50 mm，一般选用 ϕ80 ~ 100 mm 的圆棒料。检验长度 l_1 = 300 mm，连同装夹长度，总长约为 350 mm。l_2 的长度一般选取 20 mm，空刀槽不作限制。

3）操作。步骤如下：

①装夹试件。试件夹持在卡盘中，或插在主轴前端的内锥孔中（不允许用顶尖来支承）。

②选择车刀。用硬质合金外圆车刀或高速钢车刀。

③选择参数。切削用量取 $n=397$ r/min，$a_p=0.15$ mm，$f=0.1$ mm/r。

④开机进行车削加工。

4）检验。精车后用千分尺或其他量具在三段直径上检验试件的圆度和圆柱度误差。

精车后试件公差：圆度公差为 0.01 mm；圆柱度公差在 300 mm 测量长度上不大于 0.03 mm，只允许靠近主轴箱端大；表面粗糙度值不大于 $Ra3.2$ μm。

如发现试件超差，应分析原因，采取相应的措施补救。

（2）精车端面试验

1）目的。检查车床在正常温度下，刀架横向移动轨迹对主轴轴线的垂直度和横向导轨的直线度。

2）试件。精车端面的试件如图 3—2—32 所示。试件材料为铸铁，要求铸件无气孔、砂眼、夹砂，材质无白口。外径要求大于或等于该车床最大切削直径（400 mm）的 1/2。一般取 300 mm 或稍大一些的铸铁盘形试件，最大长度为最大车削直径的 1/8，即为 50 mm。

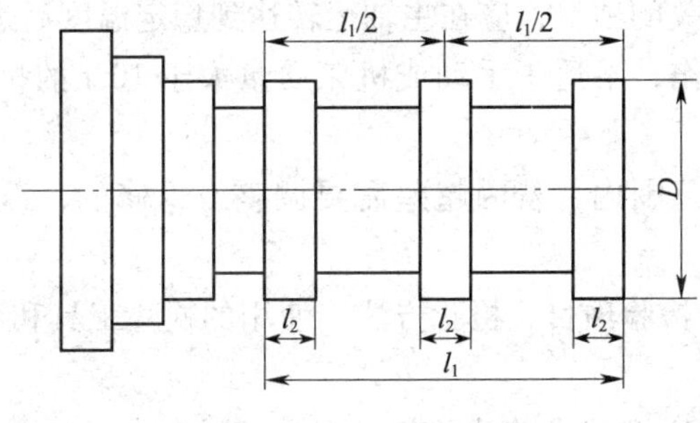

图 3—2—31　外圆试件

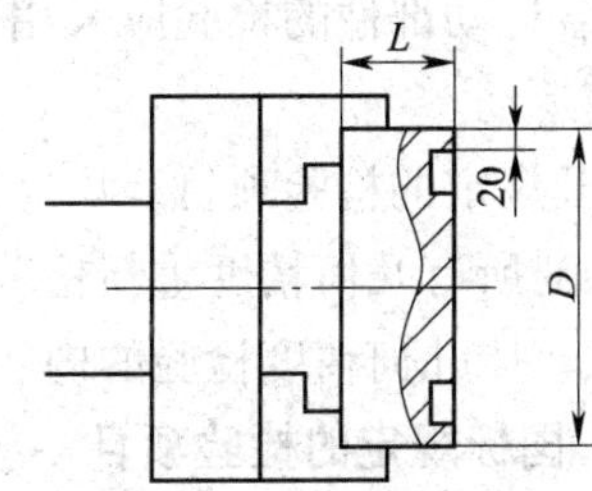

图 3—2—32　端面试件

3）操作。步骤如下：

①装夹试件。试件夹持在主轴前端的三爪自定心卡盘中。

②选择车刀。采用硬质合金 40°右偏刀。

③选择参数。切削用量取 $n=230$ r/min，$a_p=0.2$ mm，$f=0.15$ mm/r。

④开机进行车削加工。

4）检验。精车后用指示表（一般为千分表）检验。检验时，指示表固定在横刀架上，使其测头触及端面的后部半径上，移动刀架检验，指示表读数最大差值的一半即为平面度误差。

要求 300 mm 直径内平面度误差不大于 0.02 mm，且只允许中间凹。

（3）精车螺纹试验

1）目的。检查车床加工螺纹传动系统的精度。

2）试件。试件材料为 45 钢，试件的螺距应与车床丝杠螺距相等，外径也尽可能和车床丝杠接近。对于CA6140型车床而言，试件的直径取40 mm，螺距取12 mm，试件的长度取400 mm（留出两端的工艺料头后，可以保证螺纹处的长度为300 mm），牙型角为60°，普通螺纹。

3）操作。步骤如下：

①装夹试件。将试件装夹在车床两顶尖间，用拨盘带动工件旋转。

②选择车刀。采用高速钢60°标准螺纹车刀，车削时可加切削液进行冷却。

③选择参数。切削用量取 $n=19$ r/min，$a_p=0.02$ mm，$f=12$ mm/r。

④开机进行车削加工。

4）检验。300 mm测量长度内螺距误差小于0.04 mm，在任意50 mm测量长度内的螺距误差小于0.015 mm，螺距表面粗糙度值不大于 $Ra3.2$ μm，无振动波纹。如发现试件超差，应查找原因，采取措施补救。

2. 几何精度检验

一般机床几何精度的检验分两次进行，一次在空运转试验后进行，另一次在工作精度检验之后进行。

机床的几何精度检验，一般不允许紧固地脚螺钉。

（1）机床几何精度检验的注意事项

在机床的几何精度检验中应注意以下几个问题：

1）凡与主轴轴承（或滑枕）温度有关的项目，应在主轴运转达到稳定温度后进行。

2）各运动部件的检验应采用手动操作，不适于手动或机床质量大于10 t的机床，允许用低速运动。

3）凡规定的检验项目，均应在允许范围内，若因超差需要调整或返修的，返修或调整后必须对所有几何精度重新检验。

卧式车床几何精度检验的内容包括：检验项目、检验方法、使用的检验工具和允许值。

（2）国标规定的检验项目

1）检验序号G1（床身导轨调平）。G1项目检验公差值见表3—2—3。

①导轨在垂直平面内的直线度，检验简图如图3—2—33所示。

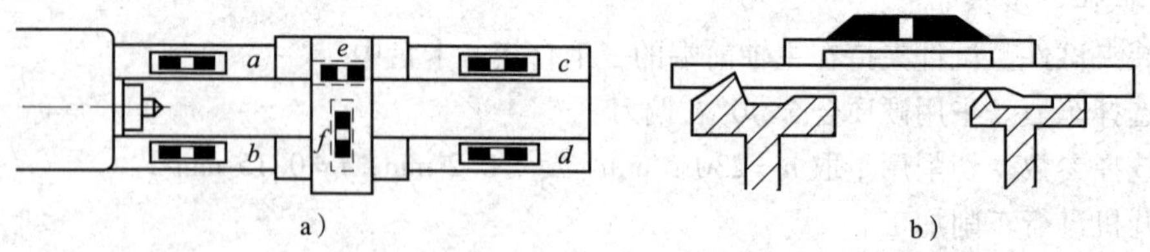

图3—2—33　G1检验简图
a）纵向　b）横向

检验前，将机床安装在适当的基础上，用可调垫铁置于床脚紧固螺栓孔处，在机床水平导轨纵向 a、b、c、d 和横向 f 的位置上分别放置水平仪，调整可调垫铁，把机床调平，同时校正机床的扭曲。

表 3—2—3　　　　G1 项目的公差值　　　　mm

<table>
<tr><td colspan="2" rowspan="3">检验项目</td><td colspan="3">公差</td></tr>
<tr><td>精密级</td><td colspan="2">普通级</td></tr>
<tr><td>D_a≤500 和 DC≤1 500</td><td>D_a≤800</td><td>800＜D_a≤1 600</td></tr>
<tr><td rowspan="11">床身导轨调平</td><td rowspan="10">纵向：导轨在垂直平面内的直线度</td><td rowspan="6">DC≤500
0.01（凸）
—
500＜DC≤1 000
0.015（凸）</td><td colspan="2">DC≤500 mm</td></tr>
<tr><td>0.01（凸）</td><td>0.015（凸）</td></tr>
<tr><td colspan="2">500＜DC≤1 000</td></tr>
<tr><td>0.02（凸）</td><td>0.03（凸）</td></tr>
<tr><td colspan="2">局部公差任意 250 测量长度上为</td></tr>
<tr><td>0.007 5</td><td>0.01</td></tr>
<tr><td rowspan="4">1 000＜DC≤1 500
0.02（凸）
局部公差任意 250
测量长度上为 0.005</td><td colspan="2">DC＞1 000 最大工件长度每增加 1 000 公差增加</td></tr>
<tr><td>0.01</td><td>0.02</td></tr>
<tr><td colspan="2">局部公差任意 500 测量长度上为</td></tr>
<tr><td>0.015</td><td>0.02</td></tr>
<tr><td>横向：导轨应在同一平面内</td><td>水平仪的变化
0.03/1 000</td><td colspan="2">水平仪的变化 0.04/1 000</td></tr>
</table>

注：DC＝最大工件长度，D_a＝床身上最大回转直径。

检验时，在溜板靠近前导轨 e 处，纵向放置一水平仪，等距离（近似等于规定的局部误差的测量长度）移动溜板进行检验。

例如，用精度为 0.02 mm/1 000 mm 框式水平仪来测量长 2 m 车床导轨在垂直平面内的直线度，方法如下：

在溜板近主轴端位置，首先得到水平仪的第一个读数，然后每移动 500 mm 取一个读数，测量此导轨共获得 4 个读数。设这 4 个读数依次为＋1 格、＋2 格、－1 格、－1.5 格，按上述读数在坐标纸上画出误差曲线图，如图 3—2—34 所示。连接误差曲线的起点和终点，找出曲线对两端点连线的最大坐标值 Δ，即为导轨全长的直线度误差（本例为 0.027 5 mm）。找出任意 500 mm 测量长度上两端点相对于曲线两端点连线的最大坐标值差（$\Delta - \Delta_1$），即为局部误差值（本例为 0.018 75 mm）。本误差曲线在两端点连线的同一侧，即中凸。

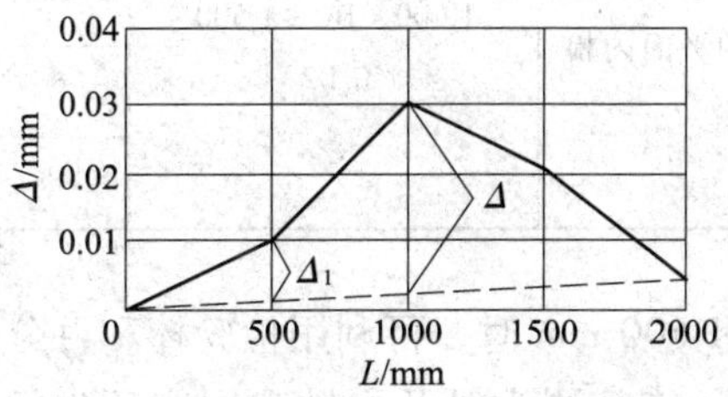

图 3—2—34　检验 G1 误差曲线图

②导轨在垂直平面内的平行度，检验简图如图 3—2—33 所示。

检验时，在床鞍上横向 f 处放一水平仪，等距离移动溜板进行检验（移动距离与检查垂直平面内的直线度相同）。

水平仪在全部测量长度上读数的最大差值就是该导轨的平行度误差。

例如，用精度为 0.02 mm/1 000 mm 的水平仪检验上例车床导轨，设 4 个水平仪读数依次为 +1 格、+0.8 格、+0.5 格、−0.6 格，在全部测量长度上水平仪读数的最大差值为 1 −（−0.6）=1.6 格，即导轨在全长上的平行度误差为 0.032 mm/1 000 mm。

2）检验序号 G2（溜板移动在水平面内的直线度）。检验简图如图 3—2—35 所示，公差值见表 3—2—4。

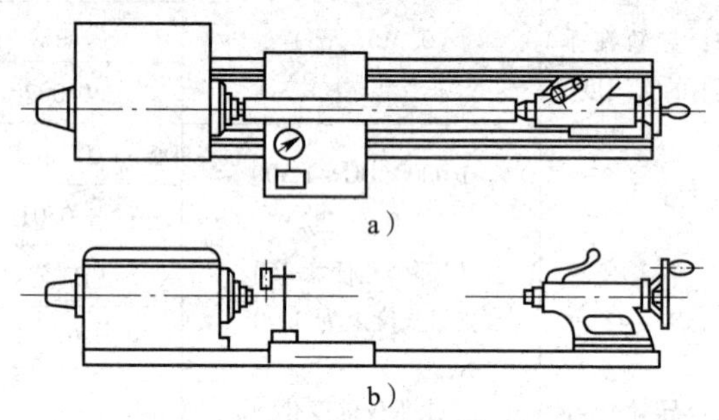
a）

b）

图 3—2—35　G2 检验简图

a）用检验棒和百分表检验　b）用钢丝和读数显微镜检验

表 3—2—4　　G2 项目的公差值　　mm

<table>
<tr><td colspan="2">检验项目</td><td colspan="3">公差</td></tr>
<tr><td rowspan="8">溜板</td><td rowspan="5">溜板移动在水平面内的直线度</td><td>精密级</td><td colspan="2">普通级</td></tr>
<tr><td>D_a≤500 和 DC≤1 500</td><td>D_a≤800</td><td>800 < D_a≤1 600</td></tr>
<tr><td rowspan="2">DC≤500
0.01</td><td colspan="2">DC≤500</td></tr>
<tr><td>0.015</td><td>0.02</td></tr>
<tr><td rowspan="2">500 < DC≤1 000
0.015</td><td colspan="2">500 < DC≤1 000</td></tr>
<tr><td rowspan="3">在两顶尖轴线和刀尖所确定的平面内检验</td><td>0.02</td><td>0.025</td></tr>
<tr><td rowspan="2">1 000 < DC≤1 500
0.02</td><td colspan="2">DC > 1 000
最大工件长度每增加 1 000，公差增加 0.005
最大公差</td></tr>
<tr><td>0.03</td><td>0.05</td></tr>
</table>

当溜板行程小于或等于 1 600 mm 时，可利用检验棒和百分表检验，如图 3—2—35a 所示。将百分表固定在床鞍上，使其测头触及主轴和尾座顶尖间的检验棒表面，调整尾座，使百分表在检验棒两端的读数相等。移动溜板，在全部行程检验，百分表读数的最大差值

就是该导轨的直线度误差。

当溜板行程大于 1 600 mm 时，可用直径 0.1 mm 的钢丝和读数显微镜检验，如图 3—2—35b 所示。在机床中心高的位置上绷紧一根钢丝，读数显微镜固定在床鞍上，调整钢丝，使显微镜在钢丝两端的读数相等。移动溜板，在全部行程上检验，显微镜读数的最大差值就是该导轨的直线度误差。注意钢丝直径误差不能太大。光学平直仪是测量水平面直线度误差的最佳选择，凡有条件的地方应优先采用光学平直仪进行测量。

3）检验序号 G3（尾座移动对溜板移动的平行度）。检验简图如图 3—2—36 所示，公差值见表 3—2—5。

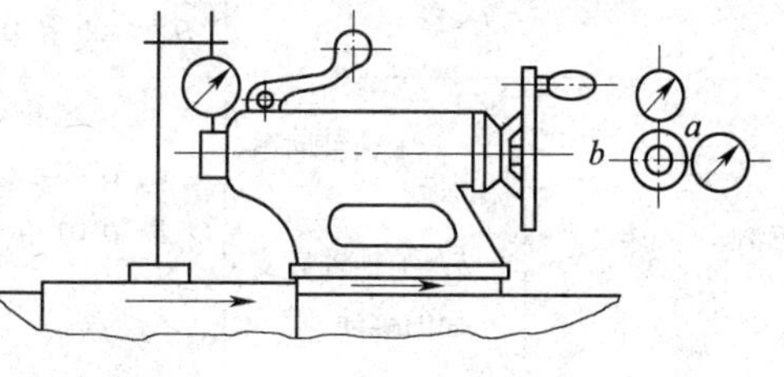

图 3—2—36　G3 检验简图

表 3—2—5　　G3 项目的公差值　　mm

<table>
<tr><td colspan="2" rowspan="3">检验项目</td><td colspan="3">公差</td></tr>
<tr><td>精密级</td><td colspan="2">普通级</td></tr>
<tr><td>D_a≤500 和 DC≤1 500</td><td>D_a≤800</td><td>800＜D_a≤1 600</td></tr>
<tr><td rowspan="3">尾座移动对溜板移动的平行度</td><td rowspan="2">a 在水平面内</td><td rowspan="2">a：0.02
局部公差任意 500
测量长度上为 0.01</td><td colspan="2">DC≤1 500</td></tr>
<tr><td>a 和 b：0.03</td><td>a 和 b：0.04</td></tr>
<tr><td>b 在垂直面内</td><td>b：0.03
局部公差任意 500
测量长度上为 0.02</td><td colspan="2">DC＞1 500
a 和 b：0.04
局部公差任意 500 测量长度上为 0.03</td></tr>
</table>

检验时，将指示表固定在溜板上，使其测头触及尾座端面的顶尖套，a 在水平平面内，b 在垂直平面内，锁紧顶尖套，使尾座与床鞍一起移动，在床鞍全行程上检验，指示表在任意 500 mm 行程上和全部行程上读数的最大差值就是局部长度上和全长上的平行度误差。a、b 的误差分别计算。

4）检验序号 G4（主轴的轴向窜动和主轴轴肩支承面的轴向圆跳动）。检验简图如图 3—2—37 所示，公差值见表 3—2—6。

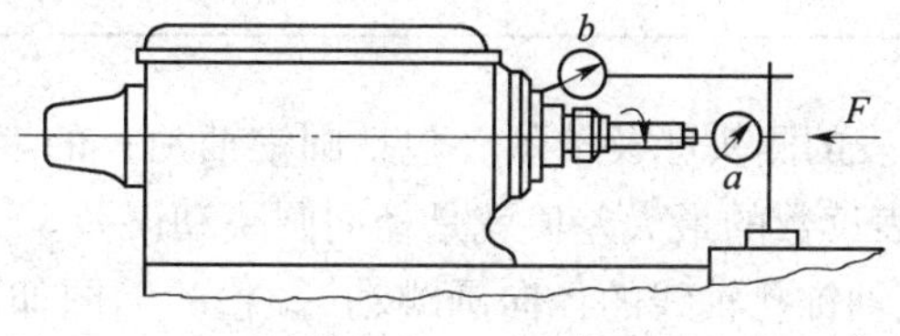

图 3—2—37　G4 检验简图

表 3—2—6　　G4 项目的公差值　　mm

检验项目		公差		
		精密级	普通级	
		D_a≤500 和 DC≤1 500	D_a≤800	800 < D_a≤1 600
主轴	a：主轴轴向窜动 b：主轴轴肩支承面的跳动	a：0.05 b：0.01 包括轴向窜动	a：0.01 b：0.02 包括轴向窜动	a：0.015 b：0.02 包括轴向窜动

①主轴轴向窜动的检验。固定指示表检验主轴的轴向窜动，使其测头触及检验棒端部中心孔内的钢球，如图 3—2—37 所示，在测量方向上沿主轴轴线加一力 F，慢慢旋转主轴，指示表读数的最大差值就是轴向窜动误差。

②主轴轴肩支承面的轴向圆跳动检验。固定指示表检验主轴轴肩支承面的跳动，使测头触及主轴轴肩支承面上的不同直径处进行检验，其中最大误差值就是包括主轴窜动在内的轴肩支承面的轴向圆跳动误差。

5）检验序号 G5（主轴定心轴颈的径向圆跳动）。检验简图如 3—2—38 所示，公差值见表 3—2—7。

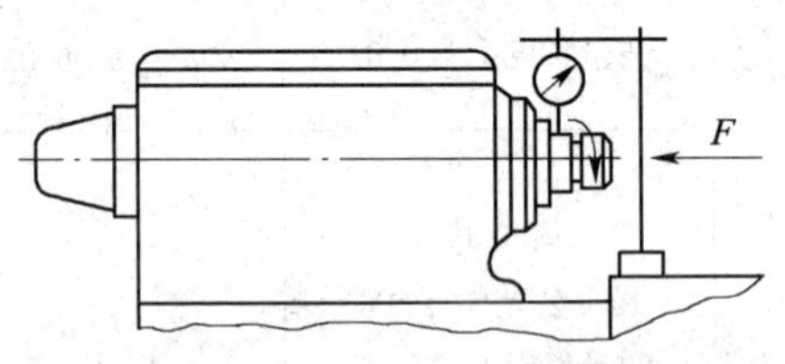

图 3—2—38　G5 检验简图

表 3—2—7　　G5 项目的公差值　　mm

检验项目	公差		
	精密级	普通级	
	D_a≤500 和 DC≤1 500	D_a≤800	800 < D_a≤1 600
主轴定心轴颈的径向圆跳动	0.007	0.01	0.015

检验时，使固定指示表的测头触及轴颈（包括圆锥轴颈）的表面，沿主轴轴线加一力 F，旋转主轴检验，指示表读数的最大差值就是径向圆跳动误差。

6）检验序号 G6（主轴锥孔轴线的径向圆跳动）。检验简图如图 3—2—39 所示，公差值见表 3—2—8。

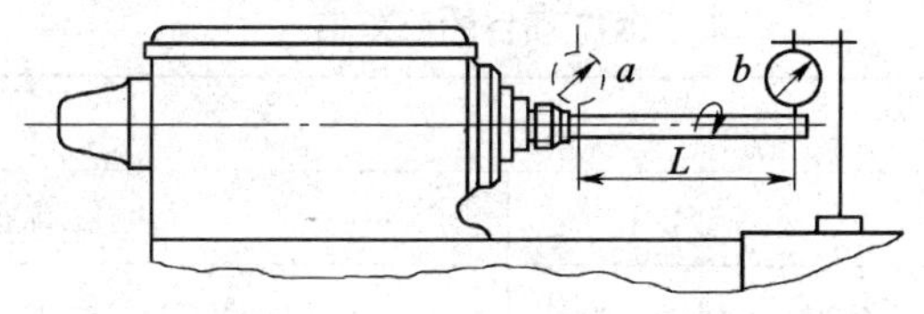

图 3—2—39　G6 检验简图

表 3—2—8　　G6 项目的公差值　　mm

检验项目	公差		
	精密级	普通级	
	$D_a \leqslant 500$ 和 $DC \leqslant 1\ 500$	$D_a \leqslant 800$	$800 < D_a \leqslant 1\ 600$
主轴锥孔轴线的径向圆跳动 a：靠近主轴端面 b：距主轴端面 $D_a/2$ 或不超过 300①	a：0.005 b：在 300 测量长度上为 0.015，在 200 测量长度上为 0.01，在 100 测量长度上为 0.005	a：0.01 b：在 300 测量长度上为 0.02	a：0.015 b：在 500 测量长度上为 0.05

注：①对于 $D_a > 800$ mm 的车床，其测量长度可增加至 500 mm。

检验时，将检验棒插入主轴锥孔内，固定指示表并使其测头触及检验棒的表面，a 为靠近主轴处，b 为距 a 点 L 处。对于车削零件外径 $D_a \leqslant 800$ mm 的车床，测量长度 $L = D_a/2$ 或不超过 300 mm。对于 $D_a > 800$ mm 的车床，其测量长度 L 应增加至 800 mm。旋转主轴进行检验，规定在 a、b 两个截面上检验。

为了消除检验棒误差，应将检验棒相对于主轴旋转 90°重新插入检验，共检验 4 次，4 次测量结果的平均值就是径向圆跳动误差。a、b 的误差分别计算。

7）检验序号 G7（主轴轴线对溜板移动的平行度）。检验简图如图 3—2—40 所示，公差值见表 3—2—9。

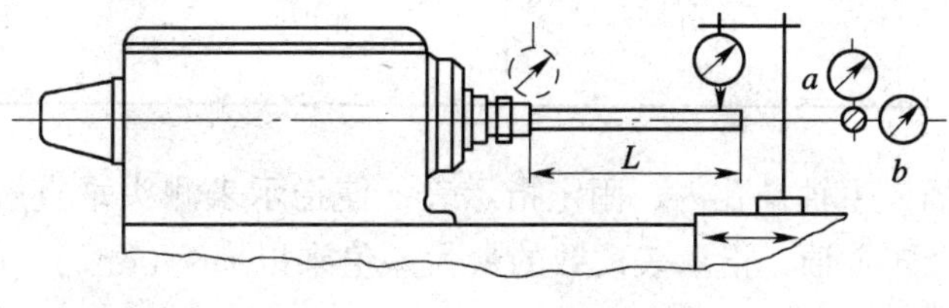

图 3—2—40　G7 检验简图

表 3—2—9　　G7 项目的公差值　　mm

检验项目	公差		
	精密级	普通级	
	D_a≤500 和 DC≤1 500	D_a≤800	800 < D_a≤1 600
主轴轴线对溜板纵向移动的平行度测量长度为 D_a/2 或不超过 300① a 在水平面内 b 在垂直平面内	a：在 300 测量长度上为 0.01，向前 b：在 300 测量长度上为 0.02，向上	a：在 300 测量长度上为 0.015，向前 b：在 300 测量长度上为 0.02，向上	a：在 500 测量长度上为 0.03，向前 b：在 500 测量长度上为 0.04，向上

注：①对于 D_a > 800 mm 的车床，其测量长度可增加至 500 mm。

检验时，指示表固定在床鞍上，使其测头触及检验棒表面，a 在水平平面内，b 在垂直平面内，移动溜板检验。为了消除旋转轴线与检验棒轴线不重合对测量的影响，必须旋转主轴 180°进行两次测量，两次测量结果代数和之半就是平行度误差。a、b 的误差分别计算。

8）检验序号 G8（主轴顶尖径向圆跳动）。检验简图如图 3—2—41 所示，公差值见表 3—2—10。

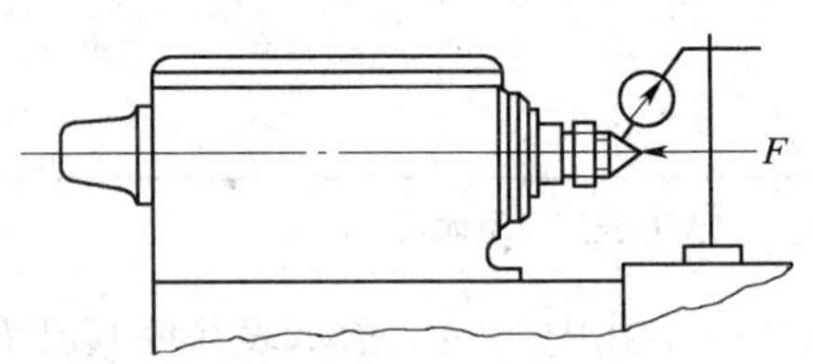

图 3—2—41　G8 检验简图

表 3—2—10　　G8 项目的公差值　　mm

检验项目	公差		
	精密级	普通级	
	D_a≤500 和 DC≤1 500	D_a≤800	800 < D_a≤1 600
主轴顶尖的径向圆跳动	0.01	0.015	0.02

检验时，顶尖插入主轴锥孔内，固定指示表，使指示表测头垂直触及顶尖锥面，沿主轴轴线加一力 F。旋转主轴，指示表读数的最大差值乘以 cos（$\alpha/2$）（α 为圆锥体圆锥角）就是顶尖跳动误差。

9）检验序号 G9（尾座套筒轴线对溜板移动的平行度）。检验简图如图 3—2—42 所示，公差值见表 3—2—11。

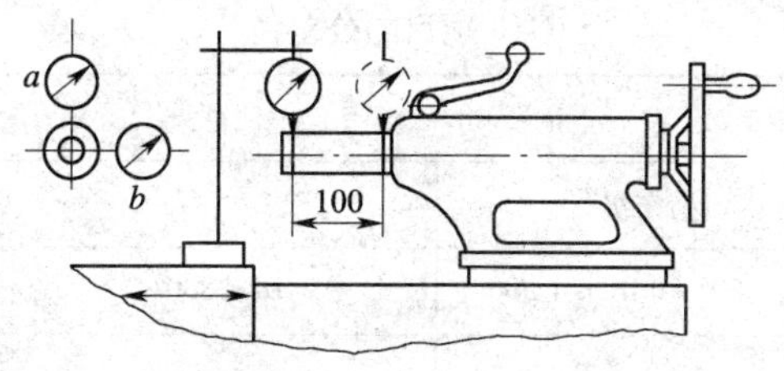

图 3—2—42　G9 检验简图

检验时，将尾座紧固在检验位置，当被加工零件最大长度 $D_a \leqslant 500$ mm 时，应紧固在床身的末端；当 $D_a > 500$ mm 时，应紧固在 $D_a/2$ 处。尾座顶尖套筒伸出量约为最大伸出量的一半，并锁紧。

将指示表固定在床鞍上，使其测头触及尾座套筒的表面，a 在水平平面内，b 在垂直平面内。移动床鞍检验，指示表读数的最大差值就是平行度误差。a、b 的误差分别计算。

表 3—2—11　G9 项目的公差值　mm

检验项目	公差		
	精密级	普通级	
	$D_a \leqslant 500$ 和 DC≤1 500	$D_a \leqslant 800$	$800 < D_a \leqslant 1\,600$
尾座套筒轴线对溜板移动的平行度 a 在水平面内 b 在垂直平面内	a：在 100 测量长度上为 0.01，向前 b：在 100 测量长度上为 0.015，向上	a：在 100 测量长度上为 0.015，向前 b：在 100 测量长度上为 0.02，向上	a：在 100 测量长度上为 0.02，向前 b：在 100 测量长度上为 0.03，向上

10）检验序号 G10（尾座套筒锥孔轴线对溜板移动的平行度）。检验简图如图 3—2—43 所示，公差值见表 3—2—12。

检验时，尾座位置同 G9，顶尖套筒退入尾座孔内并锁紧。在尾座套筒锥孔内插入检验棒，指示表固定在床鞍上，使其测头触及检验棒表面，a 在水平平面内，b 在垂直平面内。移动溜板检验，一次检验后，拔出检验棒，旋转 180°重新插入尾座顶尖套筒锥孔中，重复检验，两次测量结果的代数和之半就是平行度误差。

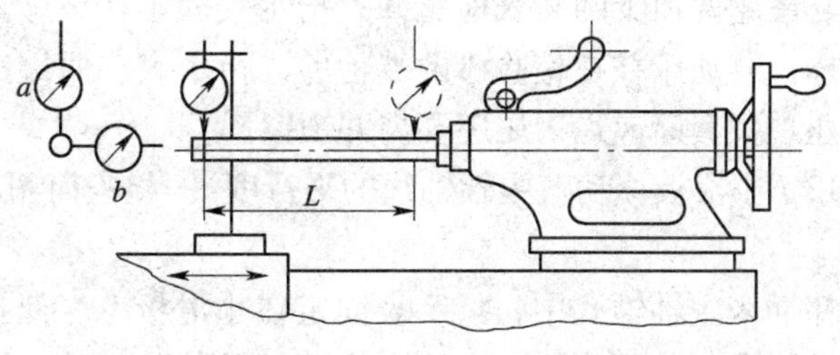

图 3—2—43　G10 检验简图

表 3—2—12　　G10 项目的公差值　　mm

检验项目	公差		
	精密级	普通级	
	D_a≤500 和 DC≤1 500	D_a≤800	800 < D_a≤1 600
尾座套筒锥孔轴线对溜板移动的平行度 测量长度 D_a/4 或不超过 300① *a* 在水平面内 *b* 在垂直平面内	*a*：在 300 测量长度上为 0.02，向前 *b*：在 300 测量长度上为 0.02，向上	*a*：在 300 测量长度上为 0.03，向前 *b*：在 300 测量长度上为 0.03，向上	*a*：在 500 测量长度上为 0.05，向前 *b*：在 500 测量长度上为 0.05，向上

注：①对于 D_a > 800 mm 的车床，其测量长度可增加至 500 mm。

11）检验序号 G11（主轴和尾座两顶尖的等高度）。检验简图如图 3—2—44 所示，公差值见表 3—2—13。

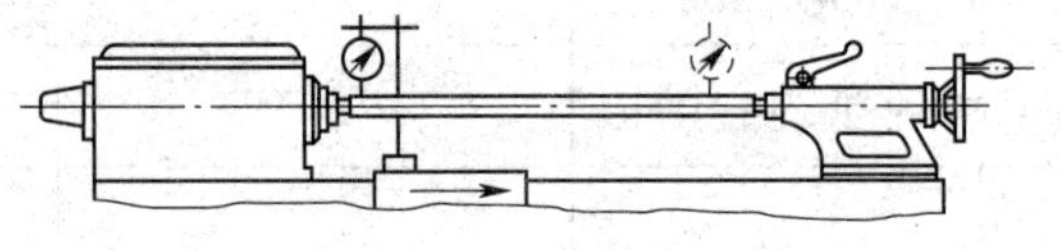

图 3—2—44　G11 检验简图

表 3—2—13　　G11 项目的公差值　　mm

检验项目	公差		
	精密级	普通级	
	D_a≤500 和 DC≤1 500	D_a≤800	800 < D_a≤1 600
主轴和尾座两顶尖的等高度	0.02 尾座顶尖高于主轴顶尖	0.04 尾座顶尖高于主轴顶尖	0.06 尾座顶尖高于主轴顶尖

检验时，在主轴与尾座两顶尖间装入检验棒，指示表固定在床鞍上，使指示表触头在垂直平面内触及检验棒，移动床鞍在检验棒两端检验，指示表在两端读数的差值就是等高度误差。检验时，尾座顶尖套筒应退入尾座孔内并锁紧。

12）检验序号 G12（小滑板移动对主轴轴线的平行度）。检验简图如图 3—2—45 所示，公差值见表 3—2—14。

检验时，将检验棒插入主轴锥孔中，指示表固定在小滑板上，使指示表触头在水平平面内触及检验棒。调整小滑板，使指示表在检验棒两端的读数相等。再将指示表测头在垂直平面内触及检验棒，移动小滑板检验，然后将主轴旋转 180°再检验一次。两次测量结果的代数和之半就是平行度误差。

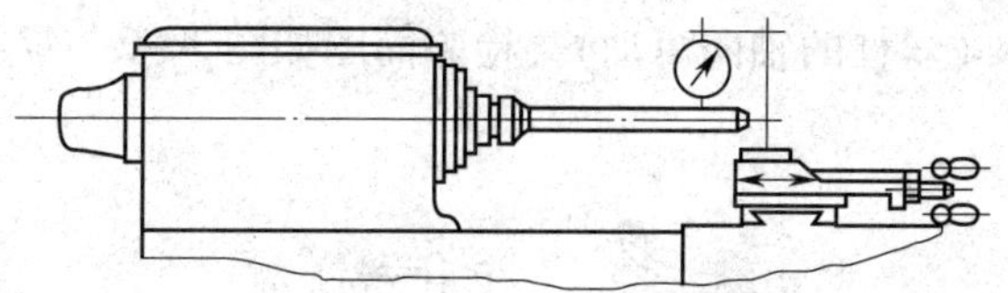

图 3—2—45　G12 检验简图

表 3—2—14　　　G12 项目的公差值　　　mm

检验项目	公差		
	精密级	普通级	
	D_a≤500 和 DC≤1 500	D_a≤800	800＜D_a≤1 600
小滑板纵向移动对主轴轴线的平行度	在 150 测量长度上为 0.015	在 300 测量长度上为 0.04	

13）检验序号 G13（中滑板横向移动对主轴轴线的垂直度）。检验简图如图 3—2—46 所示，公差值见表 3—2—15。

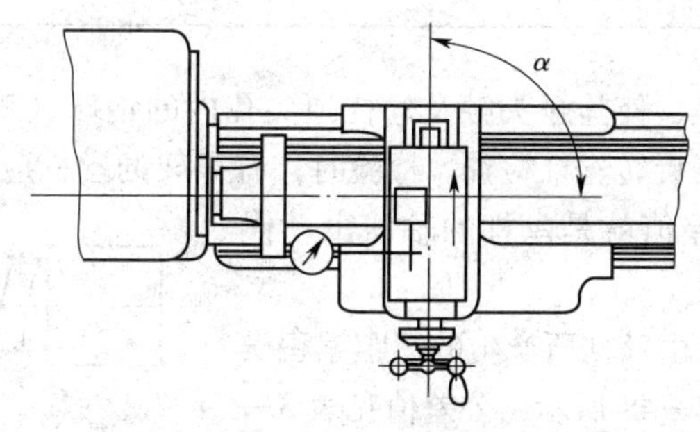

图 3—2—46　G13 检验简图

表 3—2—15　　　G13 项目的公差值　　　mm

检验项目	公差		
	精密级	普通级	
	D_a≤500 和 DC≤1 500	D_a≤800	800＜D_a≤1 600
中滑板横向移动对主轴轴线的垂直度	0.01/300 偏差方向 $\alpha \geq 90^\circ$	0.02/300 偏差方向 $\alpha \geq 90^\circ$	

检验时，将平面圆盘固定在中滑板上，使指示表触头触及圆盘平面，移动中滑板进行检验，然后将主轴旋转180°再检验一次。两次测量结果的代数和之半，就是垂直度误差。

14）检验序号G14（丝杠的轴向窜动）。检验简图如图3—2—47所示，公差值见表3—2—16。

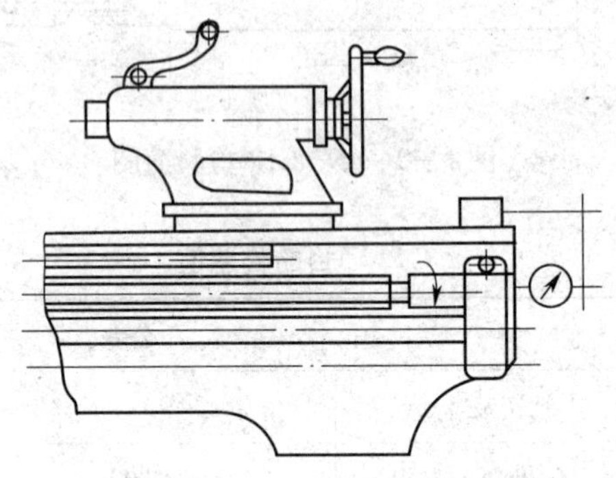

图3—2—47　G14检验简图

表3—2—16　　G14项目的公差值　　mm

检验项目	公差		
	精密级	普通级	
	D_a≤500和DC≤1 500	D_a≤800	800＜D_a≤1 600
丝杠的轴向窜动	0.01	0.015	0.02

检验时，固定指示表，使其触头触及丝杠顶尖孔内的钢球（钢球用黄油黏牢）。在丝杠的中段闭合开合螺母，旋转丝杠检查。检验时，有托架的丝杠应在装有托架的状态下检验，指示表读数的最大差值就是丝杠的轴向窜动误差，正反转均应检验。

15）检验序号G15（由丝杠所产生的螺距累积误差）。检验简图如图3—2—48所示，公差值见表3—2—17。

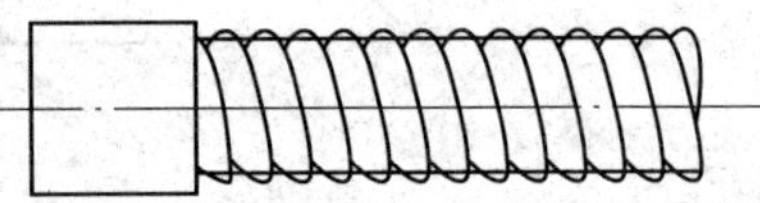

图3—2—48　G15检验简图

表3—2—17　　G15项目的公差值　　mm

检验项目	公差		
	精密级	普通级	
	D_a≤500和DC≤1 500	D_a≤800	800＜D_a≤1 600
由丝杠所产生的螺距累积误差	a：任意300测量长度上为0.03 b：任意60测量长度上为0.01	a：DC≤2 000，在300测量长度上为0.04，最大工件长度每增加1 000公差增加0.005，最大公差为0.05 b：任意60测量长度上为0.015	

课题三　设备调试

子课题 1　普通车床整机调试

学习目标

1. 了解机械设备的安装规程。
2. 掌握普通车床整机调试。

一、机械设备的安装规程

1. 开箱验收

新设备到货后，由设备管理部门会同购置单位、使用单位（或接收单位）进行开箱验收，检查设备在运输过程中有无损坏、丢失，附件、随机备件、专用工具、技术资料等是否与合同、装箱单相符，并填写设备开箱验收单，存入设备档案，若有缺损及不合格现象应立即与有关单位交涉处理，索取或索赔。

2. 设备安装施工

按照工艺技术部门绘制的设备工艺平面布置图及安装施工图、基础图、设备轮廓尺寸以及相互间距等要求划线定位，组织基础施工及设备搬运就位。在设计设备工艺平面布置图时，对设备定位要考虑以下因素：

（1）应适应工艺流程的需要。

（2）应方便工件的存放、运输和现场的清理，包括设备及其附属装置的外形尺寸、运动部件的极限位置及安全距离。

（3）应保证符合设备安装、维修、操作安全的要求。

（4）厂房与设备工作应匹配，包括门的宽度、高度以及厂房的跨度、高度等。

应按照机械设备安装验收有关规范要求，做好设备安装找平，保证安装稳固，减轻振动，避免变形，保证加工精度，防止不合理的磨损。安装前要进行技术交底，组织施工人员认真学习设备的有关技术资料，了解设备性能、安全要求和施工中应注意的事项。

安装过程中，对基础的制作、装配连接、电气线路等项目的施工，要严格按照施工规范执行。安装工序中如果有恒温、防震、防尘、防潮、防火等特殊要求时，应采取措施，条件具备后方能进行该项工程的施工。

3. 设备试运转

设备试运转一般可分为空转试验、负荷试验、精度试验三种。

（1）空转试验

空转试验是为了考核设备安装精度的保持性，设备的稳固性，以及传动、操纵、控制、润滑、液压等系统是否正常，灵敏可靠等有关各项参数和性能，在无负荷运转状态下进行。

一定时间的空负荷运转是新设备投入使用前必须进行磨合的一个不可缺少的步骤。

（2）负荷试验

试验设备在数个标准负荷工况下进行试验，在有些情况下可结合生产进行试验。在负荷试验中应按规范检查轴承的温升；考核液压系统、传动、操纵、控制、安全等装置的工作是否达到出厂标准，是否正常、安全、可靠。不同负荷状态下的试运转，也是新设备进行磨合所必须进行的工作，磨合试验进行的质量如何，对于设备使用寿命影响极大。

（3）精度试验

精度试验一般应在负荷试验后按说明书的规定进行，既要检查设备本身的几何精度，也要检查其工作（加工产品）的精度。这项试验大多在设备投入使用两个月后进行。

4．设备试运行后的工作

首先断开设备的总电路和动力源，然后做好下列设备检查、记录工作。

（1）做好磨合后对设备的清洗、润滑、紧固，更换或检修故障零部件并进行调试，使设备进入最佳使用状态。

（2）做好并整理设备几何精度、加工精度的检查记录和其他机能的试验记录。

（3）整理设备试运转中的情况（包括故障排除）记录。

（4）对于无法调整和消除的问题，分析原因，从设备设计、制造、运输、保管、安装等方面进行归纳。

（5）对设备试运转做出评定结论，处理意见，办理移交生产的手续，并注明参加试运转的人员和日期。

5．设备安装工程的验收与移交使用

（1）设备基础的施工验收由修建部门质量检查员会同土建施工员进行验收，填写施工验收单。基础的施工质量必须符合基础图和技术要求。

（2）设备安装工程的最后验收在设备调试合格后进行。由设备管理部门和工艺技术部门会同其他部门，在安装、检查、安全、使用等各方面有关人员共同参与下进行验收，做出鉴定，填写安装施工质量、精度检验、安全性能、试车运转记录等凭证，并验收移交单，设备管理部门和使用部门签字方可竣工。

（3）设备验收合格后办理移交手续。设备开箱验收（或设备安装移交验收单）、设备运转试验记录单由参加验收的各方人员签字后及随设备带来的技术文件，由设备管理部门纳入设备档案管理；随设备的配件、备品，应填写备件入库单，送交设备仓库入库保管。安全管理部门应就安装试验中的安全问题进行建档。

（4）设备移交完毕，由设备管理部门签署设备投产通知书，并将副本分别交设备管理部门、使用单位、财务部门、生产管理部门，作为存档、通知开始使用、固定资产管理凭证、考核工程计划的依据。

二、普通车床整机调试

调试的目的是检查机床的安装是否稳固，各传动、操纵、控制、润滑、液压等系统的工作状态是否正常、可靠。调试之前先检查各连接部件的紧固程度，给主轴箱、进给箱和溜板箱加油，并检查各部分油线是否齐全有效、各机油注油孔是否畅通。

1. 通电顺序

(1) 切削液泵电动机通电试验，检查电动机旋向，检查各接头有无渗漏，观察各测量点上的油压，注意防止喷溅。

(2) 检查照明灯是否能够正常工作，如果灯不亮，应检查线路和灯泡，并予以维修或更换。

机床初步运转后，对机床进行粗调整，主要包括对机床床身水平及垂直的调整、机床主要几何精度的调整、经过拆装的主要运动部件和主机相对位置的调整。这些工作完成后，对于用地脚螺栓固定的机床可用快干混凝土将各地脚螺栓预留孔灌平，待3~5天固化后即可进行机床的精调。

2. 机床精调和功能调试

利用固化地基和地脚螺栓垫铁精调机床床身水平。在这个基础上，移动床身上各运动部件，在各坐标轴全行程内观察机床水平的变化情况，并调整相应的机床几何精度，使之达到公差范围。

3. 机床的运行调试

(1) 空运转试验

空运转试验是在无负荷状态下启动车床，检查主轴转速，从最低转速依次提高到最高转速，各级转速的运转时间不少于5 min，最高转速的运转时间不少30 min。同时，对机床的进给机构也要进行低、中、高进给量的空运转，并检查润滑油泵输油情况。

新装车床空运转时应满足以下要求：

1）在所有的转速下，车床的各工作机构应运转正常，不应有明显的振动，各操纵机构应平稳、可靠。

2）润滑系统正常、畅通、可靠，无泄漏现象。

3）安全防护装置和保险装置安全可靠。

4）在主轴轴承达到稳定温度（即热平衡状态）时，轴承的温度和温升均不得超过如下规定：滑动轴承温度60℃，温升30℃；滚动轴承温度70℃，温升40℃。

车床空运转试验的检验项目及验收要求见表3—3—1。

表3—3—1　车床空运转试验的检验项目及验收要求

序号	检验项目	验收要求
1	紧固件、操纵件、导轨间隙的检查	(1) 固定连接面应紧密贴合，用0.03 mm塞尺检验时应插不进。滑动导轨的表面除用涂色法检验接触斑点外，用0.03 mm塞尺检查在端面的插入深度应小于20 mm (2) 转动手轮手柄时，所用的最大操纵力不应超过80 N
2	主轴箱部件空运转试验	(1) 检查主轴箱中的油平面，不得低于油标线 (2) 变换速度和进给方向的变换手柄应灵活 (3) 进行空运转试验，试验时从最低速度开始依次运转主轴的所有转速。各级转速的运转时间以观察正常为限，在最高速度的运转时间不得少于30 min

续表

序号	检验项目	验收要求
2	主轴箱部件空运转试验	（4）主轴的滚动轴承温度升高不应超过40℃，主轴的滑动轴承温度升高不应超过30℃，其他机构的轴承温度升高不应超过20℃；要避免因润滑不良而使主轴发生振动及过热 （5）摩擦离合器必须保证能够传递额定的功率而不发生过热现象
3	尾座部件的检查	（1）顶尖套由轴孔的最内端伸出最大长度时应无不正常的间隙和滞塞，手轮转动要轻便，螺栓拧紧与松出应灵便 （2）顶尖套的夹紧装置应灵便可靠
4	溜板、刀架部件的检查	（1）溜板在床身导轨、刀架的上下滑座在燕尾导轨的移动应均匀平稳，镶条、压板应松紧适宜 （2）溜板及刀架在低速、中速、高速的进给试验中应平稳正常且无显著振动 （3）各丝杠应旋转灵活准确，有刻度装置的手轮，手柄反向时的空行程不超过1/20转
5	进给箱、溜板箱部件的检查	（1）各种进给及换向手柄应与标牌相符，固定可靠，相互间互锁动作可靠 （2）启闭开合螺母的手柄应准确可靠，且无阻滞或过松感觉 （3）溜板箱的脱落蜗杆装置应灵活可靠，按定位挡铁的位置能自行停止
6	交换齿轮架的检查	交换齿轮要配合良好，固定可靠
7	电动机传动带的检查	电动机传动带的松紧要适中，四根V带应同时起作用
8	润滑系统的检查	各部分的润滑孔应有显著的标记，用油绳润滑的部位应备有油绳，有储油池的部分应将润滑油加到油标线高度
9	电气设备检查	其启动、停止等动作应可靠

（2）负荷试验

车床经空运转试验合格后，将其调至中速（最高转速的1/2或高于1/2的相邻一级转速）下继续运转，待其达到热平衡状态时，则可进行负荷试验。

1）全负荷强度试验。全负荷强度试验的目的是考核车床主传动系统能否输出设计所允许的最大扭矩和功率。试验方法是将尺寸为ϕ100 mm×250 mm的中碳钢试件，一端用卡盘夹紧，一端用顶尖顶住，用45°标准硬质合金（YT5）右偏刀进行车削，切削用量取$n=58$ r/min、$a_p=12$ mm、$f=0.6$ mm/r。

在全负荷试验时，车床所有机构均应工作正常，动作平稳，不准有振动和噪声，主轴转速不得比空转时降低5%以上，各手柄不得有颤抖和自动换位现象。试验时，允许将摩擦离合器调紧2～3孔，待切削完毕再松开至正常位置。

2）精车外圆试验。精车外圆试验的目的是检验车床在正常工作温度下，主轴轴线与床鞍移动轨迹是否平行，主轴的旋转精度是否合格。试验方法是在车床卡盘上夹持尺寸为

ϕ80 mm × 250 mm 的中碳钢试件，不用尾座顶尖。采用高速钢车刀，切削用量取 n = 397 r/min、a_p = 0. 15 mm、f = 0. 1 mm/r，精车外圆表面。

精车后试件公差：圆度为 0. 01 mm，圆柱度为 0. 01 mm/100 mm，表面粗糙度值不大于 Ra3. 2 μm。

3）精车端面试验。精车端面试验应在精车外圆合格后进行，目的是检查车床在正常工作温度下，刀架横向移动轨迹对主轴轴线的垂直度和对横向导轨的直线度。试件为直径 250 mm 的铸铁圆盘，用卡盘夹持。用 45° 硬质合金右偏刀精车端面，切削用量取 n = 230 r/min、a_p = 0. 2 mm、f = 0. 15 mm/r。

精车端面后试件平面度不大于 0. 02 mm（只许凹）。

4）车槽试验。车槽试验的目的是考核车床主轴系统及刀架系统的抗振性能，检查主轴部件的装配精度和旋转精度，以及检查床鞍刀架系统刮研配合面的接触质量及配合间隙的调整是否合格。

车槽试验的试件为 ϕ80 mm × 150 mm 的中碳钢棒料，用前角 γ_o = 8° ~ 10°、后角 α_o = 5° ~ 6°的YT15 硬质合金刀具，切削用量为 n = 40 ~ 70 r/min、f = 0. 1 ~ 0. 2 mm/r，刀刃宽度为 5 mm。在距卡盘端（1. 5 ~ 2）d（d 为零件直径）处车槽，不应有明显的振动和振痕。

5）精车螺纹试验。精车螺纹试验的目的是检查车床螺纹加工传动系统的准确性。试验规范如下：ϕ40 mm × 500 mm 中碳钢零件，两端用顶尖。高速钢 60°标准螺纹车刀，切削用量为 n = 19 r/min、a_p = 0. 02 mm、f = 6 mm/r。

车螺纹试验精度要求螺距累积误差应小于 0. 025 mm/100 mm，表面粗糙度值不大于 Ra3. 2 μm，无振动波纹。

4. 注意事项

（1）装配后，要检查好各部件之间的相对位置，几何精度。

（2）试车时要保证润滑。

（3）车削过程中如出现异常现象，首先要立即停车。

子课题 2　普通铣床整机调试

学习目标

1. 了解普通铣床的调试安全规程。
2. 掌握普通铣床整机调试。

一、普通铣床的调试安全规程

1. 操作者必须熟悉本机床的性能、结构、传动系统。

2. 调试前应检查各部手柄是否在规定的位置上。

3. 按润滑图标要求加油，检查油标、油量是否正常，油路是否畅通，保持润滑系统清洁。

4．安放分度头、虎钳或较重夹具时，应轻拿轻放。

5．所有刀杆应清洁，夹紧垫圈端面要平行并与轴线垂直。

6．工件、铣刀夹紧必须牢固。

7．工作台移动之前，应先松开固定螺钉；工作台不移动时，应拧紧固定螺钉。

8．快速行程应将手柄位置对准。

9．操作者离开机床、变换速度、更换刀具、测量尺寸时，必须停车。

10．机床发生故障或出现不正常现象时，应立即停机检查，并排除。

11．机床上零部件、安全防护装置不得随意拆除。

12．调试完毕应将工作台移至中间位置，各手柄放在非工作部位，切断电源。

二、普通铣床整机调试

1．主要部件的安装顺序

主要部件的安装顺序为：床身→主轴→横梁→升降台→工作台。

2．机床的调整

（1）工作台回转角度的调整

工作台在水平面内可各回转 45°。调整时，先用相应尺寸的扳手将前后两个调节螺钉松开，即可转动工作台，其回转角度可从刻度盘读出，调整到所需角度后，再将调节螺钉拧紧。

（2）工作台丝杠传动间隙的调整

纵向丝杠的空程量公差为刻度盘的 1/24 圈。若因丝杠螺母的磨损或锁紧螺母的松动致使纵向丝杠反向空程量过大，可按如下两方面调整。

1）如图 3—3—1 所示，拆卸调整顺序为：①取下手轮；②拧下螺母 1；③拆下刻度盘 2；④打开止退垫圈 4；⑤拧松锁紧螺母 3；⑥用螺母 5 进行间隙调整，其松紧程度以垫片 6 用手能转动为准。调整完毕后，锁紧螺母 3、止退垫圈 4，再将拆下的零件即刻度盘 2、螺母 1、手轮依次装上。

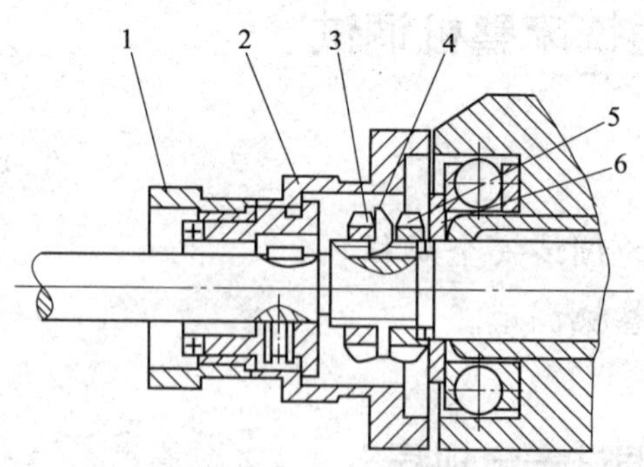

图 3—3—1　工作台纵向丝杠传动间隙的调整

1、3、5—螺母　2—刻度盘　4—止退垫圈　6—垫片

2）如图 3—3—2 所示，拆卸调整顺序为：①打开盖板 3；②拧松螺钉 2；③按图 3—3—3 中的箭头方向拧动蜗杆 1，减小传动间隙，直到达到要求为止（1/24 圈）；同时用手

柄摇动工作台，观察是否有卡住现象（在全行程范围内），若正常，即可拧紧螺钉 2，装上盖板 3。

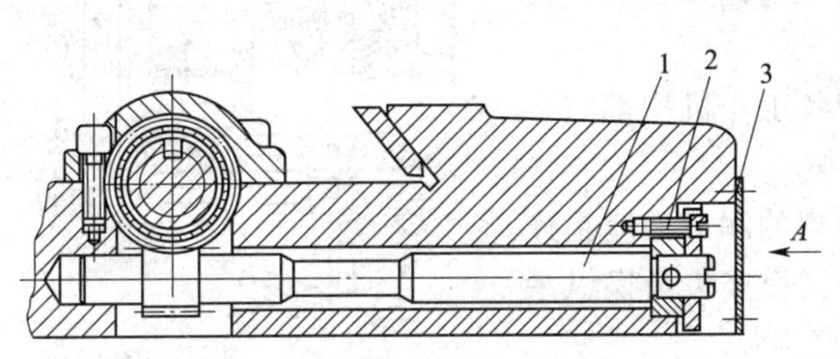

图 3—3—2　工作台纵向丝杠蜗杆装配图

1—蜗杆　2—螺钉　3—盖板

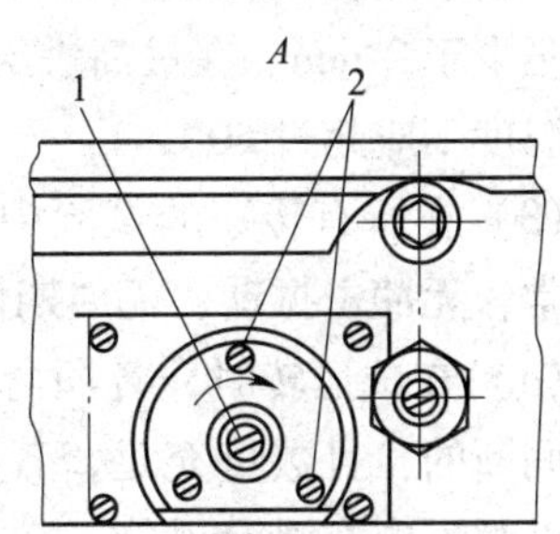

图 3—3—3　蜗杆调整示意图

1—蜗杆　2—螺钉

(3) 卧式主轴轴承的调整

卧式主轴轴承的调整如图 3—3—4 所示。拆卸调整顺序为：①移开悬梁 2；②拆卸盖板 6；③松开螺钉 4；④用专用勾扳手勾住锁紧螺母 5；⑤用棍扳动主轴拨块 7 使主轴旋转来进行调整，螺母 5 的松紧程度依据使用精度和工作性质而定。调整合适后，拧紧螺钉 4。

然后进行主轴空运转试验：从最低一级开始，向上逐级运转，每一级运转时间都不得少于 2 min，在最高转速 1 500 r/min 运转 1 h 后，主轴前轴承温度不得超过 70℃；当室温高于 38℃时，主轴前轴承温升不超过 80℃。

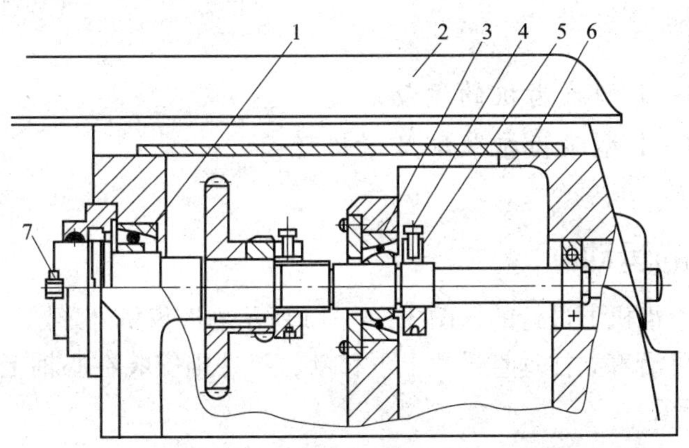

图 3—3—4　卧式主轴装配示意图

1、3—轴承　2—悬梁　4—螺钉　5—螺母　6—盖板　7—拨块

(4) 主轴冲动开关的调整

冲动开关接通时间长短由螺钉 1 的行程大小而定，如图 3—3—5 所示。

调整顺序为：①断开机床电源；②打开按钮箱的盖板；③扳动变速手柄 3，检查冲动开关 2 的接触情况；④按需要拧动螺钉 1；⑤再扳动变速手柄 3，检查冲动开关 2 触头接通得可靠与否；⑥调整合适后，装上按钮箱的盖板。

3. 机床的空运转试验

(1) 主轴从最低转速开始，然后逐级加快至最高转速，运转时间每一级不得少于 2 min。最高转速应不少于 30 min，主轴轴承达到稳定温度时不能超过 60℃。

(2) 启动进给箱电动机，从纵向、横向及升降三个方向的进给进行逐级运转试验，每一级进给量的试运转时间不少于2 min。在最高进给量运转至稳定温度时，各轴承温度不应超过50℃。

(3) 在所有转速的试验中，机床各工作机构都应平稳正常，无冲击振动，无周期性的噪声。

(4) 在试运转时，各润滑点所得到的润滑油应是连续不间断的，且数量充足，各轴承盖、管接头及操纵手柄端部都不应有泄漏现象。

(5) 在试运转期间，电气设备的工作状况，诸如电动机启动、停止、反向、制动及调速的平稳性，磁力启动器和热继电器及终点开关工作的可靠性等均应正常无误。

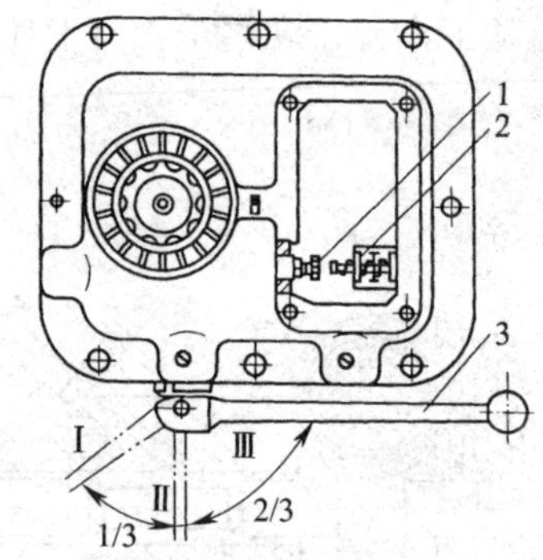

图3—3—5　主轴冲动开关装配示意图

1—螺钉　2—冲动开关　3—变速手柄

课题四　综合训练（二）

子课题1　Y38—1型滚齿机装配质量检验

学习目标

1. 了解Y38—1型滚齿机的运动。
2. 掌握Y38—1型滚齿机装配质量检验。

一、滚齿机的运动

滚齿加工是在滚齿机上进行的，图3—4—1a所示为滚齿机外形图。滚刀安装在刀架上的滚刀杆上，刀架可沿着立柱垂直导轨上下移动，工件则安装在心轴上。滚齿机的传动原理如图3—4—1b所示。

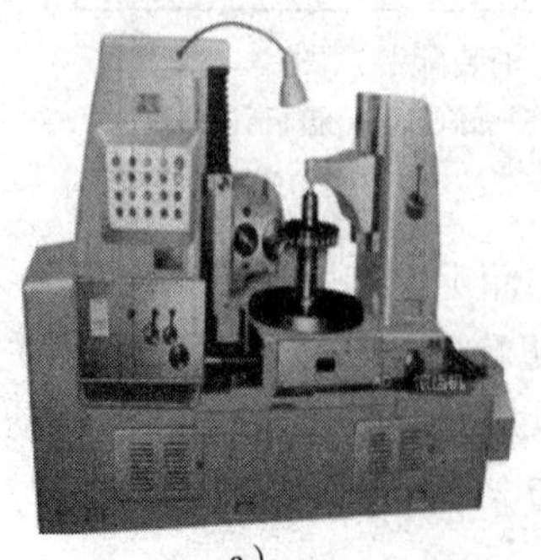

a）

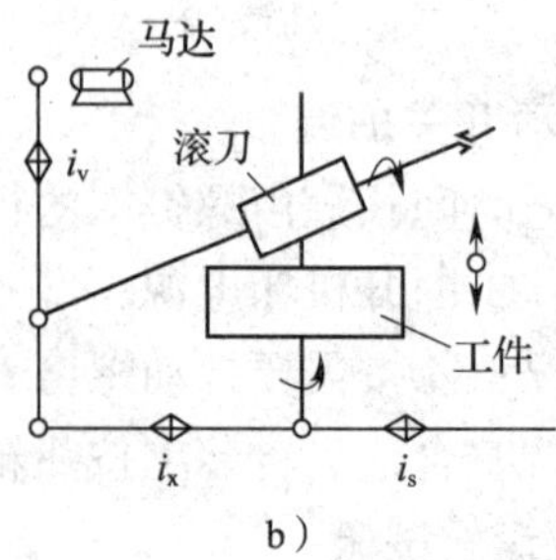

b）

图3—4—1　滚齿机

a）外形图　b）传动原理图

1．切削运动（主运动）

切削运动即滚刀的旋转运动，其切削速度由变速齿轮的传动比决定。

2．分齿运动

分齿运动即工件的旋转运动，其运动的速度必须和滚刀的旋转速度一致，以保持齿轮与齿条的啮合关系。其运动关系由分齿挂轮的传动比来实现。对于单线滚刀，当滚刀每转一转时，齿坯需转过一个齿的分度角度，即 $1/Z$ 转（Z 为被加工齿轮的齿数）。

3．垂直进给运动

垂直进给运动即滚刀沿工件轴线自上而下的垂直移动，这是保证切出整个齿宽所必需的运动。

在滚齿时，必须保持滚刀刀齿的运动方向与被切齿轮的齿向一致，然而由于滚刀刀齿排列在一条螺旋线上，刀齿的方向与滚刀轴线并不垂直，所以，必须把刀架扳转一个角度使之与齿轮的齿向协调。滚切直齿轮时，扳转的角度就是滚刀的螺旋升角。滚切斜齿轮时，还要根据斜齿轮的螺旋方向以及螺旋角的大小来决定扳转角度的大小及扳转方向。

齿轮滚刀是一种专用刀具，每把滚刀可以加工模数相同而齿数不等的各种大小不同的直齿或斜齿渐开线外圆柱齿轮。

在滚齿机上除加工直齿、斜齿外圆柱齿轮外，也可以加工蜗轮、链轮；但不能加工内齿轮，对于加工双联齿轮和三联齿轮也受到许多限制。

Y38—1 滚齿机具有足够的刚度，在滚切齿轮时，可以一次加工至所需的齿深，也可分几次切削（分层切削）。在分层切削时必须依照一定的规则变更其每次的切削用量，如选用适当的切削速度、进给量及合理的精切深度，并准确地安装好工件。Y38—1 滚齿机可切削出七级精度齿轮。

Y38—1 滚齿机装有刀架快速移动装置及在切削终止时自动停止运转机构，故 Y38—1 滚齿机不仅广泛适用于齿轮加工，且操作方便，同时可进行多机床管理。

二、Y38—1 型滚齿机装配质量检验

Y38—1 型滚齿机是一种普遍使用的齿轮加工机床，它可以滚切直齿和斜齿圆柱齿轮（包括蜗轮）。滚切直齿圆柱齿轮的最大加工模数：铸铁件为 8 mm，钢件为 6 mm。无外支架时最大加工外径为 800 mm，有外支架时为 450 mm。加工直齿圆柱齿轮最大齿宽为 270 mm。加工斜齿圆柱齿轮时，如工件直径为 500 mm，最大螺旋角为 30°；在工件直径为 190 mm 时，最大螺旋角为 60°。

1．Y38—1 型滚齿机空运转试验

（1）空运转试验前的准备

1）将机床调整好，用煤油清洗擦净机床。

2）电气系统要完全干燥，电器限位开关装置要紧固，电源须接通地线。

3）主电动机 V 带松紧应适度，过紧会增加电动机负荷，过松会导致切削时停机。

4）工作台及刀架滑板等各导轨的端部，用 0.04 mm 的塞尺检查，其插入深度应小于 20 mm。

5）机床各固定结合面的密合程度用 0.03 mm 的塞尺检查，应插不进。

6）机床各交换齿轮的侧隙调整要适当，交换齿轮板要紧固，机床罩壳应装好。

7）各操纵手柄必须转动灵活，无阻滞现象。检查各传动机构、脱开机构的位置是否正确。快速机构用手做转动试验，并放置在停机位置上。

8）检查各润滑油路装置是否正确，油路是否畅通。用润滑油注满所有的润滑油孔和油箱。刀架及工作台分度蜗杆副的润滑油应注入油室至油标红线位置。各滑动导轨的润滑，可用油栓在各球形油眼注入润滑油，润滑油应清洁无杂质。

（2）空运转试验

1）主轴以 $n=47.5$ r/min、$n=79$ r/min、$n=127$ r/min、$n=192$ r/min 四种转速依次运转，在各种规定转速下运转 0.5 h。最高转速不得少于 1 h。

2）在最高转速下，主轴轴承的稳定温度不超过 55℃，其他机构的轴承不应超过 50℃。

3）工作台的运转速度按 $Z=30$、滚刀头数 $K=1$ 的分齿交换齿轮选择，根据主轴转速依次运转，使工作台由 1.6 r/min 依次变速到 6.5 r/min，并检验分度蜗杆副在运转中的啮合情况。

4）进给机构应按最低、中、最高三级进给量分三次进行运转试验，快速进给机构也应做快速升降试验。

5）工作台进给丝杠的反向空程量不得超过 1/20 转，转动手柄时所需的力不应超过 80 N。

6）各挡交换齿轮和传动用的啮合齿轮的轴向错位量不应超过 0.5 mm，各挡离合器在啮合位置时应保证正确的定位。

7）在所有速度下，机床的各工作机构应平稳，不应有不正常的冲击、振动及噪声。

2. Y38—1 型滚齿机负荷试验

（1）负荷试验切削规范见表 3—4—1。

表 3—4—1　　负荷试验切削规范

切削顺序	齿数	模数 /mm	外径 d/mm	齿宽 b/mm	转速 n/（r/min）	切削速度 v/（m/min）	进给量 f /（mm/z）	背吃刀量 a_p/mm
1	35	8	296	60	64	25.15	2	17.2
2	30	8	256	60	64	25.15	2	17.2
3	25	8	216	60	64	25.15	2	17.2

注：毛坯材料为 HT150。表中 296、256、216 分别是第一、二、三次滚切时的外径。

（2）进行负荷试验时，所有机构均应正常工作，机床不应有明显的振动、冲击、噪声和其他不正常现象。

（3）负荷试验以后，最好将主要部件拆洗一次，并检查使用情况。

3. Y38—1 型滚齿机工作精度试验

机床的工作精度检验应在机床空运转试验、负荷试验及经调整到几何精度要求后进行，切削要在主轴等主要部件运转到温度稳定时进行。

（1）直齿工作精度检验

机床工作精度试验用的齿坯如图 3—4—2 所示，直齿轮精切试验规范见表 3—4—2。

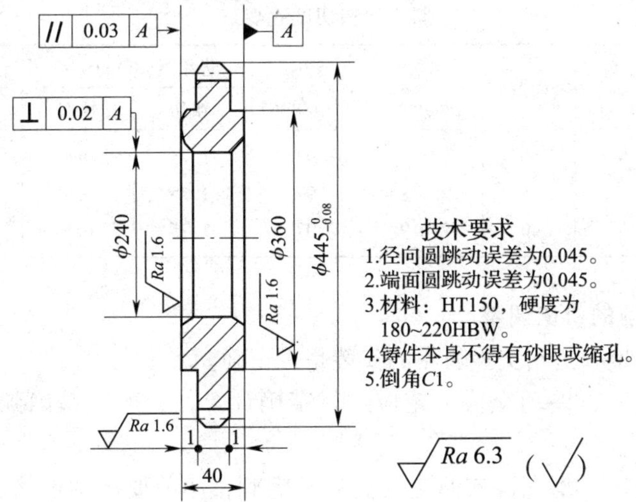

图 3—4—2　精切直齿轮齿坯加工图

表 3—4—2　　直齿轮精切试验规范

齿轮	模数/mm	精度等级	切削规范	转速 n/（r/min）	背吃刀量 a_p/mm	进给量 f/（mm/z）
$Z=37$	$m=6$	按齿轮精度标准 7 级	粗切	155	10	2
			精切	155	1	0.5

（2）斜齿工作精度试验

机床工作精度试验用的齿坯如图 3—4—3 所示，斜齿轮精切试验规范见表 3—4—3。

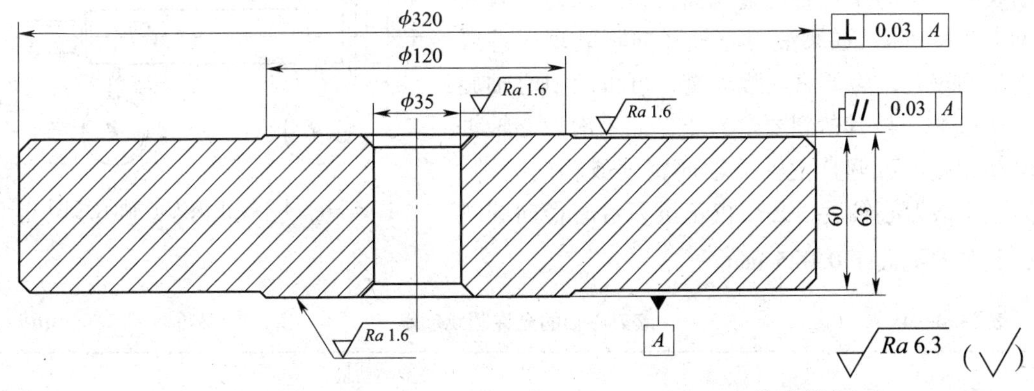

技术要求
1.径向圆跳动为0.04。
2.端面圆跳动为0.03。
3.材料为HT150，硬度为170~200HBW。
4.铸件本身不得有砂眼或缩孔。
5.齿面表面粗糙度为Ra1.6μm，倒角为C1。
6.精度不做检查。

图 3—4—3　精切斜齿轮齿坯加工图

表3—4—3　　斜齿轮精切试验规范

切削顺序	螺旋角 β/（°）	模数 m/mm	齿数	外径 d/mm	转速 /（r/min）	进给量 f/（mm/z）		背吃刀量 a_p/mm	
						粗切	精切	粗切	精切
1	30°	5	50	298.6	97	1.75	0.5	9.5	1.5
2	30°	5	45	269.8	97	1.75	0.5	9.5	1.5
3	30°	5	40	240.9	97	1.75	0.5	9.5	1.5

（3）精切试验前的机床调整

1）仔细检查分度及进给交换齿轮的安装是否正确。

2）精切斜齿轮时，差动交换齿轮应进行精确计算，一般应精确到小数点后第5～6位。

3）所选用的齿轮，不允许有凸出的高峰、毛刺，用前要清洗齿槽、内孔和齿面，安装间隙要适当。

4）机床刀架扳转角误差不大于6′～10′。

（4）刀具的安装与调整

1）滚刀心轴应符合精度要求：局部热处理为高频感应淬火，淬硬至45～50HRC；两端螺纹必须与轴同轴；键槽的直线度误差与轴线的平行度误差在全长上测量公差0.015 mm；莫氏4号锥度与滚刀主轴锥孔在接合长度上的接触面大于85%。

2）滚刀心轴安装在机床主轴之前，必须擦净锥体、外圆和端面。

3）滚刀心轴装入主轴孔内，用拉杆拉紧，如图3—4—4所示，用百分表在A和B处检查径向圆跳动误差，在端面C处检查端面圆跳动误差，其要求见表3—4—4。如果滚刀心轴径向圆跳动误差或轴向窜动较大，为了消除跳动量，可将滚刀心轴旋转180°安装，使其达到要求为止。如果滚刀心轴轴向窜动超差，可调整主轴的轴向精度或轴向间隙。滚刀装上滚刀心轴后，必须校正滚刀台肩径向圆跳动，其公差不大于0.025 mm。

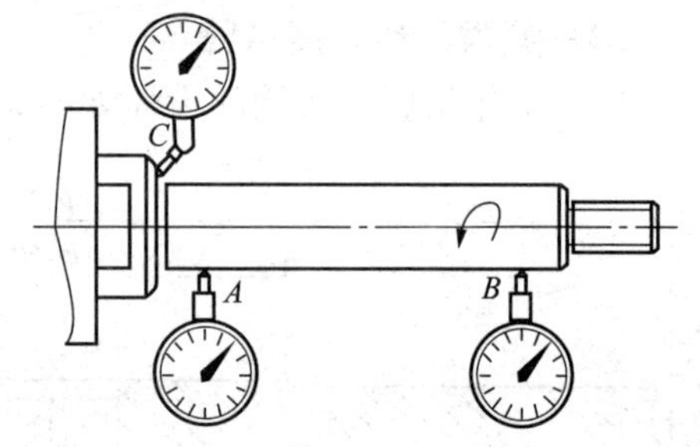

图3—4—4　校正滚刀心轴示意图

表3—4—4　　滚刀心轴的允许圆跳动量　　mm

加工齿轮精度	允许圆跳动量		
	在A处	在B处	在C处
7—6—6	0.015	0.02	0.01

4）滚刀垫圈两端面平行度公差最大不超过0.005 mm，表面粗糙度为Ra0.8 μm，安装前必须擦净污垢，装夹时应少用垫圈，以免增加平行度累积误差。

5）滚刀精度的选择：粗滚选用A级或B级；精滚以AA级精度为宜，但不允许用同一把滚刀作粗、精加工用。

6）切齿时滚刀必须对准工件中心。

（5）工件及夹具的安装和调整

1）滚齿夹具的端面圆跳动量应在 0.007 ~0.01 mm 内。

2）齿坯安装后需校正外圆，使齿坯与机床回转工作台的轴线重合，其公差应小于 0.03 mm。

3）齿坯的夹紧支承面应尽可能接近齿根。

4. Y38—1 型滚齿机几何精度试验

机床的几何精度检验在各部件安装时分别调整好，并在空运转试验前和工作精度检验后各进行一次。机床几何精度检验应按机床精度检验标准或机床出厂的精度合格证书逐项检验。

（1）检验立柱移动时的倾斜度

立柱移动时的倾斜度的检验方法如图 3—4—5 所示。在立柱导轨上端的纵向和横向平面内，在 *a*、*b* 处分别靠上水平仪，移动立柱，在立柱全部行程的两端和中间位置上检验。*a*、*b* 的误差分别计算，水平仪读数的最大代数差就是本项检验的误差。*a*、*b* 处的误差为 0.02 mm/1 000 mm。

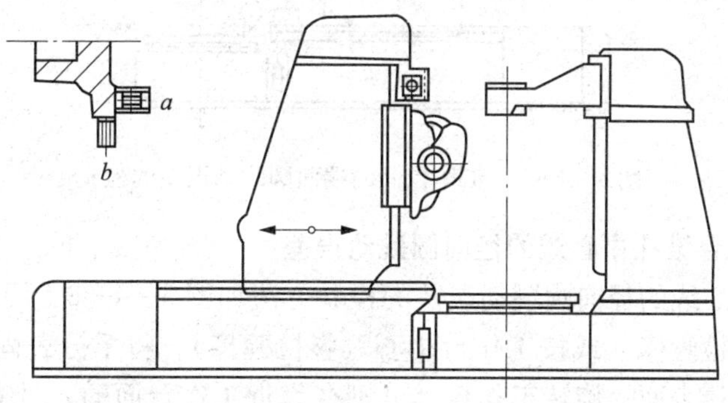

图 3—4—5　立柱移动时的倾斜度的检验

（2）检验工作台面的平面度误差

工作台面的平面度误差的检验方法如图 3—4—6 所示。如图 3—4—6a 所示，在工作台面上按规定的方向放两个高度相等的量块，在量块上放一根平尺，如图 3—4—6b 所示。用量块和塞尺检验工作台面和平尺检验面间的间隙，其公差为 0.025 mm，工作台面只许凹。

（3）检验工作台面的端面圆跳动误差

工作台面的端面圆跳动误差的检验方法如图 3—4—7 所示。将千分表固定在机床上，使千分表测头顶在工作台面上靠近边缘的地方，旋转工作台，在相隔 90°或 180°的 *a* 点和 *b* 点检验。*a*、*b* 的误差分别计算，千分表读数的最大差值就是端面圆跳动误差，工作台的端面圆跳动的公差为 0.015 mm。

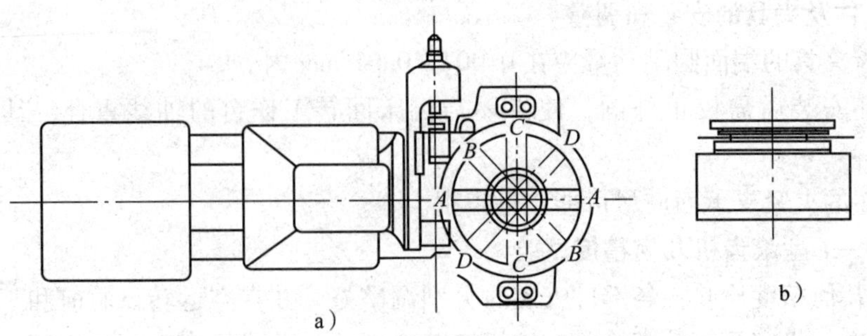

图 3—4—6　工作台面的平面度误差的检验

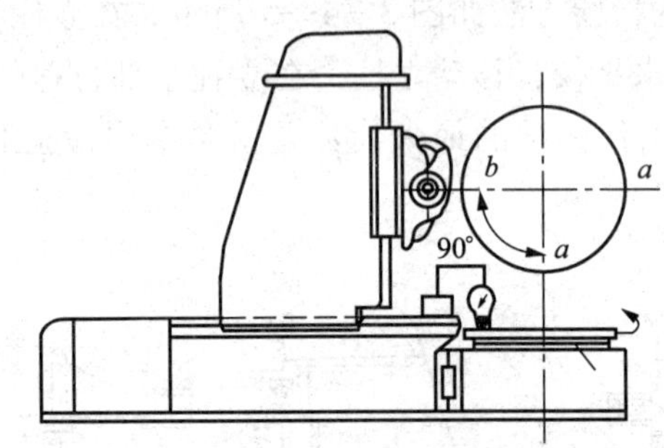

图 3—4—7　工作台面的端面圆跳动误差的检验

（4）检验工作台锥孔中心线的径向圆跳动误差

工作台锥孔中心线的径向圆跳动误差的检验方法如图 3—4—8 所示。在工作台锥孔中心紧密地插入一根检验棒（或按工作台中心调整检验棒），将千分表固定在机床上，使千分表测头顶在检验棒表面。旋转工作台，分别在靠近工作台面的 a 处和距离 a 处为 l 的 b 处检验径向圆跳动误差。a、b 的误差分别计算，千分表读数的最大差值就是径向圆跳动误差。l 为 300 mm 时，a、b 两处公差分别为 0.015 mm、0.02 mm。

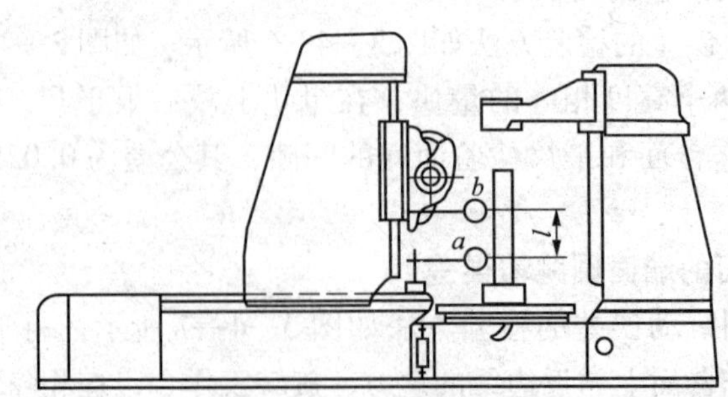

图 3—4—8　工作台锥孔中心线的径向圆跳动误差的检验

（5）检验刀架垂直移动对工作台中心线的平行度误差

刀架垂直移动对工作台中心线的平行度误差的检验方法如图 3—4—9 所示。在工作台锥孔中紧密地插入一根检验棒（或按工作台中心调整检验棒），将千分表固定在刀架上，使千分表测头顶在检验棒表面上，垂直移动刀架，分别在纵向平面内 a 处和横向平面内 b 处检验。a、b 的测量结果分别以千分表读数的最大差值表示，然后将工作台旋转 180°，再同样检验一次。a、b 的误差分别计算。两次测量结果的代数和的一半就是平行度的误差。l 为 500 mm 时，a、b 两处公差分别为 0. 03 mm、0. 02 mm。立柱上端只许向工作台方向偏离。

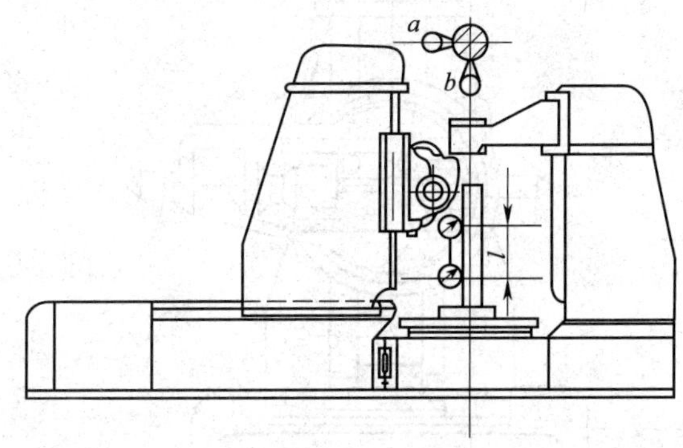

图 3—4—9　刀架垂直移动对工作台中心线平行度误差的检验

（6）检验刀架回转中心线与工作台回转中心线的位置度误差

刀架回转中心线与工作台回转中心线位置度误差的检验方法如图 3—4—10 所示。在工作台锥孔中紧密地插入一根检验棒（或按工作台中心调整检验棒），将千分表固定在刀架上，使千分表测头顶在检验棒表面。旋转刀架 180°检验（机床不带指形刀架时，用主刀架检验；机床带指形刀架时，用指形刀架检验），千分表在同一截面上读数的最大差值的一半就是刀架回转中心线与工作台回转中心线的位置度误差。用主刀架检验时，其位置度公差为 0. 15 mm；用指形刀架检验时，其位置度公差为 0. 05 mm。

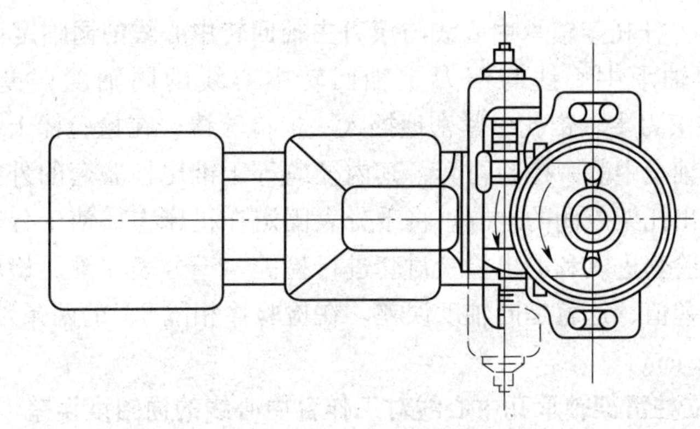

图 3—4—10　刀架回转中心线与工作台回转中心线位置度误差的检验

(7) 检验滚刀主轴锥孔中心线的径向圆跳动误差

滚刀主轴锥孔中心线的径向圆跳动误差的检验方法如图3—4—11所示。在滚刀主轴锥孔中紧密地插入一根检验棒，将千分表固定在机床上，使千分表测头顶在检验棒表面。回转滚刀主轴分别在靠近主轴端部的 a 处和距离 a 处为 l 的 b 处检验径向圆跳动误差。a、b 的误差分别计算，千分表读数的最大差值就是径向圆跳动误差。l 为300 mm时，a、b 两处公差分别为0.010 mm、0.015 mm。

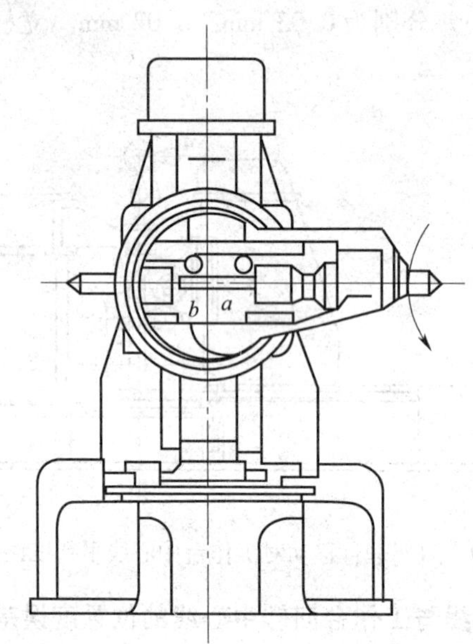

图3—4—11　滚刀主轴锥孔中心线的径向圆跳动误差的检验

(8) 检验滚刀主轴的轴向窜动误差

滚刀主轴的轴向窜动误差的检验方法如图3—4—12所示。在滚刀主轴锥孔中紧密地插入一根检验棒，将千分表固定在机床上，使千分表测头顶在检验棒的端面靠近中心的地方(或顶在放入检验棒顶尖孔的钢球表面)。旋转滚刀主轴进行检验，千分表读数的最大差值就是滚刀主轴的轴向窜动误差，其公差为0.008 mm。

(9) 检验滚刀刀杆托架轴承中心线与滚刀主轴回转中心线的同轴度误差

滚刀刀杆托架轴承中心线与滚刀主轴回转中心线的同轴度误差的检验方法如图3—4—13所示。在滚刀主轴锥孔中紧密地插入一根检验棒，在检验棒上套一配合良好的锥尾检验套，在托架轴承中装一检验衬套，其内径应等于锥尾检验套的外径。将托架固定在检验棒自由端可超出托架外侧的地方。将千分表固定在机床上，使千分表测头顶在托架外侧表面，使锥尾检验套进入和退出检验衬套进行检验。千分表在锥尾检验套进入和退出检验衬套后读出最大差值，这就是同轴度误差。在检验棒相隔90°的两条母线上各检验一次。同轴度公差为0.02 mm。

(10) 检验后立柱滑架轴承孔中心线对工作台中心线的同轴度误差

后立柱滑架轴承孔中心线对工作台中心线的同轴度误差的检验方法如图3—4—14所示。在后立柱滑架轴承中紧密地插入一根检验棒，检验棒伸出长度等于直径的两倍。将千分表固定在工作台上，使千分表测头顶在检验棒表面靠近端部的地方，旋转工作台检验，

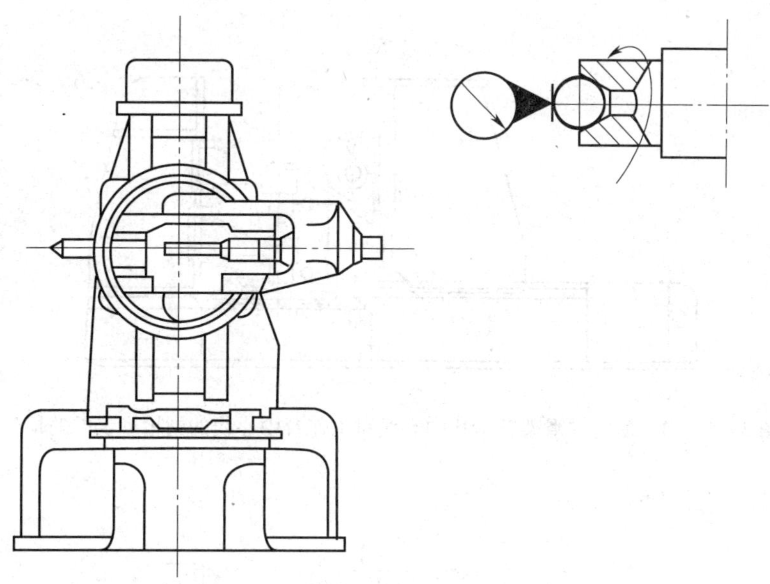

图 3—4—12　滚刀主轴轴向窜动误差的检验

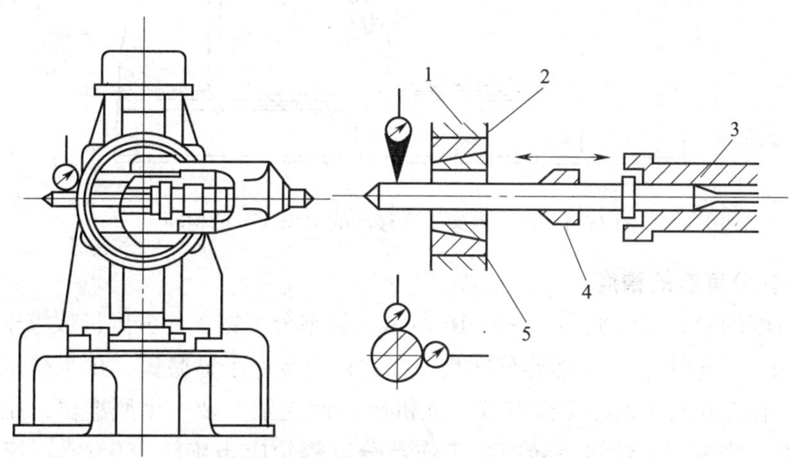

图 3—4—13　滚刀刀杆托架轴承中心线与滚刀主轴回转中心线的同轴度误差的检验

1—托架　2—托架轴承套　3—滚刀主轴　4—锥尾检验套　5—检验衬套

千分表读数的最大差值的一半就是同轴度误差。滑架位于后立柱上端 b 处和下端 a 处各检验一次同轴度，其公差 a 处为 0.015 mm、b 处为 0.02 mm。

（11）检验刀架垂直移动的累积误差

刀架垂直移动的累积误差的检验方法如图 3—4—15 所示。将分度蜗杆旋转 Z_k 转时（Z_k 为分度蜗轮的齿数），用量块和千分表测量刀架的垂直移动量。千分表在测量长度上读数的最大差值就是刀架在移动一定长度时的累积误差。刀架移动长度 $l≤25$ mm 时，其公差为 0.015 mm；刀架移动长度 $l≤100$ mm 时，其公差为 0.02 mm；刀架移动长度 $l≤1\,000$ mm 时，其公差为 0.05 mm。

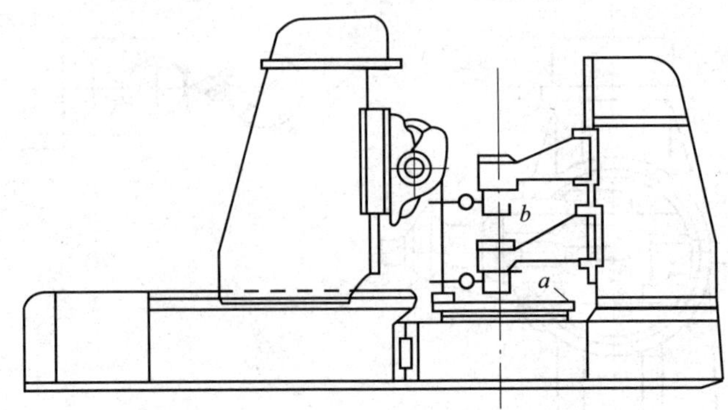

图 3—4—14　后立柱滑架轴承孔中心线对工作台中心线的同轴度误差的检验

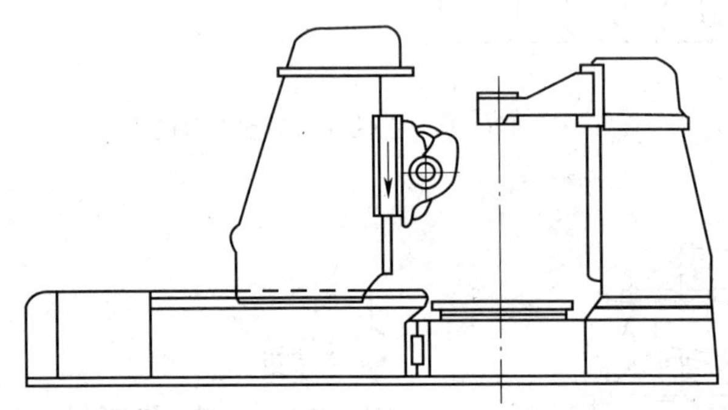

图 3—4—15　刀架垂直移动的累积误差的检验

(12) 检验分度链的精度

分度链精度的检验方法如图 3—4—16 所示。调整分度链，使分度齿数等于分度蜗轮的齿数 Z_k。在滚刀主轴上装一个螺旋分度盘；在立柱上装一个显微镜，用来确定螺旋分度盘的旋转角度；在工作台上装一个经纬仪；在机床外面支架上装一个照准仪，用来确定工作台的旋转角度。当滚刀主轴转一转时，工作台分度蜗轮应当旋转 $360°/Z_k$。滚刀主轴每旋转一转，返回经纬仪至原来位置，以确定工作台的实际旋转角度。工作台正转和反转各检验一次。蜗杆每转一转时分度链的精度公差为 0.016 mm，蜗轮转一转时的累积误差为 0.045 mm。

(13) 检验精切直齿圆柱齿轮的齿距偏差和齿距累积误差

试件的直径不小于最大工件直径的 1/2，模数为最大加工模数的 0.4 ~ 0.6 倍，材料为铸铁或钢，试件的加工齿数应等于分度蜗轮的齿数或其倍数，其检验方法如图 3—4—17 所示。齿轮精切后，用齿距仪检验同一圆周上任意齿距偏差，其公差为 0.015 mm。用任何一种能直接确定或经计算确定齿距累积误差的仪器检验，同一圆周上任意两个同名齿形的最大正值和负值偏差的绝对值的和就是累积误差，其公差为 0.070 mm。

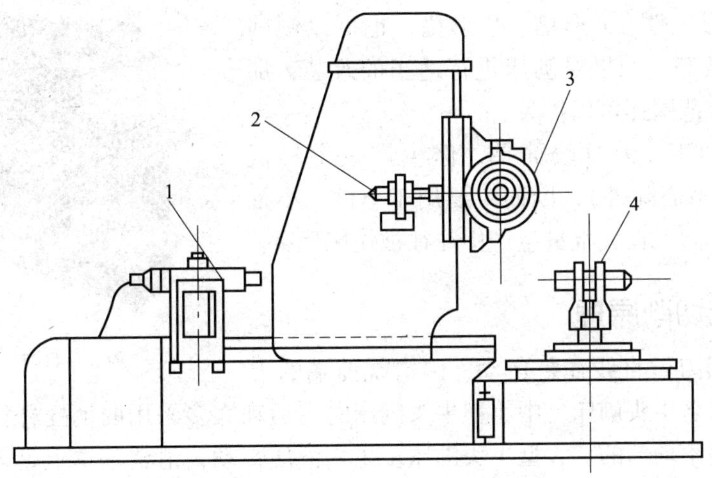

图 3—4—16　分度链精度的检验

1—照准仪　2—显微镜　3—分度盘　4—经纬仪

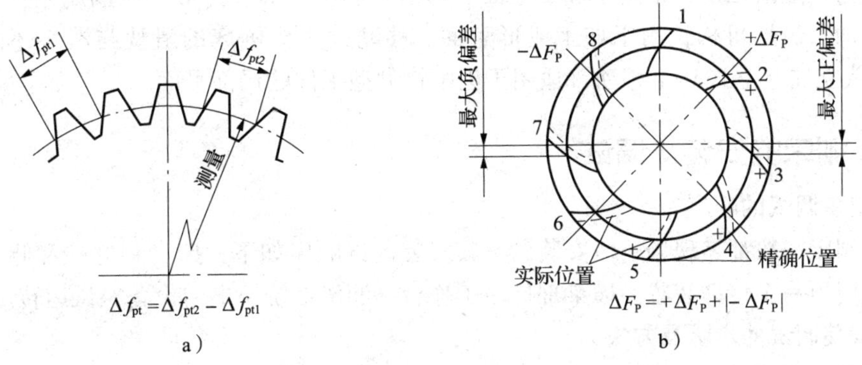

图 3—4—17　齿距偏差和齿距累积误差的检验

a）齿距偏差检验图　b）齿距累积误差检验图

子课题 2　刨床的安装与调试

1. 了解刨床的切削原理。
2. 掌握刨床的安装与调试。

刨床（见图 3—4—18）是用刨刀对工件的平面、沟槽或成形表面进行刨削的机床，其通过使刀具和工件之间产生相对的直线往复运动来达到刨削工件表面的目的，往复运动是刨床的主运动。刨床除了有主运动以外，还有辅助运动，也叫进刀运动，刨床的进刀运动是工作台（或刨刀）的间歇移动。

在刨床上可以刨削水平面、垂直面、斜面、曲面、台阶面、燕尾形工件、T 形槽、V 形槽，也可以刨削孔、齿轮和齿条等。如果对刨床进行适当的改装，那么，刨床的适应范围还可以扩大。

使用刨床加工，刀具较简单，但生产效率较低（加工长而窄的平面除外），因而主要用于单件、小批量生产及机修车间，在大批量生产中往往被铣床代替。

图 3—4—18　刨床

一、刨床切削原理

滑枕带着刨刀做直线往复运动，因滑枕前端的刀架形似牛头故又名牛头刨床。中小型牛头刨床的主运动大多采用曲柄摇杆机构传动，故滑枕的移动速度是不均匀的。大型牛头刨床多采用液压传动，滑枕基本上是匀速运动。滑枕的返回行程速度大于工作行程速度。由于采用单刃刨刀加工，且在滑枕回程时不切削，因而牛头刨床的生产效率较低。机床的主参数是最大刨削长度。刨床由滑枕带着刨刀做水平直线往复运动，刀架可在垂直面内回转一个角度，并可手动进给，工作台带着工件做间歇的横向或垂直进给运动，常用于加工平面、沟槽和燕尾面等。仿形牛头刨床是在普通牛头刨床上增加一仿形机构，用于加工成形表面。移动式牛头刨床的滑枕与滑座还能在床身（卧式）或立柱（立式）上移动，适用于刨削特大型工件的局部平面。

二、刨床的安装与调试

1. 安装调试的顺序

龙门刨床一般都是现场解体安装的，其安装调试顺序如下：床身→立柱和侧刀架→连接梁及龙门顶→主传动装置→横梁部件→工作台→润滑系统→电力设备→试运转。

2. 安装调试的步骤及方法

（1）床身的安装

按说明书要求摆放好调整垫铁，再将床身安装就位。若床身由几段组成，其安装方法是：先将各段床身依次安放在调整垫铁上，然后将连接螺栓穿入床身连接孔内，并通过调整垫铁使床身结合面的定位销孔正确重合，推入定位销，拧紧连接螺栓，最后以着色法检查定位销与孔的接触情况。

其安装技术要求为：

1）床身导轨在连接立柱处的水平度公差为 0.04 mm/1 000 mm。

2）床身导轨在垂直平面内的直线度公差为 0.02 mm/1 000 mm、0.03 ~ 0.26 mm/全长（4 ~ 6 m）。

3）床身导轨在水平面内的直线度公差为 0.02 mm/1 000 mm、0.03 ~ 0.26 mm/全长（4 ~ 6 m）。

4）床身导轨的平行度公差为 0.02 mm/1 000 mm、0.04 ~ 0.14 mm/全长（4 ~ 6 m）。

注意：若机床有三根导轨，两侧导轨均应相对中间导轨分别检验。

（2）立柱和侧刀架的安装

1）左、右立柱的安装

安装步骤：

①先将右立柱安装在床身侧面，并检查其与床身的垂直度误差。

②以右立柱为基础安装左立柱，并检查其与床身的垂直度误差，其垂直度误差方向应与右立柱和床身的垂直度误差方向一致，且两立柱上端面间距离应较其下端面间距离小。

测量时应在上、中、下三个位置分别进行。

安装技术要求：

①立柱表面与床身导轨的垂直度公差为0.04 mm/1 000 mm，其测量方法如图3—4—19所示。

②立柱表面相互平行度公差为0.04 mm/1 000 mm，两立柱只允许向同一方向倾斜，且只允许上端靠近，其测量方法如图3—4—20所示。

③两立柱导轨表面相对位移量公差为0.04 mm，塞尺不得插入，其测量方法如图3—4—21所示。

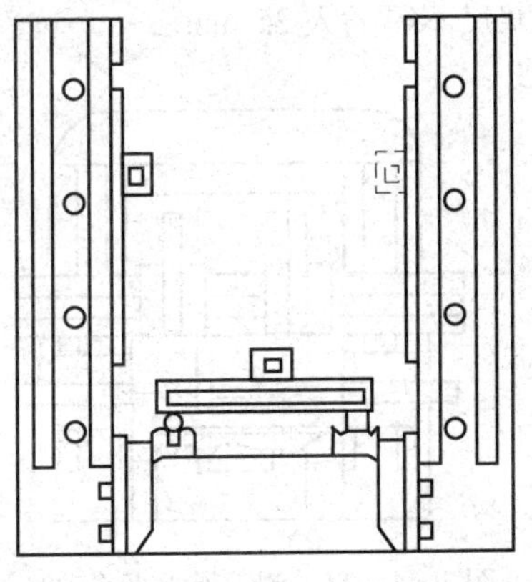

图3—4—19　测量立柱表面与床身导轨的垂直度误差

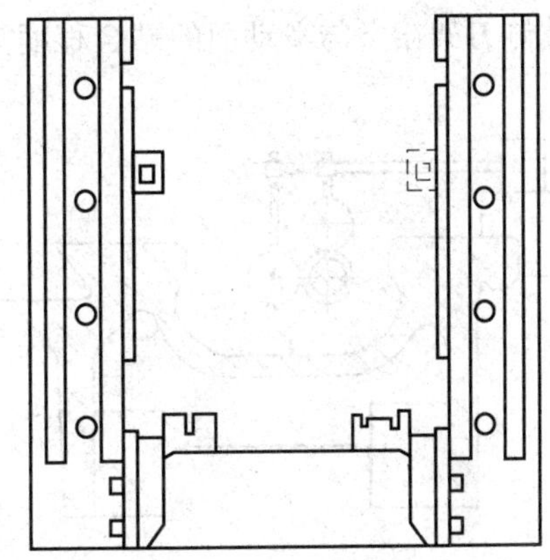

图3—4—20　测量立柱表面相互平行度误差

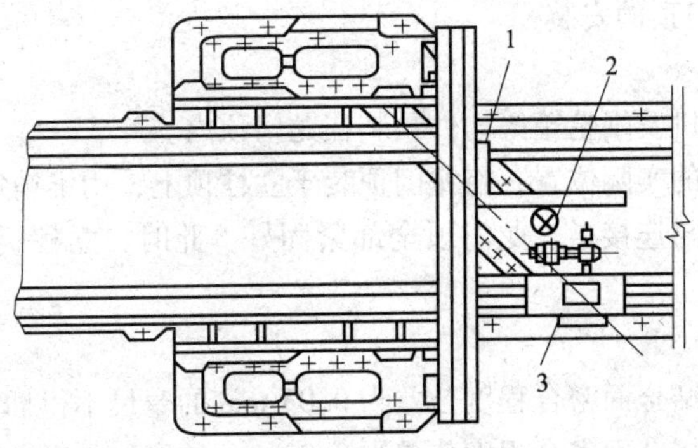

图3—4—21　测量两立柱导轨表面相对位移

1—直角尺　2—指示表　3—V形水平仪座

2）侧刀架的安装

安装步骤：

①检查并清洗钢丝绳、轴承、滑轮及润滑轴。

②将平衡锤吊入立柱孔内并加以固定。

③擦净立柱导轨面，并涂上润滑油，将装有侧刀架和进给箱的侧滑板装在立柱导轨上，同时在其下面放上枕木。

④塞入镶条上压板与平衡锤相连接，穿上进给丝杠，同时将丝杠两端的支座紧固到立柱上。

⑤调整升降丝杠螺母及两端丝杠支座轴孔的三孔同轴度误差。

侧刀架、升降丝杠与立柱导轨的平行度误差的检验方法如图 3—4—22 所示。

安装技术要求：

①检验侧刀架垂直移动时对工作台面的垂直度误差，此项安装精度检验应在工作台安装后进行，检验时应将工作台移到床身中间位置。其垂直度公差为 0. 02 mm/500 mm，其检测方法如图 3—4—23 所示。

②侧刀架镶条与滑动面的贴合程度为 0. 03 mm 的塞尺不得插入 25 mm。

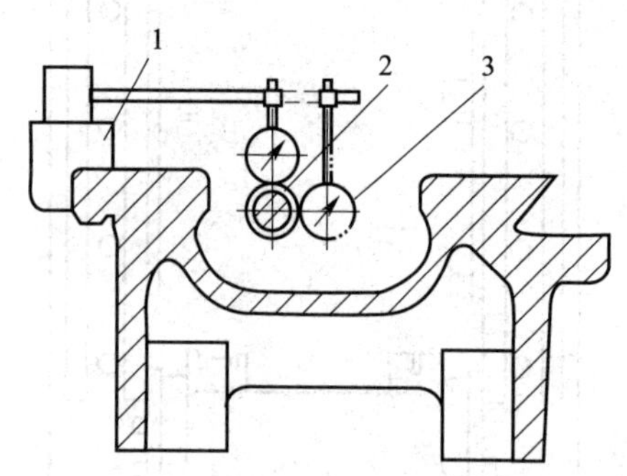

图 3—4—22　侧刀架、升降丝杠与立柱导轨的平行度误差的检验
1—角度板　2—丝杠　3—指示表

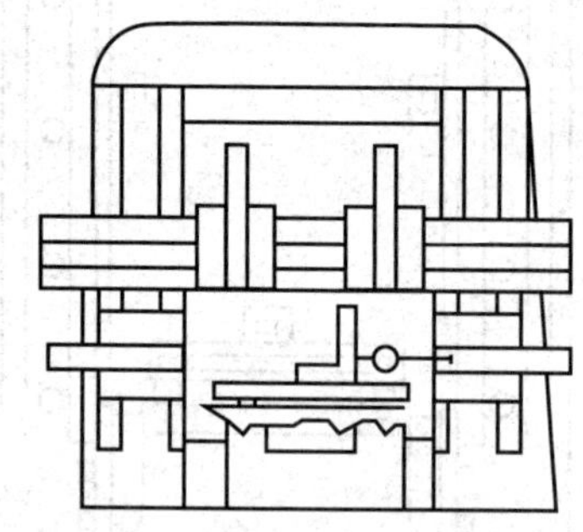

图 3—4—23　侧刀架垂直移动时对工作台的垂直度误差的检验

（3）连接梁及龙门顶的安装

安装步骤：

1）先将升降电动机及蜗轮箱等构件预装在龙门顶内。

2）依据横梁丝杠的实际位置，将龙门顶装于立柱顶上，用锥销定位，用螺钉固定。

3）用螺钉将立柱与连接梁、龙门顶全部紧固好，此时，立柱仍然保持原安装的自由状态。

安装技术要求：

1）连接梁与立柱结合面密合程度公差为 0. 03 mm 的塞尺不得插入，超差时刮研修正。

2）龙门顶与立柱接合面密合程度公差为 0. 03 mm 的塞尺不得插入。

（4）主传动装置的安装

传动轴穿过立柱借助齿轮接合器连接于蜗杆轴上，再将第二个齿轮接合器的传动轴接到主传动减速器上。在同一平台上的主传动减速器和电动机组装的正确位置是靠底板下的螺栓调整垫铁来实现的。

安装技术要求：

1）蜗杆轴、连接轴、变速箱传动轴之间的同轴度公差为0.2 mm。

2）轴上两齿型联轴器的同轴度误差应符合其相关规定。

（5）横梁部件的安装

1）擦净导轨面，并涂上润滑油，再将横梁安装在立柱的前导轨上，并在其下部顶上千斤顶或垫上枕木，粗调横梁上导轨面使其基本处于水平。

2）拆下安装在龙门顶上的蜗杆传动箱的箱盖，从上往下穿入横梁升降丝杠，并将其旋入横梁螺母中，之后上压板、安镶条。

3）装配减速器和压紧装置时，应边装边调，直到横梁全部调整完毕后，再拧紧螺母，盖上减速器，并对横梁位置的倾斜度进行检验。

检验横梁位置移动时的倾斜度，应将两个垂直刀架移到使横梁平衡的位置，即与两立柱中心线等距，其检验方法如图3—4—24所示。

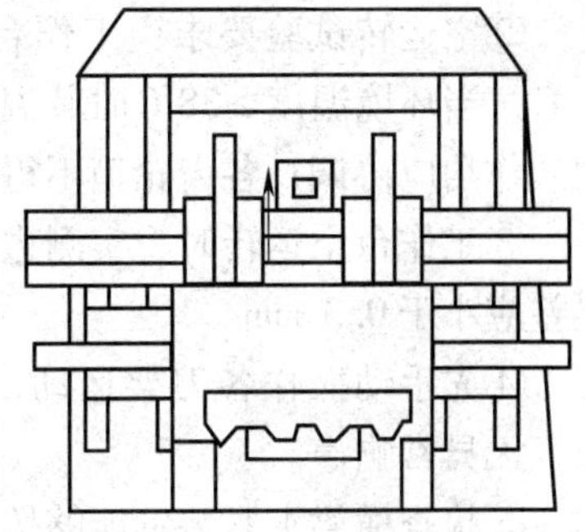

图3—4—24　检验横梁位置移动时的倾斜度

安装技术要求：倾斜度公差，不大于2 m行程时为0.03 mm/1 000 mm，2～3 m（含3 m）行程时为0.04 mm/1 000 mm，3～4 m（含4 m）行程时为0.05 mm/1 000 mm。

（6）工作台的安装

擦净床身导轨，并涂上润滑油，再将工作台导轨扣合在床身的导轨上，同时工作台的齿条应搭在蜗杆上。

注意：在把工作台安装到床身之前，应先将通往导轨油孔的油塞取出，对主要传动的润滑情况进行试验，试验良好后，方可按上述方法进行安装。

安装技术要求：

1）工作台移动在垂直平面内和水平平面内的公差为0.015 mm/1 000 mm、0.02～0.20 mm/全行程（2～22 m）。

2）工作台移动倾斜度公差为0.02 mm/1 000 mm、0.02～0.14 mm/全行程（2～22 m）。

3）工作台面对工作台移动的平行度公差为0.02 mm/1 000 mm、0.06～0.20 mm/全行程（6～22 m）。

4）垂直刀架水平移动对工作台面的平行度公差为0.025 mm/1 000 mm、0.025～0.06 mm/全行程（1～5 m）。

（7）试运转验收

1）空运转试验前的准备

①擦净裸露在外面的各导轨面，并涂上润滑油。

②各滑动导轨的端部用0.03 mm塞尺插入，其插入深度应小于20 mm；各固定结合面

用0.03 mm塞尺不得插入。

③检查各润滑油路装置正确与否，油路是否畅通。

④在各润滑处依据润滑图表规定的油质、品种及数量加润滑油，对主传动机构与电动机组的齿轮联轴器加入足够的润滑脂。

⑤试运转前，应熟知机床的操作、维护及调整的方法，并检查各操作手柄是否处于零位。

⑥检查工作台行程换向开关是否可靠，完全可靠后，才能试运转。

2）空运转试验

①先进行“步进”“步退”“前进”“后退”“停机”各按钮的试验，然后开动工作台做连续的往复运动，并且由低速逐级提高至高速，在各级速度下进行空运转试验。

②空运转试验要求：工作台运转平稳，换向无冲击；主传动蜗杆轴承温度不应超过60℃，当环境温度≥38℃时其温度不应超过65℃；当工作台以最高速往复运动时，所有机构动作均应协调；各齿轮箱不得漏油；各变换手柄动作应准确无误。

③工作台空运转时，实测进给量与公称进给量的最大误差为0.4 mm，进给量的不均匀误差应小于0.3 mm。

④先手动操作各刀架运动，观察其是否灵活，然后机动“快速移动”各刀架，应平稳，无异常响声。

⑤检查横梁夹紧装置能够按要求自动松开和夹紧，横梁升降应平稳、无阻滞、无冲击。

⑥检查各移动部件在极限位置时触及限位开关的工作可靠性。

⑦检查各联锁装置的工作可靠性。

⑧手动移动垂直刀架和侧刀架时，所需的力不得超过156.8 N。

⑨手动操作爪形离合器或滑动齿轮不能有阻滞或卡住现象，其所需力不能超过39.2 N。

⑩刀架手轮及进给箱反向的空程量分别不应超过1/20转和1/15转。

模块四
职业技能鉴定装配钳工中级考核模拟试卷

理论知识考核模拟试卷一

一、选择题（每题 1 分，满分 80 分）

1．通常将整台机器或部件的装配工作分成（　　）和装配工步进行。

A．装配工序　　B．装配工步　　C．装配方法　　D．装配单元

2．分组选配法的配合精度决定于（　　）。

A．装配的组成环数　　B．工人技术水平　　C．零件的加工精度　　D．分组数

3．制定装配工艺卡片时，（　　）需一序一卡。

A．单件生产　　B．小批生产　　C．单件或小批生产　　D．大批量

4．一级分组件是（　　）进入组件装配的部件。

A．分别　　B．同时　　C．直接　　D．间接

5．在一定条件下，规定生产一件产品或完成一道工序所需消耗的时间为（　　）。

A．时间定额　　B．产量定额　　C．机动时间　　D．辅助时间

6．工艺装备是装配工作中（　　）的装备。

A．不需要　　B．可有可无　　C．必不可少　　D．很少需要

7．装配图中，当指引线通过剖面线区域时，指引线与剖面线（　　）。

A．不能相交　　B．不能倾斜　　C．不能平行　　D．不能垂直

8．根据产品的结构特点和（　　）应尽可能选用相应的装配设备。

A．产品加工方法　　B．产品制造方法　　C．产品用途　　D．生产类型

9．下列有关封闭环的说法错误的是（　　）。

A．间接获得的尺寸称封闭环

B．一个尺寸链有多个封闭环

C．封闭环用字母 AΔ、BΔ、CΔ 等表示

D．封闭环即装配技术要求

10．控制卧式车床主轴中心线，在水平面内对床身导轨平行度要求的尺寸链，应用（　　）解装配尺寸链。

A．修配法　　B．选配法　　C．完全互换法　　D．调整法

11．在装配尺寸链中，封闭环所表示的是（　　）。

A．零件的加工精度　　B．零件尺寸大小

C．装配精度　　D．尺寸链的长短

12. 按尺寸链的任一环出发画箭头，凡是箭头方向与封闭环方向（　　）的环就是减环。

A. 相同　　B. 相反　　C. 向左　　D. 向右

13. 按装配尺寸链解法分类，有完全互换装配法、（　　）等。

A. 分组装配法　　B. 修配装配法　　C. 调整装配法　　D. 以上全对

14. 要使划线和测量精度达到良好的效果，就必须使平板具有很高的平面精度、良好的耐磨性和可靠的润滑性，所以平板必须经（　　）而成。

A. 锉削　　B. 精车　　C. 研磨　　D. 刮削

15. 划线基准一般可用以下三种类型：以两个相互垂直的平面（或线）为基准，以一个平面和一条中心线为基准，以（　　）为基准。

A. 一条中心线　　B. 两条中心线

C. 一条或两条中心线　　D. 三条中心线

16. 群钻是我国钻床工人通过长期的实践研究，针对标准麻花钻的缺点不断变革，在麻花钻的基础上修磨而成的一种高生产效率、（　　）的新型钻头。

A. 高耐磨性　　B. 高稳定性　　C. 高几何精度　　D. 高加工精度

17. 深孔一般是指长径比大于（　　）的孔。

A. 2　　B. 5　　C. 8　　D. 10

18. 对于组合导轨上各个表面的刮削次序，应先刮（　　）。

A. 大表面，难刮和刚度好表面　　B. 易刮，小表面

C. 小表面，易刮和刚度差表面　　D. 刚度差表面

19. 旋转体静平衡的方法有三种，分别是平衡杆进行静平衡、（　　）进行静平衡、三点平衡法进行静平衡。

A. 平衡块　　B. 平衡盘　　C. 钻孔法　　D. 心轴法

20. 成组螺母拧紧时应按由（　　）开始，向（　　）对称地依次拧紧。

A. 中间、两边　　B. 两边、中间　　C. 中间、随意　　D. 两边、随意

21. 松键连接所采用的键有普通平键、导向平键、（　　）。

A. 楔形键　　B. 半圆键　　C. 外花键　　D. 内花键

22. 当链节数为偶数，采用弹簧卡片时，（　　）。

A. 开口端方向与链速度方向一致

B. 开口端方向与链速度方向相反

C. 开口端方向可以任意

D. 开口端方向与链速度方向垂直

23. 蜗杆传动机构常用于传递空间交错轴间的运动及动力，通常交错角为（　　）。

A. 0°　　B. 45°　　C. 90°　　D. 120°

24. 轴承的种类很多，按轴承工作的摩擦性质分有滑动轴承和（　　）。

A. 动压滑动轴承　　B. 静压滑动轴承　　C. 角接触球轴承　　D. 滚动轴承

25. 内柱外锥式滑动轴承装配时，要用芯棒研点，修刮轴承外套的内锥孔，并保证前、后轴承孔的（　　）。

A. 位置度　B. 同轴度　C. 形状精度　D. 表面粗糙度

26. 装轴承内圈时要按（　　）装入主轴。

A. 规格　B. 形状　C. 精度　D. 定向装配法

27. 装配内柱外锥式滑动轴承时，要先将轴承外套压入箱体孔中，并保证有（　　）的配合要求。

A. H7/r7　B. H6/r6　C. H7/r6　D. H8/r8

28. 主轴箱中的滑移齿轮有（　　）个。

A. 4　B. 5　C. 6　D. 7

29. 双向多片式摩擦离合器不包括（　　）。

A. 摩擦片　B. 止推片　C. 制动片　D. 空心套齿轮

30. 主轴部件的精度是指它在装配调整（　　）的装配精度。

A. 之前　B. 之后　C. 之中　D. 随时

31. 光学平直仪是一种光学测（　　）仪器，可以测量导轨在垂直面和水平面的直线度。

A. 平面　B. 长　C. 尺寸　D. 角

32. 用（　　）（或方尺）拉表是检查部件间的垂直度误差常用的一种方法。

A. 卷尺　B. 直尺　C. 千分尺　D. 角尺

33. 螺纹量规的通端能与（　　）旋合，止端则不能。

A. 梯形螺纹　B. 被测螺纹　C. 三角形螺纹　D. 外螺纹

34. 样板比较法中样板的材料、形状、加工方法要尽可能接近（　　）。

A. 平板　B. 量块　C. 导轨　D. 被测零件

35. 机床在空运转时，精密、普通车床噪声不大于（　　）dB。

A. 85　B. 75　C. 65　D. 无法判断

36. 车槽试验的目的之一是考核车床主系统及刀架的（　　）是否合格。

A. 刚性系统　B. 传动系统　C. 抗振性能　D. 变速机构

37. 车床工作精度检验内容必要时可增加（　　）。

A. 精车外圆　B. 精车端面　C. 精车螺纹　D. 车槽实验

38. 机床的几何精度检验，一般（　　）地脚螺钉。

A. 要紧固　B. 不允许紧固　C. 不一定紧固　D. 不安装

39. 机床精度检验时，当（　　）时，主轴和尾座两顶尖的等高度公差值为0.06 mm。

A. $800\ \text{mm} < D_a \leqslant 1\ 150\ \text{mm}$　B. $800\ \text{mm} < D_a \leqslant 1\ 200\ \text{mm}$

C. $800\ \text{mm} < D_a \leqslant 1\ 600\ \text{mm}$　D. $800\ \text{mm} < D_a \leqslant 1\ 600\ \text{mm}$

40. 机床精度检验时，当 $800\ \text{mm} < D_a \leqslant 1\ 600\ \text{mm}$ 时，小滑板移动对主轴轴线的（　　）（在300 mm 测量长度上）公差值为0.04 mm。

A. 平行度　B. 垂直度　C. 平面度　D. 同轴度

41. 噪声是由各种不同频率成分的（　　）复合而成的。

A. 力矩　B. 振动　C. 摩擦力　D. 声音

42. 机床精度检验时，当 $800\ \text{mm} < D_a \leqslant 1\ 600\ \text{mm}$ 时，尾座套筒锥孔轴线对溜板移动

的（　　）（在垂直平面内100 mm测量长度上）公差值为0.03 mm（只许向上偏）。

A. 直线度　　B. 平行度　　C. 垂直度　　D. 斜度

43. 常见的转速表有离心式、（　　）和光电转速计。

A. 热偶式　　B. 磁电式　　C. 热敏式　　D. 真空式

44. 立钻加工工件可获得（　　）的生产效率和加工精度。

A. 较高　　B. 较低　　C. 一般　　D. 无法确定

45. 三角形展开法的原理是：零件表面可看作由许多（　　）组成的。

A. 小平面　　B. 小三角平面　　C. 线段　　D. 曲线

46. 立式钻床变速箱的润滑油是由（　　）供给变速箱的各个活动部位。

A. 齿轮泵　　B. 冷却泵　　C. 螺杆泵　　D. 柱塞泵

47. 立式钻床上保险离合器钢球损坏时，可更换（　　）或整个离合器。

A. 摩擦片　　B. 保险离合器　　C. 保险　　D. 钢珠

48. 轴组装配是指将装配好的（　　），正确地安装到机器中，达到装配技术要求。

A. 轴承　　B. 轴组组件　　C. 部件　　D. 基准件

49. 负荷试验应将主轴调在（　　）速下运转。

A. 高　　B. 低　　C. 中　　D. 以上都不对

50. 按测量（　　），测量分为绝对测量和相对测量。

A. 内容　　B. 工作条件　　C. 工具　　D. 结果的示值

51. 试车调整时主轴从低速到高速空转时间应该不超过（　　）h。

A. 2　　B. 3　　C. 4　　D. 5

52. 把钻头的（　　）磨去一块，以免在钻削软材料时产生扎刀现象。

A. 刀尖处的前刀面　　B. 刀尖处的主后刀面

C. 刀尖处副后刀面　　D. 横刃与主切削刃相交处

53. 砂轮上直接起切削作用的因素是（　　）。

A. 砂轮的硬度　　B. 砂轮的孔隙　　C. 磨料的粒度　　D. 磨粒的棱角

54. 当钻头横刃过长时（　　）。

A. 孔的位置易偏移和歪斜　　B. 轴向力小

C. 钻头耐用度好　　D. 钻孔平稳

55. 三坐标划线机是一种（　　）的划线设备。

A. 一般精度　　B. 结构较简单　　C. 常见　　D. 功能先进

56. 在使用钻模钻孔时，（　　）。

A. 劳动强度大　　B. 装卡操作复杂

C. 省去了划线工序　　D. 钻孔效率低

57. 一般冷冲模所用的工作压力（　　）。

A. 较高　　B. 较低　　C. 很小　　D. 不高

58. 主轴组件由主轴、主轴支承和传动件、（　　）等组成。

A. 变速机构　　B. 过载保护　　C. 密封件　　D. 顶尖

59. 箱体类工件的划线基准是以（　　）为主。

A. 中心孔　　B. 底面　　C. 侧面　　D. 平面

60. 螺旋机构中，丝杠和螺母应保证（　　）。

A. 平行度　　B. 同轴度　　C. 对称度　　D. 垂直度

61. 一般杠杆齿轮式比较仪的刻度值为（　　）mm，刻度盘的刻度示值范围为±0.1 mm。

A. 0.001　　B. 0.002　　C. 0.003　　D. 0.004

62. 使用百分表检测孔的平行度时，百分表的测头在测量柱上移动要平稳，同时测头要在测量柱的径向位置上来回摆动，以测得该点的（　　）。

A. 平均值　　B. 最大值　　C. 最小值　　D. 实时值

63. 常用的水平仪中没有（　　）。

A. 条形水平仪　　B. 框式水平仪

C. 立式水平仪　　D. 光学合像水平仪

64. 用（　　）测量是测量水平面直线度的最佳选择。

A. 光学平直仪　　B. 水平仪　　C. 指示表　　D. 以上都不对

65. 正弦规由工作台、两个直径（　　）的精密圆柱、侧挡板和后挡板等零件组成。

A. 10 mm　　B. 不同　　C. 20 mm　　D. 相同

66. 外螺纹千分尺测量时必须与被测量螺纹的（　　）、牙型半角相对应。

A. 中径　　B. 大径　　C. 螺矩　　D. 导程

67. 机床进行工作精度检验前应（　　）。

A. 检验机床安装水平并将机床固紧　　B. 准备试切件

C. 准备刀具、卡盘　　D. 无法判断

68. 关于精车螺纹实验的试件说法有误的是（　　）。

A. 试件材料用45 钢

B. 试件螺纹应与车床丝杠螺距相等

C. 对于CA6140 车床而言，试件螺距取12 mm

D. 试件长度为300 mm

69. 机床精度检验时，当 $D_a \leqslant 800$ mm 时，检验主轴锥孔轴线的径向跳动（距主轴端面 L 处、300 mm 测量长度上）公差值为（　　）mm。

A. 0.01　　B. 0.02　　C. 0.03　　D. 0.04

70. 机床精度检验时，当 800 mm $< D_a \leqslant$ 1 600 mm 时，中滑板横向移动对主轴轴线的（　　）公差值为0.02 mm /300 mm（偏差方向 $\alpha \geqslant 90°$）。

A. 垂直度　　B. 平行度　　C. 平面度　　D. 倾斜度

71. 机床精度检验时，当 800 mm $< D_a \leqslant$ 1 600 mm 时，主轴和尾座两顶尖的等高度公差值为（　　）mm。

A. 0.04　　B. 0.05　　C. 0.06　　D. 0.07

72. 机床精度检验时，当 800 mm $< D_a \leqslant$ 1 600 mm 时，中滑板横向移动对主轴轴线的垂直度公差值为（　　）（偏差方向 $\alpha \geqslant 90°$）。

A. 0.01 mm/300 mm　　B. 0.02 mm/300 mm

C. 0.03 mm/300 mm　　D. 0.02 mm/400 mm

73. 机床精度检验时，当 $D_a \leqslant 800$ mm 时，溜板移动在水平面内的直线度（$D_c \leqslant 500$ mm）公差值为（　）mm。

A. 0.01　B. 0.015　C. 0.02　D. 0.025

74. U 形管玻璃压力计是一种最简单的（　）压力计。

A. 固体　B. 气体　C. 液体　D. 以上都不对

75. 立式钻床的工作运动包括主轴主体运动（旋转）和（　）(沿轴线移动)。

A. 工作台移动　B. 主轴进给　C. 进给箱移动　D. 工作台升降

76. 划线时的找正和借料一般是（　），这样才能做好划线工作。

A. 分别进行　B. 先找正后借料　C. 相互结合与兼顾　D. 先借料后找正

77. 立式钻床渗漏油的原因有（　）等。

A. 结合面不够平直　B. 油管接头结合面配合不良

C. 主轴旋转时甩油　D. 以上全是

78. 主轴在进给箱内上下移动时出现轻重现象时的排除方法之一是（　）。

A. 更换主轴　B. 更换花键轴

C. 校正花键弯曲部分　D. 更换进给箱

79. 摇臂回转时，务必注意，不能总是沿（　）方向连续回转。

A. 一个　B. 双向　C. 全周　D. 间隙

80. 钻相交孔时，须保证它们的（　）正确性。

A. 孔径　B. 交角　C. 粗糙度　D. 孔径和交角

二、判断题（每题 1 分，满分 20 分）

81. 在工具制造中，划线精度通常要求控制在 0.1～0.25 mm。（　）

82. 片式摩擦离合器用来接通工作台的快速移动。（　）

83. 工艺尺寸链的主要特征是各环连接的封闭性。（　）

84. 对于三个或少于三个螺距工件的外螺纹用止端螺纹环规测量时，允许完全旋合通过。（　）

85. 一把新刃磨好的刀具，从开始切削起，经过反复刃磨，直至完全失去切削能力而报废为止，其总切削时间称为刀具寿命。（　）

86. 当工件需要在一次安装下进行钻、扩、铰孔时，应选用特殊钻套。（　）

87. 标准群钻主切削刃分成几段的作用是：利于分屑、断屑和排屑。（　）

88. 由于测量力的变化而引起的测量误差是粗大误差。（　）

89. 当零部件的径向位置有偏重，而在轴向各个偏重之间有一定距离时，称为静不平衡。（　）

90. 按齿轮加工原理的不同，齿轮刀具可分为成形法齿轮刀具和包络齿轮刀具。（　）

91. 用量具对工件进行测量时，可以在工件加工状态下直接进行测量。（　）

92. 使用活络扳手拧紧螺母时，允许使用锤子敲击扳手或使用套管增大拧紧力矩。（　）

93. 模具零件制造完成后，应当对各零件进行检查、试配，不符合要求的应及时进行

修整。 （ ）

94. 手用虎钳钳身部分的铆接属于固定铆接。 （ ）

95. 当零件弯曲半径较小时，弯曲部分毛坯长度可依据其内层长度进行计算。（ ）

96. 一个装配工序中可包括一个或几个装配工步。 （ ）

97. 在研磨场地可以进行冲床的正常使用，而不会影响研磨工作。 （ ）

98. 分组选配法的装配精度完全取决于零件的加工精度。 （ ）

99. 流水装配法装配质量好、效率高、生产成本低，是一种较先进的装配组织形式。
（ ）

100. 钢直尺、卷尺、游标卡尺、万能角度尺都属于固定刻线量具。 （ ）

理论知识考核模拟试卷二

一、选择题（每题1分，满分80分）

1. （ ）的目的是降低钢的硬度，提高其塑性，细化或均匀内部组织，消除应力。

A. 淬火 B. 回火 C. 退火 D. 正火

2. 带传动具有（ ）的特点。

A. 吸振和缓冲 B. 传动比准确

C. 适用两传动轴中心距离较小 D. 效率高

3. 渐开线标准直齿轮的正确啮合条件是（ ）。

A. 两轮模数相等、压力角不等

B. 两轮压力角相等、模数不等

C. 两轮模数和压力角必须分别不相等

D. 两轮模数和压力角必须分别相等

4. （ ）是衡量刀具材料切削性能好坏的最主要指标。

A. 硬度 B. 耐磨性 C. 强度和韧性 D. 红硬性

5. 游标卡尺结构中，沿着尺身可移动的部分叫（ ）。

A. 尺框 B. 尺身 C. 尺头 D. 活动量爪

6. 划线时，应使划线基准与（ ）一致。

A. 测量基准 B. 安装基准 C. 设计基准 D. 辅助基准

7. 机床精度检验时，丝杠的轴向窜动，当 $800\ \text{mm} < D_a \leqslant 1\ 600\ \text{mm}$ 时公差值为（ ）mm。

A. 0.01 B. 0.02 C. 0.03 D. 0.04

8. 用框式水平仪测量时，若被测长度 1 m，水平仪的分度值为 0.02 mm/1 000 mm，读出的格数是 2，则被测长度上的高度为（ ）mm。

A. 0.01 B. 0.02 C. 0.04 D. 0.06

9. 整体式滑动轴承的装配顺序为（ ）。

A. 轴套定位、压入轴套、修整轴套孔、轴套检验

B. 压入轴套、轴套定位、修整轴套孔、轴套检验

C. 修整轴套孔、压入轴套、轴套定位、轴套检验

D. 轴套检验、压入轴套、轴套定位、修整轴套孔

10. 钳工用丝锥加工的螺纹一般是（ ）。

A. 普通螺纹 B. 梯形螺纹 C. 矩形螺纹 D. 锯齿形螺纹

11. 当被平衡零件不能预先找出重心，也不能确定偏重的方向时可用（ ）法进行静平衡。

A. 平衡杆 B. 平衡块 C. 三点平衡 D. 特殊平衡

12. 用一般方法钻斜孔，刚接触工件，作用在钻头切削刃上的（ ）会使钻头偏斜、滑移，使钻孔中心易偏位，孔很难正直。

A. 径向分力 B. 轴向分力 C. 切削力 D. 扭矩

13. 调整装配法的特点是零件可按经济精度制造，装配时可通过（ ）满足装配要求。

A. 分组 B. 修配 C. 互换 D. 调整

14. 钻相交孔时，按划线时采用的基准钻孔，先钻直径（ ）的孔。

A. 较大 B. 较小 C. 较大或较小 D. 相等

15. 国家标准对螺纹的牙型、公称直径、螺矩都作了规定，凡是这三个要素都符合标准的称为（ ）。

A. 非标螺纹 B. 标准螺纹 C. 公制螺纹 D. 英制螺纹

16. 规定螺纹的（ ）基本尺寸是螺纹的公称直径，是代表螺纹尺寸的直径。

A. 小径 B. 中径 C. 大径 D. 分度圆直径

17. 花键工作长度的终止端和尾部长度的末端均用细实线绘制，并与轴线垂直，尾部则画成斜线，其斜线一般与轴线成（ ）。

A. 10° B. 20° C. 30° D. 45°

18. 零件图尺寸标注基本要求中的“合理”是指（ ）。

A. 标注的尺寸既能保证设计要求，又便于加工和测量

B. 须符合制图标准的规定，标注的形式、符号、写法正确

C. 布局要清晰，做到书写规范、排列整齐、方便看图

D. 尺寸标注须做到定形尺寸、定位尺寸齐全

19. 内柱外锥式滑动轴承装配时，要用芯棒研点，修刮轴承外套的内锥孔，并保证前、后轴承孔的（ ）。

A. 位置度 B. 同轴度 C. 形状精度 D. 表面粗糙度

20. 齿轮侧隙不是一项精度指标，而是要根据（ ）工作条件的不同，确定不同的齿侧间隙。

A. 啮合 B. 转轴 C. 转动 D. 齿轮

21. 划线在选择尺寸基准时，应使用划线时尺寸基准与图样上（ ）基准一致。

A. 测量 B. 定位 C. 设计 D. 装配

22. 安全离合器是定转矩装置，用于防止机床工作（ ）时损坏零件。

A. 温度过高 B. 超载 C. 振动 D. 超速

23. 产品装配一般是从（　　）开始，从零件到部件，从部件到整机。

A. 底面　　B. 基准　　C. 箱体　　D. 轴

24. 表示产品装配单元的划分及其（　　）的图称为产品装配系统图。

A. 装配方法　　B. 装配顺序　　C. 装配工序　　D. 装配工步

25. 选择主视图时，应根据（　　）两方面综合考虑。

A. 确定零件的安放位置和确定主视图的投影方向

B. 确定零件的工作位置和确定主视图的投影方向

C. 确定零件的加工位置和确定主视图的投影方向

D. 确定零件的测量位置和确定主视图的投影方向

26. 直接进入（　）总装的部件称为组件。

A. 机器　　B. 设备　　C. 机械　　D. 产品

27. 选用装配用设备及工艺装备时，应根据（　　）的结构特点和生产类型选用与之相应的装配设备。

A. 零件　　B. 购件　　C. 产品　　D. 标准件

28. 装配精度检验包括几何精度和（　　）精度检验。

A. 形状　　B. 位置　　C. 工作　　D. 旋转

29. 某一部件的装配尺寸链中。所有增环的公差之和为 0.1 mm，所有减环的公差之和为 0.05 mm，则此部件的装配精度为（　　）mm。

A. 0.15　　B. 0.05　　C. 0.1　　D. 0.2

30. 大批量生产中，装配精度要求很高，组成环数较少时，应采用（　　）。

A. 选配法　　B. 修配法　　C. 完全互换法　　D. 调整法

31. 第一次划线时，应选择待加工表面比较集中的位置和重要的位置，使工件上的（　　）平行于平板平面。

A. 底面　　B. 主要中心线　　C. 设计基准　　D. 加工面

32. 分度手柄转动一周，装夹在分度头上的工件转动（　　）周。

A. 1/20　　B. 1/30　　C. 1/40　　D. 1/50

33. 展开表面的三种展开方法，它们的共同特点是按主体表面的性质，把待展表面分割成（　）小平面，即用这些小平面去逼近立体的表面。

A. 相同　　B. 不同　　C. 很多　　D. 很少

34. 标准群钻是在标准麻花钻上磨出月牙槽、磨短横刃和（　　）的措施而形成的。

A. 磨出螺旋槽　　B. 磨出单边分屑槽

C. 磨出第二顶角　　D. 修磨棱边

35. 在斜面上钻孔，为防止钻头偏斜、滑移，可采用（　　）的方法。

A. 减小进给量　　B. 增大转速

C. 减小转速　　D. 铣出平面再钻孔

36. 轴承外圆锥刮削后显点要求在每 25 mm×25 mm 内显示（　）点即可。

A. 2~3　　B. 4~6　　C. 7~9　　D. 12~14

37. 旋转件的不平衡情况分为（　　）。

A. 动不平衡　　B. 静不平衡
C. 动不平衡和静不平衡　　D. 以上都不对

38. (　　) 是常用的机械防松装置。

A. 双螺母　B. 弹簧垫圈　C. 带耳止动垫圈　D. 黏结

39. (　　) 是用来连接轴和轴上零件，使它们在圆周方向上固定，用以传递转矩的一种机械零件。

A. 键　B. 销　C. 轴承　D. 螺纹

40. 剖分式滑动轴承装配时，为提高（　　），轴瓦孔应与轴进行研点配刮。

A. 工作效率　B. 配合精度　C. 使用寿命　D. 形状精度

41. 机床精度检验时，丝杠的轴向窜动，当 800 mm < D_a ≤1 600 mm 时公差值为（　　）mm。

A. 0.01　B. 0.02　C. 0.03　D. 0.04

42. 以组件中最大且与组件中多数零件有配合关系的零件作为（　　）。

A. 测量基准　B. 装配基准　C. 装配单元　D. 分组件

43. 动能的大小由流体流动产生的压力来表示，这种压力就是（　　）。

A. 静压　B. 动压　C. 全压　D. 表压

44. 在立式钻床上可安装钻头、扩孔钻、(　　)。

A. 铰刀　B. 丝锥　C. 锪钻　D. 以上全是

45. 钢球安全离合器在（　　）时能准确地脱开，起保险作用。

A. 机动进给运动超载　　B. 辅助运动超载
C. 工作台上升运动超载　　D. 工作台下降运动超载

46. 检查变换速度和进给方向的变换手柄，应（　　）。

A. 灵活　B. 可靠　C. 不应太灵活　D. 灵活、可靠

47. 立式钻床箱盖或轴承盖结合面漏油时，可以（　　）。

A. 涂一厚层的人造树脂溶液　　B. 重新刮研结合面
C. 更换箱盖　　D. 更换轴承端盖

48. Z512 型台式钻床是由（　　）启动。

A. 开关控制间接　B. 按钮控制点动　C. 按钮控制间接　D. 开关控制直接

49. 装好配刮轴及上轴瓦、双头螺柱、轴承盖，然后紧固螺母，同时转动配刮轴，配刮轴必须（　　）。

A. 紧　B. 松　C. 松和紧都可　D. 松紧适中

50. 通过测量机械的（　　），可以计算出被测机械的功率。

A. 转矩和转速　B. 转矩和进给量　C. 进给量和转速　D. 频率和转速

51. 凸模固定板的凸模安装孔中心线与其上面应（　　）。

A. 平行　B. 垂直　C. 对称　D. 倾斜

52. 相交孔的特点是（　　）。

A. 两孔中心线同轴　　B. 两孔中心线垂直
C. 两孔中心线相交　　D. 两孔相贯穿

53. 圆锥面摩擦离合器在装配时，两圆锥配合表面的接触斑点（　　）。
A. 占锥面的1/2　B. 占锥面的2/3　C. 占锥面的3/4　D. 应占整个锥面
54. 铲齿铣刀的齿背形式为（　　）。
A. 渐开线　B. 阿基米德螺线
C. 直线、折线、曲线　D. 圆柱螺旋线
55. 在工件的一个表面上钻多个平行孔时，主要一点是（　　）。
A. 孔直径大小　B. 看形状误差
C. 孔中心距精度　D. 孔的表面粗糙度
56. 在进行切削加工时，切削用量中对切削力影响最大的是（　　）。
A. 切削深度　B. 进给量　C. 切削速度　D. 进给速度
57. 能得到很高装配精度但生产周期长的是（　　）。
A. 完全互换装配法　B. 修配法　C. 调整法　D. 选配法
58. 在螺纹的规定画法中，内螺纹的牙顶用（　　）绘制。
A. 细实线　B. 粗实线　C. 点画线　D. 虚线
59. 在钻孔时若切削速度加大，则钻孔效率（　　）。
A. 提高　B. 不变　C. 降低　D. 提高或降低
60. 热继电器的热元件应串接在（　　）。
A. 主回路中　B. 控制回路的启动、停止按钮之间
C. 控制回路中接触器线圈的后边　D. 控制回路中的启动按钮前面
61. 刨削加工的工件表面粗糙度一般能达到 Ra（　　）μm。
A. 6.3 ~ 1.6　B. 1.6 ~ 0.4　C. 10.5 ~ 3.2　D. 1.6 ~ 0.8
62. 花键连接按（　　）不同可分为矩形、渐开线和三角形等。
A. 长度　B. 齿廓形状　C. 齿数　D. 定心方式
63. 刨削水平面的工件一般选用（　　）。
A. 左偏刀　B. 右偏刀　C. 直槽刀　D. 尖头刀
64. 分度头的转动关系是：当手柄转一周，则分度头主轴连同工件就转过（　　）周。
A. 1/40　B. 1/50　C. 1/60　D. 1/100
65. 为保证精度的持久性和稳定性，机床导轨应具有一定的（　　）。
A. 刚度　B. 耐磨性　C. 刚度和耐磨性　D. 导向精度
66. 油液流经无分支管道时，每一截面上通过的流量一定是（　　）。
A. 不等的　B. 相等的
C. 成比例的　D. 与截面积成反比
67. 三针测量法中三根量针是高精度的直径相等的（　　）。
A. V 型块　B. 钢珠　C. 角度样板　D. 小圆柱体
68. 若在精度不高的钻床上钻小孔，当钻头直径 ≤1 mm 时，应选择的转速为（　　）r/min。
A. 1 500 ~ 2 000　B. 2 000 ~ 3 000　C. 1 000 ~ 1 500　D. 3 000 ~ 4 000
69. 测量三沟槽的 V 形测砧千分尺的测量范围是（　　）。

A. 1~15 mm，1~20 mm，5~20 mm
B. 5~25 mm，25~45 mm
C. 25~50 mm
D. 1~20 mm，5~30 mm，25~50 mm

70. 在液压系统中，油液流动会引起能量损失，其主要表现为（　　）损失。
A. 流量　B. 压力　C. 流速　D. 油量

71. 材料有时候要经过多次弯曲加工才能达到合格形状，其目的之一是（　　）。
A. 节约时间　B. 节省人力、设备　C. 防止弯裂　D. 提高生产效率

72. 量具在使用过程中，（　　）与工件混合放在一起。
A. 不可以　B. 可以
C. 工作结束后可以　D. 工作开始后可以

73. 在钻床上钻削 ϕ（　　）mm 以下的孔时，可用手握牢。
A. 1　B. 3　C. 5　D. 8

74. 机床的主轴是机器的（　　）部分。
A. 原动　B. 工作　C. 传动　D. 自动控制

75. 铣床夹具能在不停车的情况下装夹工件，所以适用于（　　）生产。
A. 单件　B. 小批量　C. 成批量　D. 大批量

76. 在刮削薄壁件进行推研显点时，其操作应（　　）。
A. 用手直接按住中心处　B. 用手按住另一侧
C. 用大小相应的导块　D. 用手按住两点

77. 三视图中的三个投影面之间关系是相互（　　）。
A. 垂直　B. 平行　C. 倾斜　D. 相交于一条直线

78. 齿轮测量时综合测量的优点是比较全面、（　　）地反映了齿轮总的质量。
A. 可靠　B. 真实　C. 实时　D. 有效

79. 造成机件热变形的主要因素是机械表面层存在（　　）。
A. 应力　B. 摩擦热　C. 切削热　D. 温差

80. 平面刮刀表面应（　　）、磕碰、黑皮等缺陷。
A. 无裂纹　B. 无划痕　C. 无压坑　D. 不美观

二、判断题（每题 1 分，满分 20 分）

81. 标准麻花钻的横刃斜角应刃磨成 55°左右。（　　）
82. 在砂轮上刃磨钻头时，应用右手握钻头的头部，左手握钻头的柄部。（　　）
83. 手工制作样板时，热处理工序一般安排在精加工型面之后。（　　）
84. 三角形角度量块具有三个工作角度，四边形角度量块具有两个工作角度。（　　）
85. 钻削精密孔时，精孔钻应磨出正刃倾角，使切削留下未加工表面。（　　）
86. 公法线千分尺用于测量模数大于 0.5 mm 的外啮合圆柱齿轮的公法线长度。（　　）
87. 三相异步电动机主要由定子和转子两大部分组成。（　　）
88. 方箱刮削时面与面之间的平面度公差为 0.006 mm。（　　）

89. 由于抛物线齿背加工比较复杂，所以无法在铣床上加工。（ ）

90. 当链条节数为偶数时，固定活动销的弹簧片开口方向必须与链的运动方向相同。（ ）

91. 展开表面的方法常用的有四种。（ ）

92. 对于精度较高的孔，钻削时应留有铰削或研磨的余量。（ ）

93. 粗研孔时用带槽的研磨棒。（ ）

94. 重型或高速旋转体，即使具有不大的偏心距，也会引起很大的惯性力。（ ）

95. 泵的种类按叶轮级数分有单级泵和多级泵。（ ）

96. 机床精度检验时，当 $D_a \leqslant 800$ mm 时，尾座移动对溜板移动的平行度（$D_c \leqslant 1\,500$ mm、局部公差、在任意 500 mm 测量长度上）公差值为 0.015 mm。（ ）

97. 液体玻璃管温度计属于非接触式温度仪。（ ）

98. 车床静态检查主要是检查车床各部件是否安全、可靠，以保证试车时不出事故。（ ）

99. 立钻一般都有冷却装置，有专用冷却泵供应加工所需要的切削液。（ ）

100. 钻孔轴线倾斜时需检查主轴轴线与立柱导轨是否平行、主轴轴线与工作台面是否垂直。（ ）

理论知识考核模拟试卷三

一、选择题（每题 1 分，满分 80 分）

1. 装配工艺规程是规定产品及部件的装配顺序、装配方法、装配技术要求、检验方法及装配所需设备、工具、时间定额等的（ ）。

A. 工艺卡片　B. 工序卡片　C. 技术文件　D. 参考资料

2. 在装配图中，当弹簧钢丝直径小于（ ）mm 时，其剖面可采用涂黑表示。

A. 1　B. 2　C. 5　D. 10

3. 任何级的分组件都是由若干（ ）一级的分组件和若干零件组成的。

A. 同　B. 低　C. 高　D. 以上都不对

4. 可以单独进行装配的部件称为（ ）。

A. 零件　B. 标准件　C. 基准件　D. 装配单元

5. 选择主视图的一般原则是（ ）。

A. 加工位置原则和形状特征原则　B. 加工位置原则和工作位置原则

C. 工作位置原则和形状特征原则　D. 工作位置原则和主要结构原则

6. 影响装配精度的主要因素是（ ）。

A. 尺寸链的环数　B. 定位基准　C. 零件加工精度　D. 设计基准

7. 组成尺寸链的每一个尺寸都称为尺寸链的环，每个尺寸链至少应有（ ）。

A. 一个环　B. 两个环　C. 三个环　D. 四个环

8. 单件小批量生产且装配精度要求高时用（ ）。

A. 完全互换法　　B. 修配法　　C. 选配法　　D. 调整法

9. 装配用的检测工具通常（　　）。

A. 单独使用　　B. 与量具、仪器配合使用

C. 不使用　　D. 与水平仪配合使用

10. 划尾座体第三划线位置时，应以（　　）找正顶尖套锁紧孔的中心线。

A. 加工表面　　B. 已加工表面

C. 待加工表面　　D. 凸面

11. 采用分组装配法装配时，各组配合件公差可以按（　　），再按实际尺寸大小分组。

A. 同方向扩大　　B. 反方向扩大　　C. 同方向缩小　　D. 反方向缩小

12. 第一划线位置应选择待加工表面和非加工表面（　　）的位置，并使工件上主要中心线平行于平板平面。

A. 多且重要　　B. 多且不重要　　C. 少且重要　　D. 少且不重要

13. 万能分度头的分度方法有很多，其中常用的是（　　）。

A. 直接分度法　　B. 简单分度法　　C. 差动分度法　　D. 以上全是

14. 作（　　）的过程叫展开放样。

A. 平面图　　B. 立体图　　C. 展开图　　D. 曲面图

15. 修磨钻铸铁的群钻，主要是磨出（　　）；另外，还要加大后角，把横刃磨得更短些。

A. 月牙槽　　B. 副后角　　C. 第二锋角　　D. 分屑槽

16. 关于深孔加工出现的问题，说法不正确的是（　　）。

A. 冷却困难　　B. 钻头刚度减弱　　C. 偏斜困难　　D. 导向性能好

17. 三块拼圆轴瓦刮削后的显点要求在每 25 mm×25 mm 内显点数 18~20 点为宜，若超过（　　）点则容易磨损。

A. 20　　B. 21　　C. 23　　D. 25

18. 研磨环内径应比被研磨工件外径（　　）。

A. 大　　B. 小　　C. 大或小　　D. 相等

19. 用（　　）的方法，消除旋转体的偏重，使旋转体达到平衡，这种方法叫静平衡。

A. 去重　　B. 配重　　C. 去重或配重　　D. 去重和配重

20. 一般螺纹固定连接（　　）要求的，可采用普通扳手等由装配者按经验控制。

A. 无预紧力　　B. 有预紧力　　C. 有传动　　D. 无传动

21. 研磨后，因工件有热量，应待其冷却至（　　）后再进行测量。

A. 0℃　　B. 10 ℃　　C. 25℃　　D. 室温

22. 螺纹连接为了达到连接可靠和坚固的目的，必须保证螺纹副具有一定的（　　），即螺纹副预紧力。

A. 旋合长度　　B. 摩擦力矩　　C. 有效连接　　D. 静止

23. 一对中等精度等级并正常啮合的齿轮，它的接触斑点在齿轮高度上应不少于

（　　）。

A. 30% ~50%　　B. 40% ~50%　　C. 30% ~60%　　D. 50% ~70%

24. 矩形齿的离合器装配时的啮合间隙尽量要（　　），以免旋转时产生冲击。

A. 小些　　B. 大些　　C. 松些　　D. 紧些

25. 与轴承配合的轴旋转时带着油一起转动，油进入楔缝使油压升高，当轴达到一定转速时，轴在轴承中浮起，直至轴与轴承完全被油膜分开，形成（　　）。

A. 静压滑动轴承　　B. 动压滑动轴承

C. 整体式滑动轴承　　D. 部分式滑动轴承

26. 按定向装配的原则确定轴承与轴颈的装配位置时，主轴锥孔的回转中心线将出现（　　）的径向跳动误差。

A. 最大　　B. 最小　　C. 较大　　D. 较小

27. 调整后轴承时，要用适当的力前后推动主轴，保证主轴的间隙在（　　）mm 之内。

A. 0.01　　B. 0.02　　C. 0.03　　D. 0.04

28. 一般情况下，车床主轴只要调整（　　）轴承即可，只有当调整（　　）轴承后仍不能达到要求的旋转精度时，才需调整（　　）轴承。

A. 后、后、前　　B. 前、前、后　　C. 前、后、前　　D. 后、前、后

29. 轴套的圆度尺寸检验是用（　　）在孔的两三处做相互垂直方向上的检验。

A. 内径千分尺　　B. 游标卡尺　　C. 外径千分尺　　D. 百分表

30. 机床导轨具有良好的结构工艺性，导轨（　　）。

A. 导向精度好　　B. 修复简便、易调整

C. 耐磨性好　　D. 运动精度高

31. 在螺纹标注中，如果是左旋螺纹，应（　　）注明旋向。

A. 省略　　B. 用 RH　　C. 用 LH　　D. 用 L

32. 在齿轮啮合的剖视图中，一个齿轮的齿顶线和另一个齿轮的齿根线之间应有（　　）m（m 为齿轮的模数）倍的间隙。

A. 0.25　　B. 0.5　　C. 0.75　　D. 1

33. 一张完整的零件图不包括（　　）。

A. 一组图形　　B. 全部尺寸　　C. 标题栏　　D. 零件序号

34. 一个完整的尺寸标注指（　　）。

A. 尺寸界线　　B. 尺寸线　　C. 尺寸数字和箭头　　D. 以上全是

35. 在绘制零件草图时，画出全部尺寸界线后需完成（　　）。

A. 画剖面线　　B. 画各视图轴线　　C. 填写标题栏　　D. 标注尺寸

36. 用同一工具，不改变工作方法，并在固定的位置上连续完成的装配工作，叫作（　　）。

A. 装配工序　　B. 装配工步　　C. 装配方法　　D. 装配顺序

37.（　　）是试验机构或机器运转的灵活性、振动、工作温升、噪声、转速、功率等性能参数是否符合要求。

A. 调整　　B. 精度检验　　C. 试车　　D. 旋转精度检验

38. 装配工艺装备主要分为三大类：（　　）、特殊工具、辅助装置。

A. 垫铁　　B. 检测工具　　C. 平尺　　D. 角尺

39. 关于制定装配工艺所需原始资料，下列说法错误的是（　　）。

A. 产品总装图　　B. 产品验收技术条件

C. 现有工艺装备　　D. 与生产规模无关

40. 制定装配工艺规程的最后一个步骤是（　　）。

A. 确定装配组织形式　　B. 划分装配工序

C. 制定装配工艺卡片　　D. 确定装配顺序

41. 总装配是将零件和部件结合成（　　）的过程。

A. 装配单元　　B. 组件　　C. 分组件　　D. 一台完整产品

42. 固定式装配是将产品或部件的全部装配工作安排在一个固定的工作地点进行，主要应用于（　　）生产。

A. 单件　　B. 单件或小批　　C. 小批　　D. 大批

43. 装配精度是指（　　）。

A. 组成环公差　　B. 封闭环公差　　C. 封闭环尺寸　　D. 组成环尺寸

44. 用（　　）进行静平衡时，先找出偏重方向，然后在偏重的相对位置上紧固第一块平衡块，如果该工件在任何位置上都能停止，则一块平衡块就可以达到平衡。

A. 平衡块　　B. 平衡杆　　C. 三点平衡法　　D. 平衡钉

45. 由尺寸链任一环的基面出发，绕其轮廓一周，以相反的方向回到这一基面，所指方向与封闭环相同的环为（　　）。

A. 增环　　B. 减环　　C. 封闭环　　D. 无法确定

46. 移动式装配常用于（　　）。

A. 单件生产　　B. 小批生产　　C. 单件或小批生产　　D. 大批量生产

47. 装好配刮轴及上轴瓦、双头螺柱、轴承盖，然后紧固螺母，同时转动配刮轴，配刮轴必须（　　）。

A. 紧　　B. 松　　C. 松和紧都可　　D. 松紧适中

48. 确定装配的验收方法，应根据产品的（　　）和生产类型来选择。

A. 尺寸大小　　B. 精度高低　　C. 结构特点　　D. 粗糙度大小

49. 在其他组成环不变的条件下，当某组成环增大时，封闭环随之减小，那么该环为（　　）。

A. 增环　　B. 减环　　C. 封闭环　　D. 无法确定

50. 下列说法不正确的是（　　）。

A. 当所有增环都为最大极限尺寸，而减环为最小极限尺寸时，它们之差是封闭环最大极限尺寸

B. 当所有增环都为最小极限尺寸，而减环为最大极限尺寸时，它们之差是封闭环最小极限尺寸

C. 封闭环的公差等于各组成环的公差之和

D. 以上都不对

51. 完全互换法对零件的加工精度要求（　　）。

A. 较低　　B. 较高　　C. 无所谓　　D. 一般

52. 装配前．按公差范围将零件分成若干组，然后把尺寸相当的零件进行装配，以达到要求的装配精度，这种装配法称为（　　）。

A. 完全互换法　　B. 选配法　　C. 调整法　　D. 修配法

53. 在装配过程中，修去某配合件上的预留量，以消除其累积误差，使配合零件达到规定的装配精度，这种装配方法称（　　）。

A. 完全互换法　　B. 修配法　　C. 选配法　　D. 调整法

54.（　　）划线位置的选择有利于了解毛坯的误差情况，方便找正和借料，也能减少工件的翻转次数和提高划线质量。

A. 平面　　B. 第一次　　C. 第二次　　D. 第三次

55. 薄板群钻是把麻花钻两主切削刃磨成（　　）切削刃，并使钻心刀尖略高于两外尖。

A. 直线形　　B. 圆弧形　　C. 波浪形　　D. 三角形

56. 分度手柄转动一周，装夹在分度头上的工件转动（　　）周。

A. 1/20　　B. 1/30　　C. 1/40　　D. 1/50

57. 展开斜切圆管时，应按已知尺寸画出（　　）和俯视图。

A. 主视图　　B. 左视图　　C. 仰视图　　D. 局部视图

58. 刮削时对合轴瓦一般采用（　　）。

A. 精刮　　B. 粗刮　　C. 配刮　　D. 分开刮

59. 研磨过程中，如果工件两端有过多的研磨剂被挤出，应及时擦掉以免（　　）。

A. 孔口扩大　　B. 影响研磨　　C. 浪费　　D. 滑动

60. 对于旋转精度要求较高的主轴，要采用（　　）。

A. 敲击法　　B. 压入法　　C. 温差法　　D. 定向装配法

61. 用千斤顶支承工件时其支承点应尽量选择在（　　）。

A. 斜面　　B. 凹面　　C. 凸面　　D. 平面

62. 普通螺纹的公称直径是指螺纹（　　）的基本尺寸。

A. 小径　　B. 中径　　C. 大径　　D. 理想直径

63. 在导杆机构中要演化为摆动导杆机构的条件是固定杆件的长度 L_1（　　）主动件的长度 L_2。

A. 小于或等于　　B. 等于　　C. 小于　　D. 大于

64. 链传动推荐两轴中心距 $a \leqslant 6$ m，最大可达（　　）m。

A. 10　　B. 15　　C. 8　　D. 6

65. 在装配图中，当剖切平面通过实心零件的轴线时，均按（　　）剖切情况画出。

A. 半　　B. 全　　C. 不　　D. 局部

66. 五角棱镜在仪器中利用光线在棱镜中的多次反射，缩短光线在空气中的（　　）。

A. 速度　　B. 长度　　C. 位移度　　D. 力度

67. 绕线式异步电动机的凸轮控制器控制线路（　　）。

A. 简单运行可靠，维护方便　　B. 工矿企业常用
C. 对于容量大的电动机用得更多　　D. 线路复杂，运行不准确

68. 一般脉冲间隔取（　　）倍的脉冲宽度。
A. 1～2　　B. 3～5　　C. 4～8　　D. 5～10

69. 劳动生产效率的提高，也就是单位合格产品所消耗的劳动时间（　　）。
A. 增多　　B. 上升　　C. 改进　　D. 减少

70. 将压力机滑块上调（　　）mm，开动压力机，把滑块升到上死点，以便安装冲模。
A. 3～5　　B. 4～6　　C. 5～7　　D. 6～8

71. 先导式溢流阀具有（　　）优点。
A. 压力大　　B. 灵敏度低、波动小等
C. 压力变化较大　　D. 压力稳定、灵敏度高、波动小等

72. 齿轮传动在工作时的圆周速度 v（　　）m/s，为中速传动。
A. <3　　B. $\leqslant 3$　　C. $=3 \sim 15$　　D. >15

73. 在装配凸模和凹模时，必须校正其相对位置，以保证间隙符合图样规定的尺寸要求，必须保证凸、凹模（　　）间隙均匀。
A. 上下　　B. 四周　　C. 左右　　D. 前后

74. 拉深模试冲时，由于拉深间隙过大，而产生拉深件拉深高度不够，应（　　）。
A. 放大毛坯尺寸　　B. 更换凸模或凹模使间隙合理
C. 加大凸模圆角半径　　D. 减小凸模圆角半径

75. 齿轮单项测量项目较多，一般根据（　　）具体确定所需测量项目。
A. 设计要求　　B. 使用要求　　C. 检测条件　　D. 量仪精度

76. 劳动定额的作用之一是劳动定额是实行经济核算和成本管理的（　　）。
A. 重要依据　　B. 重要手段　　C. 重要基础　　D. 有力工具

77. 在配置低熔点合金过程中，可在已熔化的合金表面上撒些（　　），用以防止合金被氧化。
A. 石蜡　　B. 石墨粉　　C. 黏结剂　　D. 红丹粉

78. 在电力拖动中被广泛采用是（　　）的正反转控制线路。
A. 倒顺开关　　B. 接触器联锁
C. 按钮接触双重联锁　　D. 按钮联锁

79. 尺寸不大的量块在立式光学计进行中心长度和平面平行度的测量时，测量温度为（　　）℃。
A. 20　　B. 10　　C. 30　　D. 0

80. 投影仪相对测量法即在投影屏把工件放大的影像与按一定比例绘制的标准图形相比较，以检验工件（　　）。
A. 尺寸　　B. 形状　　C. 偏差　　D. 是否合格

二、判断题（每题 1 分，满分 20 分）

81. 螺纹测量的方法有两种：综合测量和单项测量。（　　）

82. 当压力不太高时，压力对油液黏度的影响较大。 ( )

83. 刃磨尖齿刀具的前面，如刀具的前角 $\gamma_o>0°$，则砂轮端面应通过刀具的中心。 ( )

84. 工艺尺寸链计算时，可以在基准不重合时进行尺寸换算。 ( )

85. 百分表式卡规是用绝对测量法测量零件的外径尺寸或几何形状偏差的。 ( )

86. 用光隙法检验样板时，眼睛应该对着光线较弱的一方观察。 ( )

87. 轴承合金的减磨性好、强度高，可以单独作轴瓦。 ( )

88. 内径千分尺的刻度值为0.001 mm。 ( )

89. 光学测齿卡尺不用游标读数，而使用光学刻度尺读数。 ( )

90. 验收极限是从规定的最大实体尺寸和最小实体尺寸分别向零件公差带内移动1个安全高度A来确定，这样就可以避免误收，从而保证零件的质量。 ( )

91. 钻小孔时，需及时提起钻头进行排屑，并借此使孔中输入切削液和使钻头在空气中冷却。 ( )

92. 钻削不通孔的方法与钻通孔相同，无须考虑其他因素。 ( )

93. 带传动是由齿轮和带组成的。 ( )

94. 保险离合器失效的原因主要有：①超负荷钻削；②弹簧弹力不足；③离合器的钢球损坏。 ( )

95. 标准滚动轴承外圈与轴承座孔的配合常采用基孔制配合。 ( )

96. 惯性力与旋转工件质量无关。 ( )

97. 用三点平衡法对砂轮进行静平衡时，如果砂轮按顺时针方向转动，说明其重心在左边的某一位置上。 ( )

98. 安装V带时，先将带套在大带轮槽中，然后转动小带轮，用旋具将带拨入大带轮槽中。 ( )

99. 扭簧比较仪的结构复杂，其放大比小，传动机构的摩擦及间隙极小。因此，灵敏度极高，且回程误差小，精度高，可作精密测量。 ( )

100. 常用正弦规有宽型和窄型两种，它的规格是以两圆柱的直径来表示的。 ( )

技能操作考核模拟试卷一

下图所示为斜块三件配制作的零件图，请先根据图样要求进行分析，写出工件的加工工艺与步骤，然后在规定的时间完成该零件的制作。

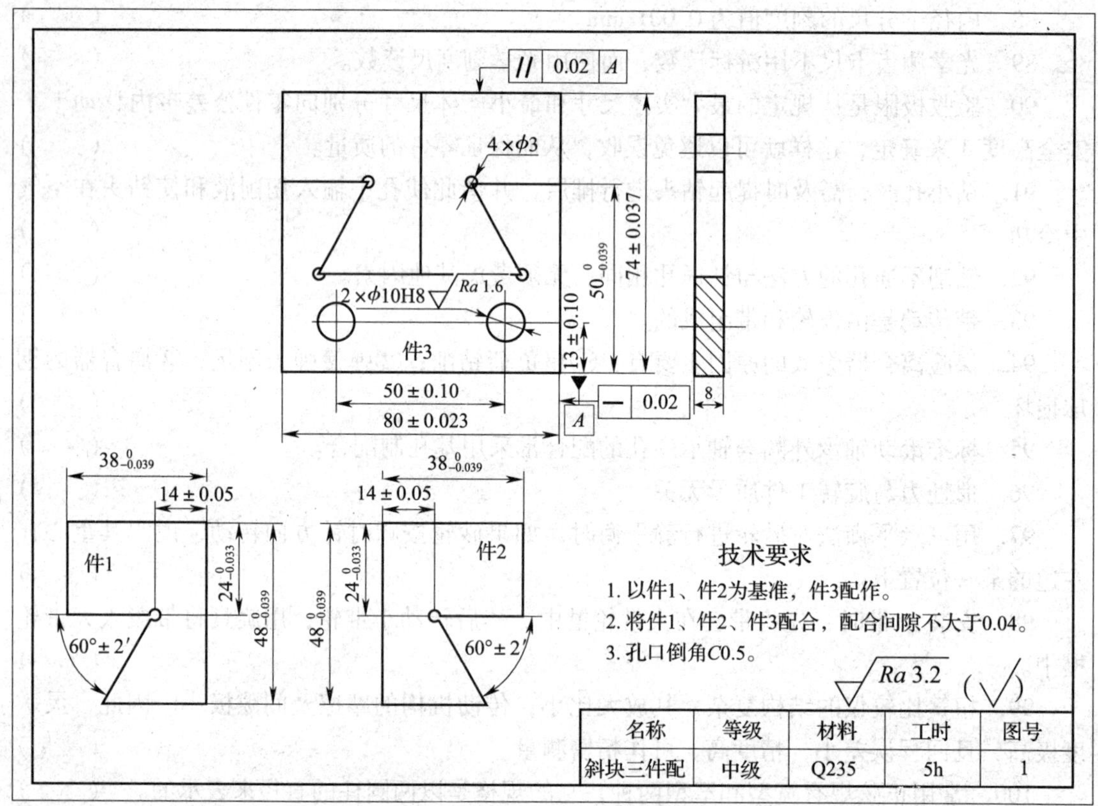

斜块三件配评分标准

时限	5h	开始时间		结束时间		实考时间	
项目	序号	技术要求		配分	评分标准	检测记录	得分
件1	1	(14 ± 0.05) mm		3	超差全扣		
	2	$38_{-0.039}^{0}$ mm		4	超差全扣		
	3	$24_{-0.033}^{0}$ mm		4	超差全扣		
	4	$48_{-0.039}^{0}$ mm		4	超差全扣		
	5	$60°\pm2'$		4	超差全扣		
	6	表面粗糙度 $Ra3.2$ μm		0.5×7	不合格不得分		

续表

项目	序号	技术要求	配分	评分标准	检测记录	得分
件 2	7	(14 ±0.05) mm	3	超差全扣		
	8	$38_{-0.039}^{0}$ mm	4	超差全扣		
	9	$24_{-0.033}^{0}$ mm	4	超差全扣		
	10	$48_{-0.039}^{0}$ mm	4	超差全扣		
	11	60° ±2′	4	超差全扣		
	12	表面粗糙度 *Ra*3.2 μm	0.5 ×7	不合格不得分		
件 3	13	$50_{-0.039}^{0}$ mm	4	超差全扣		
	14	(13 ±0.10) mm	4	超差全扣		
	15	(50 ±0.10) mm	4	超差全扣		
	16	(80 ±0.023) mm	4	超差全扣		
	17	ϕ10H8 mm	1 ×2	超差全扣		
	18	ϕ10H8 的 *Ra*1.6 μm	0.5 ×2	不合格不得分		
	19	表面粗糙度 *Ra*3.2 μm	0.5 ×8	不合格不得分		
配合	20	间隙≤0.04 mm	4 ×6	超差全扣		
	21	(74 ±0.037) mm	2	超差全扣		
	22	// 0.02 A	2	超差全扣		
	23	— 0.02	2 ×2	超差全扣		
其他	24	毛刺、缺陷	倒扣	每处扣 1 ~5 分		
	25	安全文明生产	倒扣	违者酌扣 1 ~10 分		

技能操作考核模拟试卷二

下图所示为三角形三件配制作的零件图，请先根据图样要求进行分析，写出工件的加工工艺与步骤，然后在规定的时间完成该零件的制作。

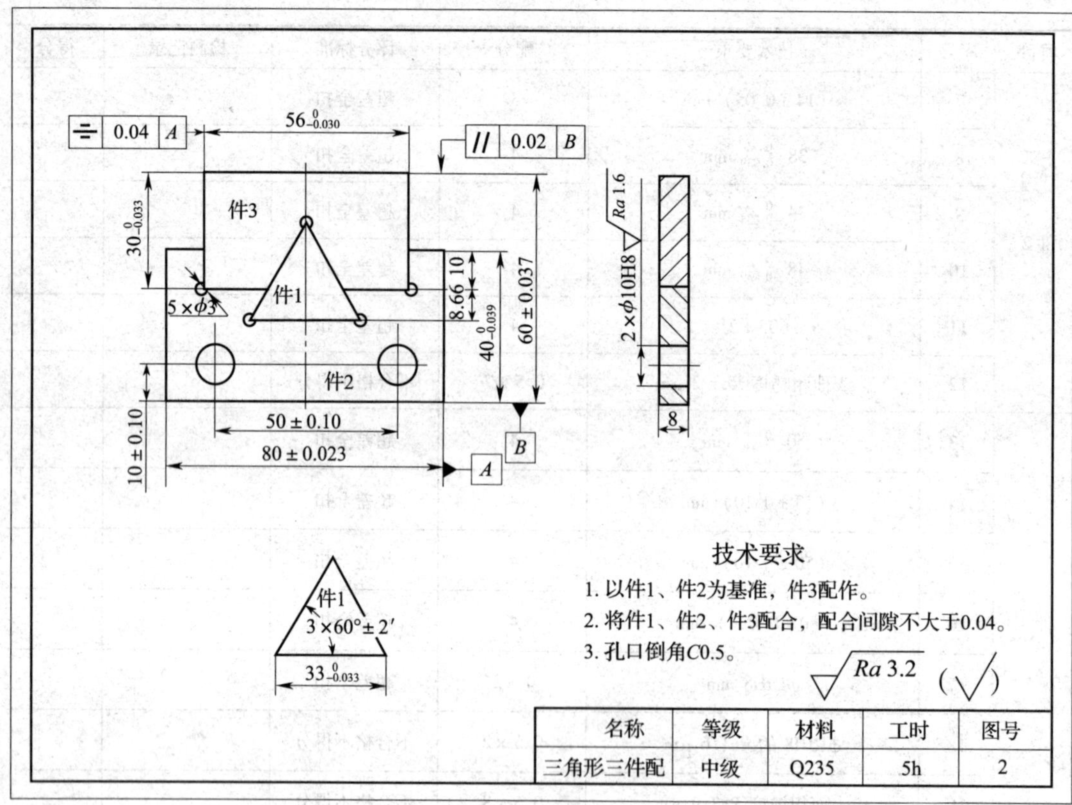

三角形三件配评分标准

时限	5h	开始时间	结束时间		实考时间	
项目	序号	技术要求	配分	评分标准	检测记录	得分
件1	1	60°±2′	4×3	超差全扣		
	2	$30_{-0.033}^{\ 0}$ mm	4×3	超差全扣		
	3	表面粗糙度 *Ra*3.2 μm	0.5×3	不合格不得分		
件2	4	$40_{-0.039}^{\ 0}$ mm	4	超差全扣		
	5	（80±0.023）mm	3	超差全扣		
	6	（50±0.10）mm	3	超差全扣		
	7	（10±0.10）mm	3	超差全扣		
	8	ϕ10H8 mm	2×2	超差全扣		
	9	ϕ10H8 的 *Ra*1.6 μm	0.5×2	不合格不得分		
	10	*C*0.5 mm	0.5×4	不合格不得分		
	11	表面粗糙度 *Ra*3.2 μm	0.5×12	不合格不得分		
件3	12	$30_{-0.033}^{\ 0}$ mm	4	超差全扣		
	13	$56_{-0.030}^{\ 0}$ mm	4	超差全扣		

续表

项目	序号	技术要求	配分	评分标准	检测记录	得分
件3	14	⌯ 0.04 A	4	超差全扣		
	15	表面粗糙度 Ra3.2 μm	0.5×7	不合格不得分		
配合	16	间隙≤0.04 mm（件2）	4×7	超差全扣		
	17	（60±0.037）mm	3	超差全扣		
	18	// 0.02 B	2	超差全扣		
其他	19	毛刺、缺陷	倒扣	每处扣1~5分		
	20	安全文明生产	倒扣	违者酌扣1~10分		

技能操作考核模拟试卷三

下图所示为梯形台对配制作的零件图，请先根据图样要求进行分析，写出工件的加工工艺与步骤，然后在规定的时间完成该零件的制作。

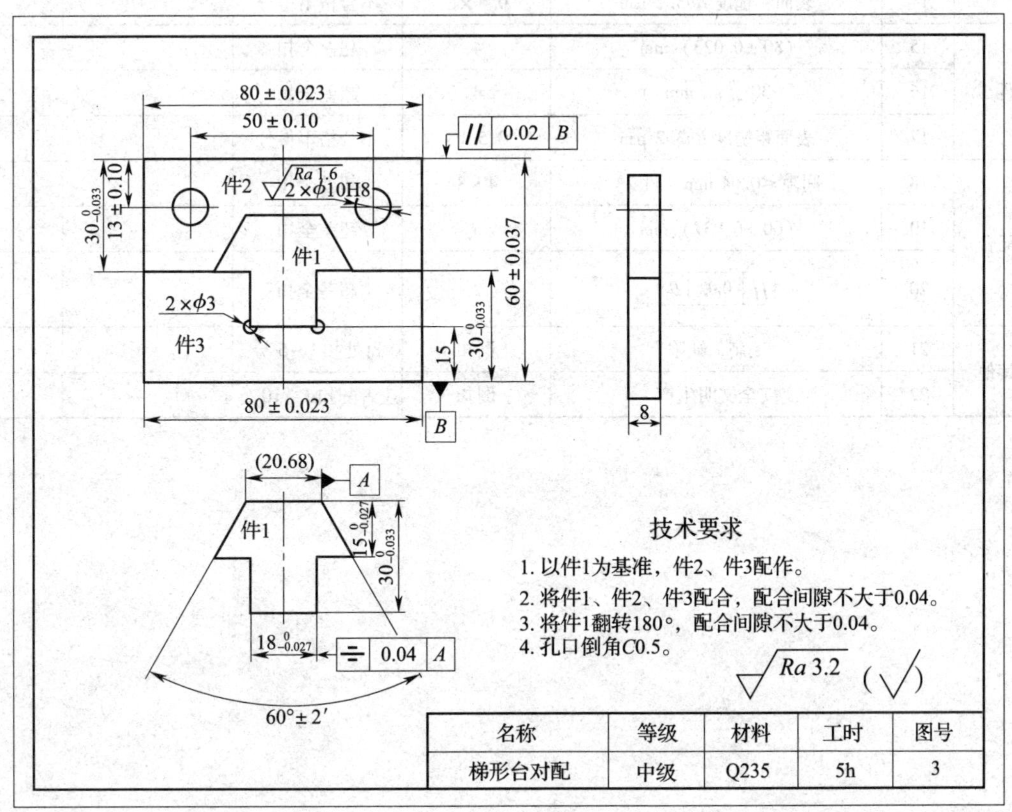

梯形台对配评分标准

时限	5h	开始时间	结束时间		实考时间	
项目	序号	技术要求	配分	评分标准	检测记录	得分
件1	1	60° ±2′	4	超差全扣		
	2	$30^{\ 0}_{-0.033}$ mm	4	超差全扣		
	3	$15^{\ 0}_{-0.027}$ mm	4	超差全扣		
	4	$18^{\ 0}_{-0.027}$ mm	4	超差全扣		
	5	⌯ 0.04 A	4	超差全扣		
	6	表面粗糙度 *Ra*3.2 μm	0.5×8	不合格不得分		
件2	7	(80±0.023) mm	4	超差全扣		
	8	$30^{\ 0}_{-0.033}$ mm	4	超差全扣		
	9	(50±0.10) mm	4	超差全扣		
	10	(13±0.10) mm	4	超差全扣		
	11	ϕ10H8 mm	2×2	超差全扣		
	12	ϕ10H8 的 *Ra*1.6 μm	0.5×2	不合格不得分		
	13	*C*0.5 mm	0.5×4	不合格不得分		
	14	表面粗糙度 *Ra*3.2 μm	0.5×8	不合格不得分		
件3	15	(80±0.023) mm	4	超差全扣		
	16	$30^{\ 0}_{-0.033}$ mm	4	超差全扣		
	17	表面粗糙度 *Ra*3.2 μm	0.5×8	不合格不得分		
配合	18	间隙≤0.04 mm(件2)	4×8	超差全扣		
	19	(60±0.037) mm	3	超差全扣		
	20	// 0.02 B	2	超差全扣		
其他	21	毛刺、缺陷	倒扣	每处扣1~5分		
	22	安全文明生产	倒扣	违者酌扣1~10分		

理论知识考核模拟试卷参考答案

试卷一

1. A　2. B　3. D　4. C　5. A　6. C　7. C　8. C　9. B
10. D　11. C　12. B　13. D　14. D　15. B　16. D　17. B　18. A
19. A　20. A　21. B　22. B　23. C　24. D　25. B　26. D　27. D
28. D　29. C　30. B　31. D　32. D　33. B　34. D　35. A　36. C
37. D　38. B　39. C　40. A　41. D　42. B　43. B　44. A　45. A
46. B　47. D　48. B　49. D　50. D　51. B　52. A　53. D　54. B
55. D　56. C　57. A　58. D　59. B　60. B　61. A　62. B　63. B
64. A　65. D　66. C　67. A　68. D　69. B　70. A　71. C　72. B
73. D　74. C　75. B　76. A　77. D　78. C　79. A　80. B
81. √　82. √　83. √　84. ×　85. ×　86. ×　87. √　88. ×　89. ×
90. √　91. ×　92. ×　93. √　94. ×　95. ×　96. √　97. √　98. ×
99. √　100. ×

试卷二

1. C　2. A　3. D　4. D　5. D　6. C　7. C　8. C　9. A
10. A　11. B　12. D　13. D　14. A　15. B　16. C　17. C　18. A
19. D　20. D　21. C　22. B　23. B　24. B　25. A　26. D　27. C
28. C　29. A　30. A　31. B　32. C　33. C　34. B　35. D　36. B
37. C　38. C　39. A　40. B　41. B　42. B　43. B　44. D　45. A
46. D　47. B　48. B　49. B　50. A　51. B　52. C　53. D　54. B
55. C　56. A　57. B　58. B　59. A　60. A　61. C　62. B　63. D
64. A　65. B　66. B　67. D　68. D　69. A　70. B　71. C　72. A
73. D　74. A　75. D　76. C　77. A　78. A　79. D　80. A
81. √　82. √　83. ×　84. ×　85. ×　86. √　87. √　88. √　89. ×
90. ×　91. ×　92. √　93. √　94. ×　95. ×　96. ×　97. ×　98. ×
99. √　100. √

试卷三

1. C　2. B　3. B　4. D　5. B　6. C　7. C　8. B　9. B
10. D　11. C　12. A　13. D　14. A　15. A　16. D　17. D　18. A

19. C　20. A　21. D　22. B　23. D　24. A　25. B　26. B　27. A
28. B　29. D　30. B　31. C　32. A　33. D　34. D　35. D　36. B
37. D　38. B　39. D　40. C　41. D　42. B　43. B　44. A　45. B
46. D　47. D　48. C　49. B　50. D　51. B　52. B　53. B　54. B
55. B　56. C　57. A　58. C　59. A　60. D　61. D　62. C　63. D
64. B　65. C　66. B　67. A　68. C　69. D　70. A　71. D　72. C
73. B　74. B　75. B　76. C　77. B　78. C　79. A　80. D
81. ×　82. ×　83. ×　84. √　85. ×　86. ×　87. ×　88. ×　89. √
90. √　91. √　92. ×　93. ×　94. √　95. ×　96. ×　97. ×　98. √
99. ×　100. ×